U0210944

重点领域气候变化影响与风险丛书

# 气候变化影响与风险

## 气候变化对海岸带影响与风险研究

凌铁军　祖子清 等　编著

“十二五”国家科技支撑计划项目

科学出版社
北京

## 内 容 简 介

本书为“十二五”国家科技支撑计划“重点领域气候变化影响与风险评估技术研究与应用”的系列研究报告之一。本书回顾了我国海岸带海洋灾害的概况及研究进展；基于历史观测和业务化数值模式的模拟数据，系统分析了气候变化背景下我国海冰、风暴潮、海浪、珊瑚礁和湿地的变化规律，以及海岸带海洋灾害与经济损失之间的关系；基于耦合模式间比较计划第五阶段的未来情景预估数据，通过降尺度技术，系统预估了未来三十年我国海岸带海冰、风暴潮、海浪和湿地的变化趋势。本书可供物理海洋学、灾害科学、全球变化、风险管理、海洋生态等相关领域的科研工作者、高等院校师生以及国家和地方有关决策部门等参考。

**图书在版编目（CIP）数据**

气候变化影响与风险：气候变化对海岸带影响与风险研究/凌铁军，祖子清等编著. —北京：科学出版社, 2017.10

（重点领域气候变化影响与风险丛书）

ISBN 978-7-03-054329-5

I. ①气… II. ①凌… ②祖… III. ①气候变化–影响–海岸带–研究 IV. ①P467 ②P737.11

中国版本图书馆 CIP 数据核字(2017)第 216961 号

责任编辑：万 峰 朱海燕 / 责任校对：张小霞

责任印制：肖 兴 / 封面设计：北京图阅盛世文化传媒有限公司

科学出版社 出版

北京东黄城根北街 16 号

邮政编码: 100717

http://www.sciencep.com

中国科学院印刷厂 印刷

科学出版社发行 各地新华书店经销

*

2017 年 10 月第 一 版 开本：787 × 1092 1/16

2017 年 10 月第一次印刷 印张： 10 3/4

字数：234 000

**定价：89.00 元**

(如有印装质量问题，我社负责调换)

# 《重点领域气候变化影响与风险丛书》编委会

# 总　　序

气候变化是当今人类社会面临的最严重的环境问题之一。自工业革命以来，人类活动不断加剧，大量消耗化石燃料，过度开垦森林、草地和湿地土地资源等，导致全球大气中 $CO_2$ 等温室气体浓度持续增加，全球正经历着以变暖为主要特征的气候变化。政府间气候变化专门委员会（IPCC）第五次评估报告显示，1880～2012 年，全球海陆表面平均温度呈线性上升趋势，升高了 0.85℃；2003～2012 年平均温度比 1850～1900 年平均温度上升了 0.78℃。全球已有气候变化影响研究显示，气候变化对自然环境和生态系统的影响广泛而又深远，如冰冻圈的退缩及其相伴而生的冰川湖泊的扩张；冰雪补给河流径流增加、许多河湖由于水温增加而影响水系统改变；陆地生态系统中春季植物返青、树木发芽、鸟类迁徙和产卵提前，动植物物种向两极和高海拔地区推移等。研究还表明，如果未来气温升高 1.5～2.5℃，全球目前所评估的 20%～30%的生物物种灭绝的风险将增大，生态系统结构、功能、物种的地理分布范围等可能出现重大变化。由于海平面上升，海岸带环境会有较大风险，盐沼和红树林等海岸湿地受海平面上升的不利影响，珊瑚受气温上升影响更加脆弱。

中国是受气候变化影响最严重的国家之一，生态环境与社会经济的各个方面，特别是农业生产、生态系统、生物多样性、水资源、冰川、海岸带、沙漠化等领域受到的影响显著，对国家粮食安全、水资源安全、生态安全保障构成重大威胁。因此，我国《国民经济和社会发展第十二个五年规划纲要》中指出，在生产力布局、基础设施、重大项目规划设计和建设中，需要充分考虑气候变化因素。自然环境和生态系统是整个国民经济持续、快速、健康发展的基础，在国家经济建设和可持续发展中具有不可替代的地位。伴随着气候变化对自然环境和生态系统重点领域产生的直接或间接不利影响，我国社会经济可持续发展面临着越来越紧迫的挑战。中国正处于经济快速发展的关键阶段，气候变化和极端气候事件增加，与气候变化相关的生态环境问题越来越突出，自然灾害发生频率和强度加剧，给中国社会经济发展带来诸多挑战，对人民生活质量乃至民族的生存构成严重威胁。

应对气候变化行动，需要对气候变化影响、风险及其时空格局有全面、系统、综合的认识。2014 年 3 月政府间气候变化专门委员会正式发布的第五次评估第二工作组报告《气候变化 2014：影响、适应和脆弱性》基于大量的最新科学研究成果，以气候风险管理为切入点，系统评估了气候变化对全球和区域水资源、生态系统、粮食生产和人类健康等自然系统和人类社会的影响，分析了未来气候变化的可能影响和风险，进而从风险管理的角度出发，强调了通过适应和减缓气候变化，推动建立具有恢复力的可持续发展社会的重要性。需要特别指出的是，在此之前，由 IPCC 第一工作组和第二工作组联合发布的《管理极端事件和灾害风险推进气候变化适应》特别报告也重点强调了风险管理对气候变化的重要性。然而，我国以往研究由于资料、模型方法、时空尺度缺乏可比性，导致目前尚未形成对气候变化对我国重点领域影响与风险的整体认识。《气候变化国家评估报告》、《气候变化国家科学报告》和《气候变化国家信息通报》的评估结果显示，目前我国气候变化影响与风险研究比较分散，对过去影响评估较少，未来风险评估薄弱，气候变化影响、脆弱性和风险的综合评估技术方法落后，更缺乏全国尺度多领域的系统综合评估。

气候变化影响和风险评估的另外一个重要难点是如何定量分离气候与非气候因素的影响，这个问题也是制约适应行动有效开展的重要瓶颈。由于气候变化影响的复杂性，同时受认识水平和分析工具的限制，目前的研究结果并未有效分离出气候变化的影响，导致我国对气候变化影响的评价存在较大的不确定性，难以形成对气候变化影响的统一认识，给适应气候变化技术研发与政策措施制定带来巨大的障碍，严重制约着应对气候变化行动的实施与效果，迫切需要开展气候与非气候影响因素的分离研究，客观认识气候变化的影响与风险。

鉴于此，科技部接受国内相关科研和高校单位的专家建议，酝酿确立了“十二五”应对气候变化主题的国家科技支撑计划项目。中国科学院作为全国气候变化研究的重要力量，组织了由地理科学与资源研究所作为牵头单位，中国环境科学研究院、中国林业科学研究院、中国农业科学院、国家海洋环境预报中心、兰州大学等 16 家全国高校、研究所参加的一支长期活跃在气候变化领域的专业科研队伍。经过严格的项目征集、建议、可行性论证、部长会议等环节，“十二五”国家科技支撑计划项目“重点领域气候变化影响与风险评估技术研发与应用”于 2012 年 1 月正式启动实施。

项目实施过程中，这支队伍兢兢业业、协同攻关，在重点领域气候变化影响评估与风险预估关键技术研发与集成方面开展了大量工作，从全国尺度，比较系统、定量地评估了过去 50 年气候变化对我国重点领域影响的程度和范围，包括农业生产、森林、草地与湿地生态系统、生物多样性、水资源、冰川、海岸带、沙漠化等对气候变化敏感，并关系到国家社会经济可持续发展的重点领域，初步定量分离了气候和非气候因素的影响，基本揭示了过去 50 年气候变化对各重点领域的影响程度及其区域差异；初步发展了中国气候变化风险评估关键技术，预估了未来 30 年多模式多情景气候变化下，不同升温程度对中国重点领域的可能影响和风险。

基于上述研究成果，本项目形成了一系列科技专著。值此“十二五”收关、“十三五”即将开局之际，本系列专著的发表为进一步实施适应气候变化行动奠定了坚实的基础，可为国家应对气候变化宏观政策制定、环境外交与气候谈判、保障国家粮食、水资源及生态安全，以及促进社会经济可持续发展提供重要的科技支撑。

刘燕华

2016 年 5 月

# 前　言

气候变化问题是当今国际热点之一，各自然科学与社会科学领域均高度重视气候变化对本领域的影响与反馈研究，相关研究成果的影响已经远远超出气候变化研究本身。气候大会更成为各国高度关注与参与的重要国际性大会，有关公约与协议，已经把气候变化的影响延伸到政治、经济博弈的另一个舞台。

由联合国授权的政府间气候变化专门委员会（IPCC）分别在1990年、1995年、2001年、2007年、2012年发布了五次评估报告。国内外学者从不同学科领域，对本领域的气候变化影响现状与未来可能趋势开展了大量研究。近年来，随着国内外经济格局的变化，人口密集、产业集中、财富汇聚的海岸带成为经济最为发达的地区，而气候变化对海岸带的影响研究引起广泛关注。

影响海岸带经济最为直接的因子就是海洋自然灾害，但涉及近岸风暴潮、海浪、渤海及黄海北部海冰等快变过程的气候特征研究较少。而这些致灾因子中，仅风暴潮一项，在20世纪90年代以来，平均每年造成沿海地区各类海洋灾害损失达150余亿元。

以往的研究主要是气候变化与海平面上升对各种灾害及海岸带生态的影响个例分析，而对海洋灾害本身的系统性评估与预估工作开展不多，目前越来越多的研究表明，气候变化背景下，海岸带自然灾害等空间变化复杂，需开展多因子、多重关系等综合分析评估。而加强海洋领域应对气候变化能力，需要更加全面、系统、可靠的信息，科学地评估气候变化导致的自然环境变化对海洋环境和人类活动的影响及其响应，对我国社会和海洋经济发展的需求具有十分重要的意义。

“十二五”国家科技支撑计划“重点领域气候变化影响与风险评估技术研究与应用”项目之第八课题“气候变化对海岸带的影响与风险评估技术”开展了中国海岸带海洋灾害变化趋势研究，并编写了本书，作为该项目系列丛书之一。

本书共分为六章：海洋灾害概况，海岸带自然灾害变化研究进展，气候变化对中国海冰的影响与风险评估，气候变化对中国风暴潮的影响与风险评估，气候变化对中国海浪的影响与风险评估，以及气候变化对珊瑚礁和湿地的影响与风险评估。

由于在该研究领域中，基础数据与信息非常缺乏，时空连续性较差、海洋灾害气候特征评估方法与理论仍需发展完善。尤其是海岸带海洋灾害过程尺度到气候变化之间跨时空尺度非线性效应明显，长时间的有效评估与预估，从基础理论研究上来说还有很多问题有待深入研究。因此，本书的内容，可能仍有诸多不当之处，仅为抛砖引玉，请各位读者批评指正。

本书主要以上述支撑课题研究成果为主，并汇集了其他相关研究发表的论文，以及本领域灾害公报、新闻等出版物。在研究过程中，除本书作者外，国家海洋环境预报中心唐茂宁、李涛、高志一等均为本课题主要参加人员，完成了大量具体研究工作，在此致以衷心感谢。另外，感谢国家海洋环境预报中心丁超和杨帆为本书封面供图。

凌铁军

2016 年 4 月

# 目　录

# 第 1 章　我国海洋灾害概况

海洋灾害是指海洋自然环境发生异常或激烈变化，导致在海上或海岸发生的灾害，其主要包括风暴潮、海浪、海冰等常年自然灾害，海啸等偶发自然灾害，以及由海洋物理环境引起的海岸侵蚀、赤潮、绿潮等自然灾害。

我国拥有长达 18 000 余千米的大陆海岸线，14 000 余千米的海岛岸线，海岸带横跨 38 个纬度，3 个气候带。绵长的海岸线、复杂的地形、多变的气象、海洋条件，导致了我国海岸带饱受频繁、多样、严重的海洋灾害之苦。再加上我国沿海地区承载着全国 40%的人口，50%的大中城市，创造了 60%以上的国民经济产值，人口和经济资源的集中使得海洋灾害所带来的生命和财产损失尤其严重。

20 世纪 90 年代以来，海洋灾害造成的经济损失年均超过 100 亿元，20 余年中，海洋灾害的经济损失大约增长了 30 倍，远高于沿海经济的增长速度。“十五”期间，我国因海洋灾害造成的死亡人数（含失踪）为 1164 人，直接经济损失达 633 亿元。“十一五”期间，海洋灾害造成死亡人数（含失踪）约为 1037 人，直接经济损失为 746 亿元。2013 年，我国近海各类海洋灾害造成的直接经济损失为 163.48 亿元。2014 年，仅“威马逊”和“海鸥”两个台风风暴潮就造成广东、广西、海南三地累计 993.79 万人口受灾，直接经济损失 123.55 亿元（图 1-1、图 1-2）。

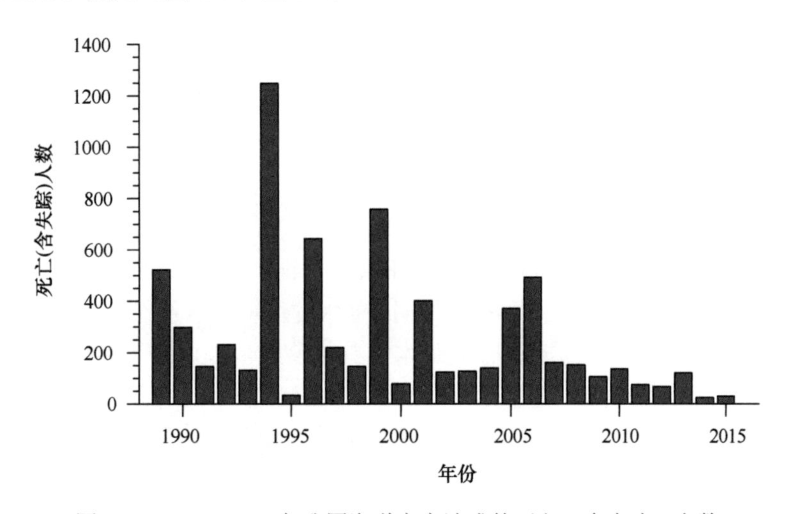


图 1-1　1989～2015 年我国海洋灾害造成的死亡（含失踪）人数

---

本章编写者：任湘湘，凌铁军，夏冬冬

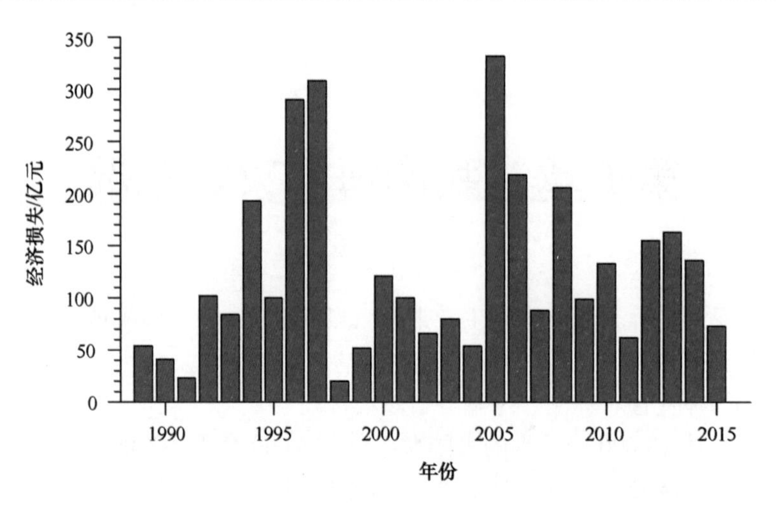


图 1-2　1989～2015 年我国海洋灾害造成的直接经济损失

# 1.1　海 冰 灾 害

海冰是由海水冻结而成的咸水冰，其中还包括流入海洋的河冰和冰山等。海冰引起的航道堵塞，船舶、海上设施及海岸工程损坏等对人类生命财产造成严重损害的自然灾害，被称为海冰灾害。

海冰的生消、结冰范围及海冰漂移会对海上经济活动产生直接影响。海冰灾害发生时会封锁航道和港口，破坏海港设施；流冰的切割、碰撞和挟持，会严重威胁舰船航行的安全。例如，1912 年英国 46 000 吨级巨型客轮“泰坦尼克”号，被冰山撞沉，船上 1500 余人丧生。世界上海洋结冰的国家，如俄罗斯、美国、加拿大和芬兰等国，都非常重视海冰的观测、研究及预报。

为向海冰监测、预报和研究部门及生产部门提供分析和比较各年冰情的标准，国家海洋局结合 1963～1973 年的海冰连续观测资料，参考近百年历史气温和海冰资料等，以海冰范围和厚度为指标，于 1973 年将渤海和黄海北部的冰情划分为冰情轻年、偏轻年、常年、偏重年和重年共 5 个等级。

2010 年国家海洋局重新编制了《海冰冰情等级标准》（国标草案，已送全国海洋标准化技术委员会）。根据渤海、黄海北部海域海冰变化特征以及结冰海区的地理位置、气候特点，在分析处理和质量控制历史海冰资料（1977～2006 年）的基础上，将渤海和黄海北部冰情分为 5 个等级：即轻冰年（1 级）、偏轻冰年（2 级）、常冰年（3 级）、偏重冰年（4 级）和重冰年（5 级），相关描述参见第 3 章。

## 1.1.1　海冰灾害分布

我国北方的渤海和黄海北部海域每年冬季结冰，是全球纬度最低的结冰海域。严重和比较严重的海冰灾害大致每 5 年发生一次；在局部海区，即使轻冰年或偏轻冰年也会出现海冰灾害。易于受灾的海域包括渤海、黄海北部，尤其是辽东半岛沿海以及山东半岛部分海湾。

我国渤海和黄海北部各结冰海区的地理环境差异较大，不仅冰情不尽相同，海冰灾害也差异明显，渤海的海冰灾害最为严重。因为渤海是浅海，平均水深只有 18m。冬季受寒潮影响，每年都会出现不同程度的结冰现象，结冰期大约为 3 个月（表 1-1）。

**表 1-1　1947～2014 年各海区较严重海冰灾害统计**

| 海区 | 次数/次 | 年份（冬季） |
| --- | --- | --- |
| 辽东湾 | 11 | 1947，1969，1974，1977，1990，1995，2000，2001，2010，2011，2012 |
| 渤海湾 | 7 | 1947，1951，1955，1959，1969，2001，2010 |
| 莱州湾 | 8 | 1966，1968，1969，1980，2006，2010，2011，2012 |
| 黄海北部 | 4 | 1986，1998，2010，2011 |

### 1.1.2　海冰灾害个例

#### 1. 1949 年前海冰灾害个例

1949 年之前，渤海有记录的严重冰情有 3 次。第一次是 1936 年冬季整个渤海被冰封住。第二次是 1947 年春季在渤海西北部发现高 10m、长 200m、宽 70m 的冰山。第三次是 1957 年春季大范围冰封，船舶停航。

#### 2. 1949 年后海冰灾害个例

1969 年冬季，整个渤海特大冰封，数百艘舰船不能进出渤海各港口；数十艘客货轮遭到不同程度破坏；有 8 艘被海水推移搁浅，19 艘封冻在海上寸步难行，5 艘万吨巨轮受冰挤压而导致船体破裂、变形、进水。当时渤海仅有的三座石油钻井平台中，“海二井”倒塌，“油一井”平台支座的全部钢筋被流冰割断，损毁严重。

2007 年 1 月 5 日，葫芦岛龙港区渔民村先锋渔场遭遇了罕见的冰灾。坚硬的浮冰爬上岸滩，封堵了葫芦岛渔民村的沿海民房，14 名渔民被困宅中。铁船被冰排推挤上岸，船头被架在屋顶上。葫芦岛边防官兵奋战 5 小时，最后救出了 14 名压在冰山下的渔民。

2010 年 1～2 月，渤海遭受了近 30 年最重的海冰灾害。山东省渔港封冻，受困渔船多达 8000 多艘，经济损失惨重。辽宁省港口封冻，电煤运输受阻。辽宁省葫芦岛、营口、锦州和河北省秦皇岛、京唐港、曹妃甸、黄骅等港口的进出港航运船舶安全受到海冰的严重威胁，电煤运输受阻。营口市在渔港内被冰封的 300 多条较大型渔船的船体遭受不同程度的损坏。盘锦市三道沟渔港南端新建的灯塔和航标灯被海冰推平。辽河油田浅海石油开发公司的钻井平台停止生产，一些海上钻井平台与口岸的交通线结冰，补给船需破冰船引航才能靠岸。

此次海冰灾害有两大特点：一是发展速度快。1 月上旬辽东湾发展迅速，浮冰范围从 12 月 31 日的 38n mile 迅速增加到 1 月 12 日的 71n mile；1 月中旬莱州湾冰情发展迅速，浮冰范围从 1 月 9 日的 16n mile 迅速增加到 1 月 18 日的 39n mile，1 月 22～24 日连续维持在 46n mile，为莱州湾 40 年来最大海冰范围。二是浮冰范围大、冰层厚。辽东湾 2 月上旬浮冰范围从 1 月 31 日的 52n mile 迅速发展到 2 月 13 日的 108n mile，最大单层冰厚达 50cm。

各海区最大浮冰范围和冰厚见表 1-2。

**表 1-2 2009～2010 年度冬季渤海及黄海北部最大浮冰范围和冰厚**

| 海区 | 浮冰离岸最大距离/n mile | 一般冰厚/cm | 最大冰厚/cm |
|---|---|---|---|
| 辽东湾 | 108 | 20～30 | 55 |
| 渤海湾 | 30 | 10～20 | 30 |
| 莱州湾 | 46 | 10～20 | 30 |
| 黄海北部 | 32 | 10～20 | 40 |

2009～2010 年冬季渤海及黄海北部发生的海冰灾害对沿海地区社会、经济等产生了严重影响，造成了巨大损失。辽宁、河北、天津、山东等沿海三省一市受灾人口 6.1 万人，船只损毁 7157 艘，港口及码头封冻 296 个，水产养殖受损面积 207 870hm$^2$，因灾直接经济损失 63.18 亿元。

### 1.1.3 海冰灾害造成的损失

#### 1. 海冰灾害的表现形式

自然界中通常见到的浮在海面的冰只是很小一部分，漂浮在海洋上的冰块或冰山，在风和流驱动下运动。海冰运动时产生的推力和撞击力巨大，它与冰块的大小和冰速有关。例如，一块数平方千米的海冰，在流速不太大的情况下，其推力足以推倒石油平台等海上工程建筑物。海冰对港口和海上船舶的破坏力，除推压力外，还有因海冰的胀压力产生的破坏。此外，冻结在海上建筑物的海冰，受潮汐升降作用而产生的海冰竖向力，可以导致海洋建筑物的基础松动。

我国结冰海区的海冰灾害大致可以归结为以下 4 种形式：

（1）海冰封锁港口、航道，使港口不能正常作业造成经济损失，或大量增加破冰船破冰引航费用。

（2）破坏海洋工程建筑物和各种海上设施，轻则影响海洋油气开采等海洋工程作业，造成经济损失，重则推倒海上石油平台、破坏航道设施造成重大灾难性事故等。

（3）阻碍船只航行，破坏螺旋桨或船体，致使船舶丧失航行能力；撞击、挤压损毁船只，使锚泊的船只走锚、航行船只偏离航线，搁浅、触礁等灾难性事故。

（4）使渔业休渔期过长和破坏海水养殖设施、场地等，造成经济损失。

#### 2. 海冰灾害的损失和社会影响

历史上，我国渤海和黄海北部多次发生海冰灾害，引发港口封冻、石油平台倒塌、休渔期拖长，给人民的生产、生活以及国民经济发展和国防建设带来很大的危害。其中

1969 年冬季渤海特大冰封和 2010 年渤海近 30 年最严重的海冰导致的损失尤为严重。1951～2013 年海冰灾害给我国造成的损失见表 1-3。

**表 1-3　1951～2013 年以来海冰灾害总体情况**

| 年份 | 冰情 | 灾害概况 | 资料来源 |
| --- | --- | --- | --- |
| 1951 | 常冰年局部封冻 | 塘沽港封冻 | 调访 |
| 1955 | 常冰年局部封冻 | 塘沽沿海封冻 | 调访 |
| 1957 | 重冰年 | 冰情严重，船舶无法航行 | 中国海洋灾害 40 年资料汇编 |
| 1959 | 常冰年返冻 | 塘沽沿海不少渔船被冻在海上 | 调访 |
| 1966 | 常冰年返冻 | 莱州湾西部黄河口沿海在短时间内被冰封，离岸 15km，约 400 艘渔船和 1500 名渔民被冰封冻在海上 | 中国海洋灾害 40 年资料汇编 |
| 1968 | 偏重冰年局部冰封 | 龙口港封冻，3000 吨级的货轮不能出港 | 黄渤海冰情资料汇编 |
| 1969 | 重冰年渤海冰封 | “海二井”生活平台、设备平台和钻井平台被海冰推倒；“海一井”平台支座钢筋被海冰割断。进出塘沽和秦皇岛等港的 123 艘客货轮受到海冰严重影响。其中，有 58 艘受到不同程度的破坏，船舱严重进水 | 1969 年渤海冰封调查报告；黄渤海冰情资料汇编 |
| 1971 | 常冰年局部封冻 | 滦河口至曹妃甸海面封冻 | 调访 |
| 1974 | 常冰年局部封冻 | 辽东湾冰情偏重，走锚 5 起，两艘货轮相撞 | 调访 |
| 1977 | 偏重冰年 | “海四井”烽火台被海冰推倒，秦皇岛有多艘船只被冰夹住，需破冰引航 | 中国海洋灾害 40 年资料汇编 |
| 1979 | 常冰年 | 辽东湾发生海底门堵塞事故一起 | 调访 |
| 1980 | 常冰年局部封冻 | 龙口港封冻，万吨级“津海 105 号”、“工农兵 10 号”和“战斗 10 号”等客货轮在锚地被海冰所困，呼叫救援。最终在“C722”破冰船破冰引航下方脱离危险 | 中国海洋灾害 40 年资料汇编 |
| 1986 | 常冰年局部封冻 | 三艘万吨级货轮在大同江口受困，由破冰船破冰引航方脱险 | 中国海洋灾害 40 年资料汇编 |
| 1990 | 常冰年 | 辽东湾封冻，两艘 5000 吨货轮受阻，走锚 37 起 | 调访 |
| 1995 | 偏轻冰年 | 在冰情严重期间，辽东湾海上石油平台及海上交通运输受到一定影响。2 月 3 日 18 时一艘 2000 吨级外籍油轮受海冰的碰撞，在距鲅鱼圈港 37n mile 附近沉没，4 人死亡 | 海洋灾害公报 |
| 1996 | 常冰年 | 在冰情严重期间，辽东湾海上石油平台及海上交通运输均受到威胁，1 月下旬辽东湾 JZ20-2 石油平台遭受海冰碰撞，引发石油平台强烈震动，在此期间，公司领导亲临现场指挥，破冰船昼夜连续破冰作业，保证平台安全。1 月上旬末天津塘沽港至东经 118°的海域布满了厚 10cm 左右的海冰，使大批出海作业的渔船不能返港 | 海洋灾害公报 |
| 1998 | 偏轻冰年 | 鸭绿江入海口结冰较厚，受上涨潮水的影响，冰排被潮水迅速堆起，骤然间受冰排的挤压和撞击，造成码头 17 处严重破坏，沉船 11 艘，严重受损船舶 19 艘，险情持续 6 天之久，造成了较严重的经济损失 | 调访 |
| 2000 | 偏重冰年 | 辽东湾海上石油平台及海上交通运输受到影响，有些渔船和货船被海冰围困 | 调访 |
| 2001 | 偏重冰年 | 辽东湾北部港口处于封港状态，秦皇岛港冰情严重，港口航道灯标被流冰破坏，港内外数十艘船舶被海冰围困，海上航运中断，锚地 40 多艘货船因流冰作用走锚；天津港船舶进出困难，海上石油平台受到流冰严重影响 | 调访、新闻媒体、海洋灾害公报 |
| 2006 | 偏轻冰年 | 莱州湾底沿岸多个港口处于瘫痪状态，冰情给海上交通运输、海岸工程和沿海水产养殖等行业造成严重危害和较大经济损失。2005 年 12 月 15～22 日山东省莱州市芙蓉岛外海有 20 艘渔船被海冰包围，53 名船员被困 | 中国海洋报 |

续表

| 年份 | 冰情 | 灾害概况 | 资料来源 |
|---|---|---|---|
| 2007 | 偏轻冰年局部冰灾 | 葫芦岛龙港区渔民村先锋渔场发生罕见冰灾，坚硬冰块在风、浪、流作用下爬上岸，推倒或压塌民房，14 人被困，葫芦岛边防官兵冒着冰块塌陷的危险，进行抢险，并救出被困人员 | 调访报告 |
| 2010 | 偏重冰年 | 山东因海冰灾害受灾人口达 9.5 万人，造成经济损失高达 27.94 亿元，河北海冰灾害造成 3.06 亿元损失，辽宁海冰灾害造成 23.12 亿元损失。港口封冻，电煤运输受阻。菊花岛被海冰围困，3200 多名居民生活受到严重影响 | 海洋灾害公报 |
| 2011 | 偏轻冰年局部冰灾 | 山东和辽宁的水产养殖受损面积 5.442 万 $hm^2$，水产品损失 8.18 万 t，因灾直接经济损失 8.81 亿元 | 海洋灾害公报 |
| 2013 | 偏重冰年 | 造成辽宁 2 艘船只损毁，水产养殖受灾面积 2.292 万 $hm^2$，直接经济损失 3.22 亿元 | 海洋灾害公报 |

### 1.1.4 海冰灾害成因

冬季，我国受亚洲大陆高压控制，盛行偏北大风。寒潮或强冷空气入侵时，伴随大风、降雪和急剧降温过程，渤海和黄海北部近岸海域开始结冰。特别是当强寒潮爆发和持续时，海冰覆盖面积迅速扩大，冰厚增加。翌年春季海冰逐渐融化，直至消失。海冰的冻结、融化、增长和减弱都与当年冬季气候特征密切相关。海洋和大气相互作用对渤海和黄海北部的冰情演变具有重要的作用。

初冬海冰最早出现的日期称为初冰日，翌年初春海冰最终消失的日期称为终冰日，其间称为结冰期或简称为冰期。渤海和黄海北部的冰期为三四个月，其中以辽东湾冰期最长，黄海北部和渤海湾次之，莱州湾冰期最短。考虑到海冰与海上生产和航运的关系，冰期被划分为 3 个阶段，即初冰期、盛冰期和终冰期。

每年 11 月中旬至 12 月上旬，渤海和黄海北部的海水冻结是从沿岸浅水海域开始，逐渐向深海扩展；翌年 2 月下旬至 3 月中旬，海冰从外海向近岸海域逐渐融化消失。盛冰期时，渤海和黄海北部沿岸固定冰的宽度多在 0.2～2km，个别河口和浅滩区可达 5～10km。海中覆盖的冰都是浮冰，这些浮冰在风、流和浪的共同作用下漂移，在运动过程中发生形变，乃至破碎和堆积，冰间出现的开阔水即水道。除辽东湾外，渤海和黄海北部流冰外缘线大致沿 10～15m 等水深线分布。各海区浮冰覆盖范围随各年冰情的轻重差别很大。

海冰的出现和分布，主要决定因子是环境温度。除此之外，还与海水密度、盐度、水深、海水的湍流运动以及冻结核有关。例如，海洋边界层湍流运动促使秋末混合层明显加厚，直接影响初冬的海冰形成。

盐度对海冰形成的影响比较复杂。冬季渤海表层海水盐度一般在 28‰～30‰，渤海中部盐度较高，可达 31‰以上，黄海北部表层海水盐度为 29‰～31‰。渤海为浅海，冬季表层海水很容易混合到底层。海冰的盐度是指海冰融化后所得海水的盐度。海冰在形成过程中，有盐分从冰晶析出流入海中。如果海冰形成较快，部分盐分来不及流走，就被封闭在冰晶间的卤水泡内。因此，海冰不同于淡水冰，海冰是固体冰晶和卤水泡的混合物。纯淡水在 0℃时结冰，海水的冰点温度与盐度有关。

根据世界气象组织发布的国际海冰术语，结合我国的海冰运动状态，海冰被划分为固定冰和浮冰两大类。海上最初出现的冰是浮冰，当海水持续降温到一定程度时，在海湾浅水处和沿岸海域出现固定冰。通常黄海北部和渤海莱州湾龙口附近海域的固定冰较少见。在渤海辽东湾沿岸各海洋站均可观测到明显的固定冰，且持续时间较长。根据海冰发展阶段、形态和厚度将渤海的浮冰分为 7 种：初生冰、冰皮、尼罗冰、莲叶冰、灰冰、灰白冰和白冰。海冰表面未发生形变的为“平整冰”，在风、浪、流、潮作用下形成冰层叠加的为“重叠冰”，任意杂乱无章堆积的为“堆积冰”。

# 1.2　风暴潮灾害

风暴潮灾害，是指热带气旋、温带气旋、强冷空气等强烈的天气系统过境所伴随的强风作用和气压骤变引起的局部海面非周期异常升降现象造成沿岸涨水，对沿岸人民生命财产造成严重损害的自然灾害。

国内外通常采用实测潮位与正常潮位预报值的代数差来计算风暴潮的增水值。但有时由于离岸大风长时间吹刮，致使岸边水位剧降，有人称这种海面异常下降现象为“负风暴潮”或“风暴减水”（许小峰等，2009）。

必须指出的是，风暴潮自然变异过程并不一定导致灾害。形成严重的风暴潮灾害的条件有 3 个：一是强烈和持久的向岸大风；二是有利的海岸带地形如喇叭口状港湾和平缓的海滩；三是天文大潮配合。

## 1.2.1　我国风暴潮灾害的分布

### 1. 风暴潮灾害的时间分布

1）年际分布

1949 年之后，几乎每年我国都有风暴潮灾害（简称“潮灾”）发生，成重灾者平均每两年一次，也有一年中多次受灾。严重的风暴潮灾害往往造成多个省份同时遭灾（9216 和 9711 两次风暴潮灾害，其影响范围从福建到辽宁，包括华东六省和两个直辖市），但并不是所有登陆我国沿海的台风（本书中泛指热带气旋）都会引起潮灾。据统计，1949～2014 年共发生Ⅲ级（预警级别黄色）以上灾害性台风风暴潮过程 276 次，平均每年发生 4 次，总体呈上升趋势（表 1-4）。

**表 1-4　近 30 年（1985～2014 年）历年灾害性台风风暴潮次数统计**

| 年份 | 次数 | 年份 | 次数 | 年份 | 次数 |
|---|---|---|---|---|---|
| 1985 | 5 | 1989 | 8 | 1993 | 4 |
| 1986 | 4 | 1990 | 9 | 1994 | 6 |
| 1987 | 3 | 1991 | 6 | 1995 | 1 |
| 1988 | 4 | 1992 | 4 | 1996 | 5 |

续表

| 年份 | 次数 | 年份 | 次数 | 年份 | 次数 |
|---|---|---|---|---|---|
| 1997 | 3 | 2003 | 3 | 2009 | 2 |
| 1998 | 2 | 2004 | 4 | 2010 | 7 |
| 1999 | 4 | 2005 | 8 | 2011 | 5 |
| 2000 | 5 | 2006 | 3 | 2012 | 9 |
| 2001 | 5 | 2007 | 7 | 2013 | 11 |
| 2002 | 2 | 2008 | 4 | 2014 | 5 |

2）季节分布

我国台风风暴潮的季节变化规律与登陆我国的台风状况接近，以 7～10 月为盛季，其中 8 月和 9 月最多，登陆的台风也集中在 7～9 月。但由于登陆方向、地形、天文潮等其他因素，台风风暴潮季节变化并不与台风完全一致。

于福江等（2015a）研究表明，灾害性温带风暴潮的季节变化也非常明显，每年 3 月和 4 月、10 月和 11 月为春秋过渡季节，冷暖空气频繁活跃在我国北方海域，温带气旋、强冷空气频繁发生。强温带风暴潮灾害的多发月也为每年春秋两季。另外，由于夏季渤海湾沿岸天文潮是一年中最高的，也是温带气旋较活跃的月份，因此，8～10 月也是温带风暴潮灾害的多发月份之一。

## 2. 风暴潮灾害的空间分布

我国南北纵跨温带、亚热带和热带三个气候带，风暴潮灾害可遍布各个沿海地区，但灾害的发生频率、严重程度却大不相同。渤海、黄海沿岸由于处在高纬度地区，主要以温带气旋引起的温带风暴潮灾害为主，鲜有台风风暴潮灾害发生；东南沿海则主要是由热带气旋引起的台风风暴潮灾害。成灾率较高、灾害较严重的岸段主要集中在以下几个地区：

1）渤海湾至莱州湾沿岸

渤海是一个近封闭型陆架海，水深较浅。因此，当出现强烈而持久的东北风时，海水常常涌上海岸，在广大区域，特别是渤海湾和莱州湾形成风暴潮灾害，渤海湾至莱州湾沿岸的风暴潮以温带风暴潮为主。

2）江苏小洋河口至浙江中部沿岸（包括长江口、杭州湾）

江苏岸段为平原海岸，地势低洼，不仅夏季的热带气旋可以造成严重的潮灾，冬季冷空气大风也可以造成潮灾。浙江岸段地形复杂，海湾众多，一旦风暴潮与天文大潮叠加，水位上涨迅速，潮灾相对严重。

3）福建宁德至闽江口沿岸

福建沿海所遭受的风暴潮多由台风造成。

4）广东汕头至珠江口沿岸

广东沿海是全国海岸中台风风暴潮最严重的区域，平均每年都要受 5～6 次台风袭击，发生较严重的潮灾 1～2 次。

5）雷州半岛东部沿岸

雷州半岛东部沿岸所遭受风暴潮多由台风造成。

6）海南岛东北部沿岸

海南岛也是受台风影响最频繁的地区之一。

天津、上海、宁波、温州、台州、福州、汕头、广州、湛江以及海口等沿海大城市，特别是几大国家开发区（滨海新区、长江三角洲、海峡西区、珠江三角洲等）都位于风暴潮灾害严重岸段内。

### 3. 最大风暴潮的时空分布

最大风暴潮可表述成单站最大风暴潮和过程最大风暴潮两种。台风或温带天气系统对岸边影响最严重时间通常为三四天，这期间称其为一次风暴潮过程。单站最大风暴潮是指某次过程中该站风暴增水最大的，称为单站最大风暴潮。过程最大风暴潮是指一次风暴潮过程中各验潮站中风暴增水最大的，称其为过程最大风暴潮。

西北太平洋沿岸国家中我国的风暴潮灾害最频繁（一年四季均有发生）、最严重，成灾范围最广，几乎遍及整个中国沿海，尤其是在大江大河的河口三角洲地区，对风暴潮极其敏感和脆弱。出现 2m 以上风暴潮的站约占全部站的 54%。因受地形和台风登陆点的影响，渤海湾、莱州湾、长江口、杭州湾、浙江中部、闽江口、广东东部、珠江口、雷州半岛东岸出现的风暴潮均较大。另外，在风暴潮灾害发生时，还伴有近岸浪的影响，因此常常将近岸浪造成的影响包含在风暴潮灾害相关统计中。

如何确定最大风暴潮的发生时间是比较困难的。数值模式的计算结果表明，对登陆台风而言，移速慢时，最大风暴潮发生在登陆前，移速快时，最大风暴潮发生在登陆时或登陆后；对于由陆地出海的台风而言，其最大风暴潮几乎全部发生在台风出海的瞬间或出海后；对于平行海岸北上或近岸东转的台风，最大风暴潮大多发生在台风最靠近岸边时。

## 1.2.2　风暴潮灾害个例

### 1. 1949 年前的风暴潮灾害个例

我国历史上最早的潮灾记录可追溯到公元前 48 年，《中国历代灾害性海潮史料》一书统计了从公元前 48 年到 1946 年各朝代潮灾发生的次数。在这些详细的记载中，不难看出，每次死于潮灾的，少则数百、数千人，多则万人乃至十万之巨。

史料中曾记载 1696 年（康熙年间）发生在长江口的一次特大潮灾，上海、宝山、崇明一带损失惨重，史书中写到“……二更余，忽海啸，飓风复大作，潮挟风威，声势汹涌，冲入沿海一带地方几数百里……水面高于城丈许，嘉定、崇明及吴淞、川沙等处，漂没海塘千丈，灶户一万八千户，淹死者共十万人”。另一次严重的潮灾发生在珠江口，“1862 年七月初一，飓风由澳门起广州河面复舟溺死者，数以万计，省河局捞尸八万余”。

20 世纪（1900～1949 年）死亡万人以上风暴潮灾害事件曾发生过 5 次，最严重的是 1922 年 8 月 2 日发生在广东汕头的一次特大风暴潮灾害。据史料记载：“8.2”风灾引发的风暴潮，淹及澄海、饶平、潮阳、南澳、揭阳、惠来、汕头等县市，约 150km 的海堤被悉数冲毁，海水入侵内陆达 15km。有户籍可查的，死亡 7 万～8 万人。另外，据记载，灾后瘟疫流行死亡近 20 万人。

## 2. 1949 年后风暴潮灾害个例

1956 年 8 月 2 日，5612 号强台风在浙江象山县登陆，沿岸最大风暴增水 532cm，部分岸段最高潮位超过当地警戒潮位 45cm。全省 75 个县（市）严重受灾，死亡 4948 人，2 万余人受伤，869km 海塘江堤被冲毁，沿海纵深 10km 一片汪洋，3610km$^2$ 农田被淹，71.5 万间房屋损毁，直接经济损失 3.62 亿元。本次风暴潮灾害是新中国成立后死亡人数最多的一次潮灾（于福江等，2015b）。

1969 年 7 月 28 日，6903 号台风给广东汕头至珠江口一带造成严重潮灾，受其影响，汕头验潮站最大风暴增水 298cm，最高潮位超过当地警戒潮位 1.60m。潮阳县牛田洋垦区 8.5km 长、3.5m 高的大堤被削剩 1.5m，汕头市平均进水 1.5～2m。本次潮灾农业受灾面积 8.77 万 hm$^2$，房屋倒塌 8.23 万间，冲毁海堤 180km，受灾人口 93 万，死亡 1554 人，直接经济损失 1.98 亿元。

1994 年 8 月 21 日，9417 号台风登陆浙江瑞安，造成温州以南沿海百年不遇的罕见特大风暴潮灾害。温州验潮站最大风暴增水 269cm，最高潮位超过当地警戒潮位 155cm。温州市区被淹，水深达 150～250cm。位于瓯江口的七都岛、江心屿、灵昆岛均被潮水淹没，岛上水深 2～3m。全省有 189 个城镇进水，228 万人被海潮、洪水围困。海塘决口潮水倒灌淹没 74.77 万亩（1 亩=666.67m$^2$）农田，冲毁淹没虾塘 7.1 万亩，倒塌房屋 10 万余间。1216 人死亡，266 人失踪，直接经济损失 131.51 亿元。

2001 年 6 月 23 日，0102 号“飞燕”台风在福建福清市登陆。平潭以北多个验潮站最高潮位均超过当地警戒水位，其中白岩潭站超过警戒水位 70cm，为 50 年同期最高水位。这次风暴潮给福建省沿海造成重大灾害，死亡、失踪 122 人，受灾人口约 521 万，12.2 万 hm$^2$ 农田被淹，6430 艘船只沉没或损坏，海堤受损 64.8km，堤防决口 8.3km，直接经济损失 45.2 亿元。

2003 年 7 月 24 日，0307 号台风“伊布都”台风在广东阳西至电白县沿海登陆。珠江口以西沿海普遍出现了 100～300cm 的风暴潮，最大增水发生在广东西北津潮位站，超过当地警戒水位 116cm。广东、广西两地受灾人口约 546 万、死亡 3 人，倒塌房屋约 6800 间，直接经济损失超过 21 亿元。0312 号台风“科罗旺”台风于 2003 年 8 月 25 日登陆海南文昌市，海南海口市秀英潮位站最大增水 184cm，清澜潮位站最大增水 98cm。海南、广东、广西三地共计受灾人口约 846 万，死亡 2 人，房屋倒塌 11 520 间，直接经济损失 21.06 亿元。0313 号台风“杜鹃”于 2003 年 9 月 2 日先后在广东惠东县、深圳市和中山市登陆，广东海门潮位站最大增水 176cm，其最高潮位 203cm，超过当地警戒水位 73cm。广东省受灾人口 641.0 万，死亡 19 人，倒塌房屋 5400 间，农作物受灾面积 13.9 万 $hm^2$，直接经济损失 22.87 亿元。以上三次台风风暴潮造成直接经济损失超过 65 亿元。

0505 号台风“海棠”于 2005 年 7 月 19 日 17 时 10 分在福建连江县黄岐镇登陆，福建沿海最大增水出现在闽江口梅花，达 237cm。浙江沿海最大增水出现在瑞安，达 234cm。福建、浙江有多个站潮位超过警戒潮位，浙江瑞安超过的值最大，达 36cm。受“海棠”风暴潮影响，福建、浙江共损失 32.4 亿元，死亡 3 人。

2006 年，也是台风风暴潮灾害严重的一年，所造成的直接经济损失超过 270 亿元。其中，0601 号台风“珍珠”于 2006 年 5 月 18 日凌晨 2 时 15 分，在广东汕头市澄海区和饶平县交界地区登陆。6 个验潮站增水超过 100cm，广东海门站达 181cm。另外还有 5 个验潮站最大增水超过 100cm。广东海洋灾害的直接经济损失 12.3 亿元。0604 号强热带风暴“碧利斯”于 2006 年 7 月 14 日在福建霞浦县北壁镇登陆，沿海增水超过 100cm 的验潮站有 12 个，最大增水发生在浙江海门，达 182cm。浙江、福建两地有 13 个验潮站潮位超过当地警戒潮位，福建琯头潮位超过当地警戒潮位 108cm。福建、浙江两地直接经济损失 57.55 亿元，受灾人口共约 510 万。0606 号台风“派比安”于 2006 年 8 月 3 日，在广东阳西县和电白县交界处沿海登陆。沿岸增水超过 100cm 的验潮站有 6 个，最大增水发生在广东北津，达 220cm，广东和广西两地直接经济损失 77.06 亿元。0608 号超强台风“桑美”于 2006 年 8 月 10 日，在浙江苍南县马站镇登陆。“桑美”是当时近 50 年来登陆我国强度最大的台风，最大增水发生在浙江鳌江，达 401cm，浙江瑞安潮位超过当地警戒潮位 62cm。造成了浙江、福建沿海的特大风暴潮灾害，福建、浙江两地共损失 70.17 亿元，死亡 230 人，失踪 96 人。

2007 年 3 月 3～5 日，受北方强冷空气和黄海气旋的共同影响，渤海湾、莱州湾发生了一次强温带风暴潮过程，辽宁、河北、山东海洋灾害直接经济损失 40.65 亿元。4 个验潮站增水超过 100cm，莱州湾羊角沟验潮站增水为 202cm；羊角沟、龙口和烟台验潮站超过当地警戒潮位。辽宁损毁船只 3128 艘，河北沧州市损毁海塘堤防及海洋工程 20km，山东死亡 7 人，6700 余公顷筏式养殖受损，2000 余公顷虾池、鱼塘冲毁，10km 防浪堤坍塌，损毁船只 1900 艘。强热带风暴“帕布”（0707 号）于 2007 年 8 月 10 日 16 时前后，在香港新界屯门沿海地区登陆后，又折向偏西方向移动，并于 18 时 30 分在广东中山市沿海地区再次登陆，广东海洋灾害直接经济损失 22.98 亿元。

0814 号强台风“黑格比”于 2008 年 8 月 24 日 06 时 45 分，在广东茂名市电白县陈村镇附近登陆。有 21 个验潮站增水超过 100cm，其中 4 个增水超过 200cm，最大增水 270cm，最高潮位超过当地警戒潮位 165cm。受风暴潮和近岸浪的共同影响，广东沿海受影响市、县达 39 个，受灾人口 737.05 万人，死亡 22 人，失踪 4 人。广东、广西和海南直接经济损失 132.74 亿元。

2009 年 4 月 15 日，渤海沿岸发生一次强温带风暴潮过程，沿海最大风暴增水发生在河北沧州市黄骅站，为 176cm，最高潮位超过当地警戒潮位 34cm；河北曹妃甸、京唐港、天津塘沽、山东龙口等多个验潮站风暴增水超过 100cm。河北、天津、山东因灾造成直接经济损失 6.20 亿元。

0908 号台风“莫拉克”于 2009 年 8 月 9 日 16 时 20 分，在福建霞浦县北壁乡登陆。受风暴潮和近岸浪的共同影响，福建连江县琯头站最大增水 232cm；浙江、福建沿海共有 16 个验潮站的增水超过 100cm，有 11 个站达到或超过当地警戒潮位、最大值 88cm。福建、浙江和江苏直接经济损失 32.65 亿元。0915 号台风“巨爵”于 2009 年 9 月 15 日 07 时，在广东台山市北陡镇附近登陆。受风暴潮和近岸浪的共同影响，广东沿海风暴增水超过 100cm 的验潮站有 12 个，其中最大增水 210cm。9 站位超过当地警戒潮位，最高超出 109cm。广东、广西和海南直接经济损失 24.04 亿元。1013 号台风“鲇鱼”于 2010 年 10 月 23 日 12 时 55 分，在福建漳浦县境内登陆。福建受灾人口 61.07 万人，房屋损毁 500 间，水产养殖受损面积 5410hm$^2$，池塘养殖受损 3480hm$^2$，网箱损坏 23 205 个，防波堤损毁 1.69km，码头损坏两个，船只损毁 406 艘，直接经济损失 26.22 亿元。

1117 号强台风“纳沙”于 2011 年 9 月 29 日 14 时 30 分，在海南文昌市翁田镇登陆。受风暴潮和近岸浪的共同影响，广东湛江市南渡站最大增水 399cm。此次风暴潮过程中，共有 5 个验潮站的最高潮位超过当地警戒潮位。广东受灾人口 77.92 万人，房屋损毁 602 间，水产养殖受损面积 17 400hm$^2$，防波堤损毁 2.15km，船只损毁 303 艘。海南 6km 防护林损毁，水产养殖受损面积 1570hm$^2$，船只损毁 1181 艘。广西水产养殖受损面积 4440hm$^2$，防波堤损毁 22.75km，护岸损坏 49 个。广东、海南和广西受灾严重，直接经济损失 31.06 亿元。

2012 年 7 月底至 8 月 2～3 日，1209 号台风“苏拉”和 1210 号台风“达维”在 10 小时内先后登陆我国沿海，受风暴潮和近岸浪的共同影响，河北、天津、山东、江苏、浙江和福建因灾直接经济损失合计 44.81 亿元。其中，“苏拉”台风风暴潮最大增水 145cm（浙江鳌江站）。多个潮位站增水超过 100cm。鳌江站、瑞安站等 15 个潮位站最高潮位超过当地警戒潮位。“达维”台风风暴潮过程中，江苏连云港站最大风暴增水 178cm，多站增水超过 100cm。黄骅站、塘沽站、岚山站和烟台站 4 个潮位站的最高潮位超过当地警戒潮位。河北、山东、江苏和福建受灾人口超过 700 万，房屋损毁约 3400 间，淹没农田超过 63 000hm$^2$，水产养殖受灾面积 12 万 hm$^2$，损毁码头 32 座、防波堤 48km、船只 864 艘。

2013 年 9 月 22 日，台风“天兔”在广东汕尾市附近沿海登陆，广东海门站最大风暴增水 201cm。福建与广东多个潮位站增水超过 100cm。广东多站超过警戒潮位 10～39cm。两省受灾人口约 590 万，转移 40 多万人，水产养殖受灾面积 26hm$^2$、损毁渔船 5100 余艘、农田 11 000hm$^2$，广东损失占绝大部分，福建和广东因灾直接经济损失合计 64.93 亿元。

2013 年 10 月 7 日，台风“菲特”在福建福鼎市沙埕镇沿海登陆，浙江鳌江站最大风暴增水 375cm，增水超过 100cm 的还有浙江的坎门站、澉浦站、洞头站和健跳站，福建的琯头站和沙埕站。浙江鳌江站、坎门站、澉浦站、镇海站、洞头站和健跳站 6 个潮位站的最高潮位超过当地警戒潮位，其中，鳌江站超过当地警戒潮位 148cm。两省受灾人口 683 万人，转移 113 万人，水产养殖受灾面积 4.6 万 hm$^2$，损毁渔船约 1700 艘，各类堤岸近 40km，因灾直接经济损失合计 34.92 亿元。

1409 号超强台风“威马逊”是 1949 年以来登陆我国的最强台风，2014 年 7 月 18 日，在海南文昌市翁田镇沿海登陆，18 日，在广东湛江市徐闻县龙塘镇沿海再次登陆，19 日，在广西防城港市光坡镇沿海第三次登陆。广东南渡站最大风暴增水 392cm。广东、广西、海南共有 6 个潮位站增水超过 200cm。广东南渡站和湛江站最高潮位分别超过当地警戒潮位，海南秀英站最高潮位超过当地警戒潮位 53cm。共计受灾人口 543 万（死亡 6 人）、转移 35 万人，房屋倒塌约 33 800 间，水产养殖损失面积 37hm$^2$，损毁渔船 2700 余艘。广东、广西和海南三地因灾直接经济损失合计 80.80 亿元。

2014 年 9 月 16 日，台风“海鸥”在海南文昌市翁田镇沿海登陆后，在广东湛江市徐闻县南部沿海地区再次登陆。广东南渡站最大风暴增水 495cm。广东湛江站、硇洲站、水东站、北津站、闸坡站，海南秀英站增水为 200～430cm。广东盐田站、黄埔站、三灶站、北津站、湛江站、南渡站 6 个潮（水）位站的最高潮位超过当地警戒潮位，其中，南渡站最高潮位超过当地警戒潮位 159cm。海南秀英站出现了破历史纪录的高潮位，超过当地警戒潮位 147cm。受灾人口 450 万人、转移 34 万人，水产养殖受灾面积 2.9 万 hm$^2$，损毁渔船 2530 艘。广东、广西和海南三地因灾直接经济损失合计 42.75 亿元。

### 1.2.3　风暴潮灾害成因

#### 1. 风暴潮的成因

风暴潮是指由强烈大气扰动，如热带气旋（台风、飓风）、温带气旋、强冷空气等引起的海面异常升高现象。沿海验潮站或河口水位站所记录的潮位变化，通常包含了天文潮、风暴潮及其他长波所引起海面变化的综合值。风暴潮（又称风暴增水）的分离是将验潮站的逐时验潮资料中减去该站预报值而获得的。

风暴潮的空间范围一般为 10～1000km，时间尺度或周期约为 $10^0$～$10^2$ 小时，介于地震海啸和天文潮波之间。由于风暴潮的影响区域是随大气的扰动因子的移动而移动，因此，有时一次风暴潮过程往往可影响 1000～2000km 的海岸区域，影响时间可多达数天之久。

#### 2. 风暴潮灾害与天文潮的关系

如果最大风暴潮恰与天文大潮的高潮相叠加，则会导致发生特大潮灾。例如，9711 号台风 1997 年 8 月 18 日登陆浙江温岭时，恰逢农历七月十六大潮，海门站最大增水 2.17m，几乎完全叠加在当晚的天文高潮上，高潮位超过当地警戒潮位 1.9m。

有时遇到风暴潮较小，又发生在小潮或低潮时，不会造成灾害。而有时风暴潮虽未遇天文大潮或高潮，但风暴增水较大时也会酿成严重潮灾。例如，8007 号台风风暴潮，当时虽正逢天文潮小潮，但由于广东南渡站所处的地理位置、海岸形状以及 8007 号台风移动路径，造成该站出现了 594cm 的特大风暴潮值（我国最大风暴潮记录值，世界第三大记录值），超过当地警戒潮位 294cm，给当地造成了严重风暴潮灾害。

### 3. 风暴潮的分类

国内外学者多按诱发风暴潮的大气扰动特性，将风暴潮分为由台风（泛指热带气旋的各个级别）所引起的台风风暴潮和由温带天气系统（温带气旋、强冷空气等）引起的温带风暴潮两大类。

1）台风风暴潮

太平洋是全球最适于台风生成的大洋，其西北部尤以台风灾害多而闻名，太平洋地区生成的台风占全球台风总数的63%，其次是印度洋和大西洋。而在靠近我国的西北太平洋地区生成的台风则占了全球台风总数的38%，居全球8个台风发生区之首。

每年夏秋是台风多发季节，登陆我国东南沿海地区的台风尤其频繁，平均每年有7至8次之多。当台风逼近时，依据台风中心的远近，沿海验潮站记录的水位变化表现出不同的特征。全过程可以划分为三阶段：初振阶段、激振阶段和余振阶段。

在初振阶段，远离台风中心的验潮站开始记录到来自台风扰动区域的长周期波（先兆波）增水，一般只有 20～50cm，台风强度越强、尺度越大、移动速度越慢，则岸边出现的增水越久，增水持续时间越长。

当台风中心进一步移近海岸线时，水位由初振阶段进入激振阶段，潮位急剧升高，并在登陆前后几小时内达到过程增水的最大值。观测和数值计算表明，登陆开阔海域台风尺度越大、移速则越慢，引起的最大增水发生在登陆前几个小时；反之，则最大增水发生在登陆后几小时内。激振阶段的持续时间一般在6小时以内，通常尺度大、移速慢的台风引起的风暴潮激振阶段持续时间长。

当台风登陆以后或远离验潮站之后，风暴潮位处于余振阶段，水位逐渐向正常状态恢复，余振阶段一般持续1天左右，有的长达两三天。

2）温带风暴潮

温带风暴潮是由西风带天气系统引起的，这类天气系统包括温带气旋和强冷空气等。我国长江口以北的黄海、渤海沿岸是温带风暴潮多发区，其中莱州湾和渤海湾沿岸是重灾区。

温带风暴潮又分为强冷空气与温带气旋配合型、强冷空气型和温带气旋型三种类型。

强冷空气与温带气旋配合型风暴潮多发于春秋季，渤海湾和莱州湾的风暴潮多属于此类型。温带气旋主要是黄海气旋和渤海气旋。1969年4月22～24日莱州湾羊角沟站记录到温带风暴潮最大增水355cm，是此类型风暴潮有记录以来的最大增水，居世界首位。这次风暴潮在 2～3 小时内冲破了 70km 海岸线，向陆地推进了 30～40km。

强冷空气型温带风暴潮多由于西伯利亚-蒙古冷高压南下，强冷空气掠过渤海、黄海造成东北大风，致使渤海湾、莱州湾和江苏北部发生风暴潮，此类风暴潮增水多为1～2m，加之多发生在冬季、初春、深秋等枯水季节，成灾概率较小。

温带气旋型风暴潮是指无明显冷空气与之配合的温带气旋引起的风暴潮，多发生在春秋季和初夏。

# 1.3 海浪灾害

海浪是指由风产生的海面波动，周期约为 0.5～25s，波长约为 0.1～100m，一般波高为 0.01～10m，在罕见的情况下波高可达 30m 以上。

海浪包括风浪、涌浪和近岸浪 3 种。平常说的“无风不起浪”，是指在风的直接作用下形成的海面波动，称为风浪；而“无风三尺浪”则是指在风停以后或风速、风向突变后海面保存下来的波浪和传出风区的波浪，称为涌浪；近岸浪是指外海的风浪或涌浪传到海岸附近，受地形与水深作用而改变波动性质的海浪。

最常用的浪高特征量是有效波高，将波列中的波高由大到小依次排列，其中最大的 1/3 部分波高的平均值就是有效波高。海浪灾害是指海浪，尤其是有效波高大于等于 4m 的灾害性海浪，对海上航行的船舶、海洋资源开发、渔业生产等多种海上活动及沿岸和近海水产养殖、旅游观光、海上运输、港口码头、防波堤等工程造成严重损害的自然灾害。海浪灾害不仅是造成我国沿海经济损失和人员伤亡较严重的海洋灾害，还是发生频率最高的海洋灾害。在我国近海，每天都有生成海浪灾害的条件。虽然不是每天都有人员伤亡和经济损失，但灾害确实是频繁发生的。

## 1.3.1 我国近海灾害性海浪分布

中国海位于欧亚大陆东南岸并与太平洋相通，冬季受西伯利亚、蒙古高原等地南下的寒潮、冷空气影响，春秋季受温带气旋影响，夏季受台风影响。因此，我国海域是世界上海浪灾害最频繁的地区之一（丁一汇和朱抱真，2013）。

### 1. 总体时空分布特征

据 1999～2014 年的海浪数据统计，我国近海共出现有效波高大于等于 4.0m 的灾害性海浪过程 565 次，平均每年 35 次。从空间上看，中国近海各个海域均受海浪灾害的影响，其中以浙江沿海为最重，其次为福建和广东沿海。

### 2. 主要海区海浪灾害时间分布特征

渤海：渤海是我国的浅水内海，平均水深 18m，风区较短，灾害性海浪的出现频率也较小，平均每年出现灾害性海浪约 9 天，主要是由寒潮、温带气旋引起的，出现时间为当年 10 月至翌年 4 月。灾害性海浪出现频率最高的月份为 11 月，约 2.1 天；最低的月份为 6 月、7 月，约 0.1 天。根据现有灾害记录，灾害性海浪出现天数最多的年份为 2003 年，共 25 天；天数最少的年份为 1988 年，共 1 天。

黄海：灾害性海浪平均每年出现 34 天，也是以寒潮、温带气旋引起的灾害性海浪为主，出现时间为当年 10 月至翌年 3 月。灾害性海浪出现频率最高的月份为 1 月，约 5.4 天；最低的月份为 5 月，约 0.7 天；灾害性海浪出现天数最多的年份是 1980 年，共

72 天；天数最少的年份是 1995 年，共 8 天。

东海：灾害性海浪平均每年出现 80 天，月平均出现天数为 6～11 天。出现频率最高的月份是 12 月，约 11 天；最低的月份为 5 月，约 1.3 天；灾害性海浪出现天数最多的年份是 2000 年，共 116 天；最少的年份是 1995 年，共 51 天。

台湾海峡：灾害性海浪平均每年出现 64 天，出现时间为当年 10 月至翌年 2 月，月平均灾害性海浪出现天数为 7～12 天。出现频率最高的月份为 12 月，约 12.4 天；最低的月份为 5 月，约 0.4 天；灾害性海浪出现天数最多的年份是 2005 年，共 106 天；最少的年份是 2002 年，共 33 天。

南海：面积广阔，水深浪高，具有大洋海浪的特征，是我国灾害性海浪出现频率最多的海区，平均每年出现 95 天。灾害性海浪出现频率最高的月份为 12 月，约 16.5 天；最低的月份为 4 月，约 1.7 天；灾害性海浪出现天数最多的年份是 1989 年，共 125 天；最少的年份是 2002 年，共 58 天。

### 1.3.2 海浪灾害个例

1997 年 8 月 18 日和 19 日，受 9711 号台风浪影响，东海海面出现 10～12m 的狂涛区，浙江沿岸波涛汹涌、巨浪滔天。大陈海洋站实测最大波高 9.8m，沿岸海浪普遍高出海岸 2～3m，局部地段拍岸浪高达 10m。尤其处于台风浪正面袭击的台州地区，其一线海塘、二线海塘几乎全部崩溃，冲开堤防决口 4385 处，冲毁护岸 1640 处，损坏堤岸 243km，水产养殖损失 1.13 万 $hm^2$，5.84 万 t。此次过程，台风浪给浙江带来巨大损失，仅沿海台州、宁波和舟山三市的水利设施总计直接经济损失为 22.71 亿元，渔业和水产养殖总计损失 14.26 亿元。

1999 年 11 月 24 日，山东烟台市汽车轮渡公司“大舜”号客货滚装船，在距烟台市牟平养马岛 5n mile 处海面，遇到波高 3m 以上大浪，船只颠簸引起失火后沉没，造成 280 多人死亡、失踪的特大海难事故。

2001 年 6 月 23～25 日，福建沿岸遭受“飞燕”台风巨浪的影响，福建直接经济损失 45.2 亿元，其中海水养殖损失 22.8 亿元，死亡、失踪 122 人，沉没损毁渔船 6430 艘，损毁海堤 321 处，共 64.8km，海堤决口 80 处、共 83km。

2002 年 9 月 7～9 日，0216 号“森拉克”台风巨浪影响期间，浙江直接经济损失 29.6 亿元，其中渔业直接经济损失 7.9 亿元，海水养殖受损 2.8 万 $hm^2$，水产品损失 19.6 万 t，死亡 29 人、受伤 39 人，沉没损毁渔船 320 艘，损毁海堤 659 处，共 231.6km，海堤决口 443 处、共 25.3km。福建直接经济损失 32.6 亿元，其中海水养殖受损面积 1.7 万 $hm^2$，水产品损失 19.6 万 t，死亡 1 人、受伤 39 人，沉没损毁渔船 1666 艘，损毁海堤 358 处，共 123.6km，海堤决口 127 处、共 11.5km。

2003 年 10 月 11～13 日，受南下强冷空气与内陆西南倒槽共同影响，渤海、黄海北部出现 4～6m 的巨浪，河北秦皇岛市和唐山市沿岸近海出现 3.5m 的大浪，沧州、黄骅、山东省的东营和龙口沿岸近海均出现 4.0m 的巨浪，对近岸海堤、港口码头、航道、海水养殖、海上航行的船舶等造成巨大经济损失和人员伤亡。10 月 11～12 日，浙江舟山市普陀永和海运公司的"顺达"号货轮和上海运得船务公司的"华源胜 18"号货轮遇到 4～6m 的巨浪袭击，分别在渤海的中部、西部沉没，两艘船上共 40 名船员下落不明，无一生还，直接经济损失上亿元。本次巨浪影响期间，河北、天津、山东和海上两起沉船事故共造成直接经济损失 13.6 亿元，死亡（含失踪）41 人。海水养殖受损面积 1.65 万 $hm^2$、冲毁虾池 2500$hm^2$，损毁扇贝 590 万笼，网具 3000 多条，沉没损毁渔船 1450 艘。盐业和港口航道淤积造成的直接经济损失和间接经济损失无法估量。天津直接经济损失 1.13 亿元，死亡 1 人。海水养殖受损面积 200$hm^2$，损毁渔船 156 艘，损毁海堤 7.3km，损坏泵站 13 处。山东直接经济损失 6.13 亿元。海水养殖受损面积 8.55 万 $hm^2$，损毁渔船 329 艘、损毁海堤 260 处、共 26.9km，闸门 15 座，桥梁 1 座。

2004 年 8 月 11～13 日，"云娜"台风巨浪影响期间，浙江、福建直接经济损失 21.5 亿元，死亡（含失踪）22 人，伤 10 人。其中，浙江直接经济损失达 11.52 亿元，死亡（含失踪）22 人，伤 10 人。水产养殖受灾面积 4.23 万 $hm^2$，海水养殖网箱损毁 16 439 个，水产品损失 13.89 万 t，损毁海堤 2800 处，共 391.8km，海堤决口 1222 处，共 88.2km；港口码头损坏 200 个，沉没损坏渔船 3011 艘。损毁海堤 1398 处，64.1km，损毁海洋工程 1854 座。福建、浙江造成直接经济损失达 10.1 亿元。

2005 年 8 月 6～9 日，0509 号"麦莎"台风巨浪影响期间，浙江、上海、江苏、山东、天津、河北、辽宁共造成直接经济损失 35.19 亿元，死亡（含失踪）7 人。其中，浙江温州、台州、宁波、舟山、嘉兴等市受灾，死亡 5 人，海洋水产养殖损失 7.86 万 t，受损面积 23.28 万 $hm^2$，损毁海堤 11.02km，沉没、损毁船只 1790 艘。江苏海洋水产养殖损失 0.43 万 t，受损面积 8220$hm^2$；损毁船只 21 艘。山东直接经济损失 0.94 亿元。海洋水产养殖受损面积 6017.3$hm^2$，损毁海堤 10.3km。

2006 年 0608 号超强台风"桑美"是近 50 年来登陆我国大陆的最强台风，受强大的风力、短时间内风向骤变、海港地形、水深及港内外海流影响，在沙埕港内形成极其复杂的海浪，渔民通常称为三角浪，船舶遇到这种海浪都会造成毁灭性的破坏。加上沙埕港内停泊的渔船太多（沙埕港内停泊 12 000 多艘渔船），因拥挤相互碰撞造成船舶破坏十分严重。此次海浪过程造成的经济损失和人员伤亡异常惨重。在沙埕港内避风的上万艘渔船遭到了毁灭性的打击，船只损坏和人员伤亡均为历史罕见。据不完全统计，在沙埕港避风的福建籍渔船沉没 952 艘，损毁 1594 艘，海难死亡 209 人，失踪 130 人。浙江籍渔船沉没 998 艘，损毁 1129 艘，海难死亡 16 人，失踪 16 人。

2007 年 3 月 3～5 日，渤海、黄海受强冷空气与黄海气旋共同影响，我国渤海、黄海、东海海域和沿岸近海发生一次重大海浪灾害，惊动了时任国务院总理温家宝，温总理亲自做出"以应急办的名义通知有关单位和地方做好防潮防浪准备，不漏掉一个海上作业单位和每一个港口"的批示，要求沿海各级政府做好防范应对工作。本次巨浪过程影响期间，辽宁、河北、天津、山东、江苏直接经济损失 40.65 亿元，3 人死亡，9 人失踪。其中山东、辽宁受灾最为严重，两省经济损失占到总额的 95%。辽宁受损渔船 3128 艘，损毁渔港 3703m，养殖浮筏 87 276 台，育苗单位 253 家，加工企业 190 家。山东省 3 人死亡、7 人失踪。沉没渔船 5 艘，1900 多艘渔船受到严重损坏，筏式养殖受损面积

$6700hm^2$，150 万 $m^2$ 养殖大棚坍塌，$200hm^2$ 虾池、鱼塘冲毁，10km 防浪堤坍塌，损坏多处渔港码头及大量养殖设施，烟台市市区沿岸也有多处堤坝被海浪冲毁，灾情为特别严重。

0903 号热带风暴“莲花”于 2009 年 6 月 18 日 14 时在南海生成，台湾海峡 21 日 13 时至 22 日 11 时出现了 4.0～6.0m 的巨浪和狂浪；东海南部出现了 4.0～5.5m 的巨浪。22 日 11 时，福建崇武站观测到 3.5m 的大浪，广东东部、福建和浙江南部沿海多个海洋站观测到 2.0～2.5m 的中浪到大浪。受其影响，福建沿海海域共损失各类渔船 256 艘，死亡 1 人，海水养殖损失 12 $680hm^2$，防波堤损毁 1.76km，护岸损毁 2.18km。因灾造成直接经济损失 3.36 亿元。

2010 年 4 月 21 日，受江淮气旋出海影响，黄海南部海域、东海北部海域出现了 3.0～4.0m 的大浪到巨浪；滩浒海洋站实测到 2.5m 的有效波高。受此次大浪过程的影响，“苏启渔运 03232”号渔船发生倾覆，12 名船员全部落水，其中 6 人获救、1 人遇难、5 人失踪；一艘载有 11 人的“苏启渔运 005”号渔船失踪。此次灾害性海浪过程共造成 17 人死亡。

2011 年 8 月 4～7 日，受 1109 号超强台风“梅花”的影响，东海海域出现了 6～12m 的狂浪到狂涛区，近海浮标和海洋观测站均观测到了全年最大波高，其中 207 浮标（位于浙江舟山外海）测得最大有效波 11.8m，最大波高 13.6m，大陈海洋站测得最大有效波高 5.4m，最大波高 8.9m。受其影响，舟山海域贻贝养殖受损 $1840hm^2$，养殖网箱受损 14 个，产量损失 55.52t，直接经济损失 3.946 亿元。8 月 7 日，台风“梅花”抵达青岛沿海，连接小麦岛与陆地的宽约 4m 的栈道被巨浪冲毁，未被冲毁的栈道也几乎被海水没过，40 余名游客和部分岛上居民一度被困岛上，后经消防部队救援得以撤离。8 月 8 日，台风“梅花”北上影响辽宁海域，在大连沿海形成浪高 20m 以上的怒涛，大连福佳大化有限公司码头防波堤发生 2 处局部坍塌，坍口处最长处约 30m 左右，所幸未发生有毒物质泄漏。

2012 年 11 月 10 日 12 时至 12 日 10 时，受冷空气和低压的共同影响，渤海、黄海和东海东北部海域最大有效波高达 6.0m，4.0m 以上灾害性海浪累计持续时间长达 36 小时。受其影响，辽宁和山东因灾直接经济损失合计 5.97 亿元。辽宁损毁船只 163 艘，水产养殖贝类损失严重，山东受灾人口 1800 人，水产养殖受灾面积 $540hm^2$，损毁船只 531 艘，损毁码头 15 座。

2013 年 11 月 9～11 日，受第 30 号超强台风“海燕”和冷空气的共同影响，我国南海海域出现了 6～9m 的狂浪到狂涛，受其影响，海南毁坏渔船 152 艘，损坏渔船 326 艘，死亡（含失踪）2 人，直接经济损失 4.60 亿元。

### 1.3.3 海浪灾害造成的损失

#### 1. 海浪灾害的表现形式

海浪在海上会引起船舶横摇、纵摇和垂直运动。横摇的最大危险在于当船舶的自由摇摆周期与海浪周期相近时，船舶会出现共振使之折断、倾覆。剧烈的纵摇会使螺旋桨露出水面，使得船舶的机器不能正常工作而引起失控。当海浪的波长与船长相近时，船舶自身的重量能使万吨巨轮拦腰折断，船舶在海浪中的垂直运动还会造成在浅水中航行的船舶触底碰礁。

到了近海和岸边海浪，对海岸的压力可达到 30～50t/m$^2$。据史料记载，在一次大风暴中，巨浪曾把 1370t 重的混凝土块移动了 10m，20t 的重物也被从 4m 深的海底抛到了岸上，巨浪冲击海岸时能激起 60～70m 高的水柱。海浪不仅冲击摧毁沿海的堤坝、海塘、港口码头和各类建筑物，还伴随着风暴潮，沉损船只、席卷人畜，并使大片农作物受淹和各种水产养殖珍品受损。海浪导致的泥沙运动使海港和航道淤塞。因此，无论在海洋开发、港口建筑、海上平台和人工岛建筑的勘探、设计、施工中都不可忽视海浪的作用。军事上，海浪还关系到舰艇活动、武器性能的发挥、登陆地点和时间的选择及水上飞机着陆海面、雷达在海面的使用，这些与海浪的大小都有关。总之，在海上进行的任何活动，都必须先了解有关海浪的知识。

### 2. 海浪灾害的损失和社会影响

近年来，随着沿海防御海浪灾害与海浪灾害救助能力的加强，海浪引起的人员伤亡和经济损失，在国家和地方大型运输企业和海洋石油开采企业中已呈明显下降趋势。但随着沿海养殖业、海洋交通运输业和滨海旅游业的快速发展，海洋新兴产业所占比例大幅上升，并且从事这些产业的，大部分为个体业主。因此，在我国海洋产业结构与从事海洋新兴产业体制呈现上述发展趋势和产生巨大变化的情况下，我国海浪灾害造成的人员伤亡与经济损失反而呈急速增加的趋势。

海浪给海上油气勘探开发事业带来巨大损失，1955～1982 年，在全球范围内，由狂风巨浪翻沉的石油钻井平台有 36 座。1980 年的阿兰（Allen）飓风，同时摧毁了墨西哥湾里的 4 座石油钻井平台。1989 年 11 月 3 日起于泰国南部泰国湾的“盖伊”台风横行两天，狂风巨浪使 500 多人失踪，150 多艘船只沉没，美国的“海浪峰”号钻井平台翻沉，84 人被淹死。2004 年 9 月 16 日，飓风“伊万”引起巨浪，摧毁了墨西哥湾里的 7 座石油钻井平台。1979 年 11 月 25 日，我国的“渤海 2 号”石油钻井船受寒潮浪袭击在渤海沉没，船上 79 名工作人员全部落水，除救起 2 人外，其余 77 人全部遇难。1983 年 10 月 6 日，美国 ACT 石油公司的“爪哇海号”钻井平台受到波高达 8.5m 的 8316 号台风浪袭击，在南海沉没，船上 81 名中外人员全部遇难。1984 年 4 月 23 日，我国的“滨海 107”工程船受寒潮与气旋海浪袭击，在渤海沉没。1991 年 8 月 15 日，美国 ACT 石油公司大型铺管船“DB29”号，在躲避 9111 号台风的航行中被台风浪冲击折为两段后沉没，出动飞机 12 架、救捞船 14 艘，经过 32 小时营救，救起 175 人，死亡（含失踪）20 人。

自 1999～2014 年以来，我国近海平均每年出现 35 次灾害性海浪过程，直接经济损失 3.02 亿元（表 1-5）。

表 1-5 1999～2014 年我国灾害性海浪过程造成的损失

| 年份 | 灾害性海浪过程/次 | 死亡（含失踪）人数 | 直接经济损失/亿元 |
| --- | --- | --- | --- |
| 1999 | 32 | 600 | 5.70 |
| 2000 | 31 | 63 | 1.70 |
| 2001 | 34 | 265 | 3.10 |
| 2002 | 35 | 94 | 2.50 |
| 2003 | 33 | 103 | 1.15 |
| 2004 | 35 | 91 | 2.07 |
| 2005 | 36 | 234 | 1.91 |
| 2006 | 38 | 165 | 1.34 |
| 2007 | 35 | 143 | 1.16 |
| 2008 | 33 | 96 | 0.55 |
| 2009 | 32 | 38 | 8.03 |
| 2010 | 35 | 132 | 1.27 |
| 2011 | 37 | 68 | 4.42 |
| 2012 | 41 | 59 | 6.96 |
| 2013 | 43 | 121 | 6.30 |
| 2014 | 35 | 18 | 0.12 |

### 1.3.4 海浪灾害成因

中国近海冬季受源于西伯利亚和蒙古高原的冷高压导致的海上大风影响，夏季受台风袭击。春秋过渡季节，我国渤海、黄海和东海是冷暖空气频繁交汇的海域，有利于温带气旋的发展。这些天气系统都能引起具有强大破坏力的灾害性海浪。灾害性海浪是由台风、温带气旋、寒潮等天气系统引起的强风作用形成的。灾害性海浪按天气系统可以分为以下四类：一为冷高压型（也称寒潮型）海浪场；二为台风型海浪场；三为气旋型海浪场；四为冷高压与气旋配合型海浪场。

#### 1. 冷高压型海浪场

在冬季，当西伯利亚或蒙古高原等地冷高压形成并东移南下时，地面天气图上只有一条西南—东北向的冷锋经过渤海、黄海和东海，造成渤海、黄海和东海有北到东北向大风，同时，冷锋还常常南下越过秦岭，直达南海中部和南部，冷锋还向东扩展到日本以南和以东洋面。这时，中国近海和西北太平洋都会形成灾害性海浪场。这类灾害性海浪场在我国近海的分布特点是波高 4m 以上的大浪中心一般出现在冷锋附近。大浪中心区最大波高一般为 4～8m，最大时波高可达 9～11m 的狂涛。渤海最大波高可达 7m，黄海最大波高可达 9m，东海最大波高可达 11m，台湾海峡最大波高可达 9.5m，南海北部最大波高可达 12m。波高 4m 以上巨浪区维持时间渤海一般为 1～36 小时，黄海 24～48 小时，东海 24～72 小时，最长的可达 96～120 小时。

### 2. 台风型海浪场

台风（本书中泛指热带风暴、强热带风暴和台风）是热带海洋上一种强烈的大气涡旋，由于台风风力强、范围大，能形成很大的海浪。台风形成的海浪场有如下4个特点。

特点一是台风外围海域有广大的涌浪区，涌浪区域的宽度和涌浪的大小主要受台风强度、台风移动方向和台风移动速率等因子影响，涌浪的波高随离台风中心距离的增加而减小，涌浪周期随离台风中心距离的增加而增大。台风域内波长长的涌浪，传播速率快。沿海居民常常在台风离得很远时就能受到台风涌浪的影响，因而能提前1～2天做好防台风准备。

特点二是台风域内的海浪分布，按风向和台风移动方向可分3个区：一区是风向与台风移动方向相同区；二区是风向与台风移动方向相反区；三区是风向与台风移动方向相交区。台风域内的海浪一般为风浪和涌浪并存的混合浪，由于台风域内一区的海浪始终受同一方向风的作用，这里风速大，大风持续时间长，海浪发展充分，因而是台风域内海浪最大的区域；其次是台风域内三区的海浪；台风域内二区的海浪最小，该区大风持续时间短，海浪生成后不久就移出台风域外。

特点三是台风型海浪场的强弱与台风的移向、移速和路径有密切关系。当台风移动速率快时，台风域内的海浪增长速率慢，海浪小，浪区范围小，台风域内海浪高值区，明显偏于台风移动方向右后部；当台风移动速率慢时，台风域内海浪不仅得到充分成长，海浪大，浪区范围也大，台风域内海浪高值区，在台风域内的分布也比较均匀；当台风转向时或台风转向后，台风域内的风浪和涌浪都会减小，因为台风域内的各个部位随台风移向改变而改变，原一区的海浪趋于减弱，新一区的海浪因风时不足尚未增强。

特点四是在台风中心，虽然风力较小，但由于台风域内海浪都向台风中心汇集，所以海浪很大，并且出现接近最大波陡的三角浪，正好与台风中心（台风眼）的天气晴好相反。

2005年8月4～9日，0509号台风“麦莎”灾害性海浪影响东海期间，国家海洋局的东海9号浮标（29.5°N，124.0°E）实测最大有效波高为9.0m，最大波高为13.0m，浙江朱家尖海洋站实测最大波高为9.0m，浙江南麂海洋站实测最大波高为5.5m，江苏连云港海洋站实测最大波高为2.5m，山东成山头海洋站实测最大波高为3.0m，山东日照海洋站实测最大波高为2.5m，辽宁老虎滩海洋站实测最大波高为3.5m。

### 3. 气旋型海浪场

西北太平洋和我国近海一年四季都受气旋影响，尤其中国黄海、中国东海、日本海、日本以南和日本以东洋面，气旋活动频繁，常常给海上带来恶劣海浪，严重地威胁海上作业和海上渔业生产等活动。气旋形成的海浪场有如下特点：特点一是巨浪区范围和浪区中心最大波高近海小于远洋，中国黄海、中国东海、日本海大浪中心区最大波高一般为3～6m，中国渤海最大波高可达7m，中国黄海最大波高可达8m，中国东海最大波高可达 9m，日本海最大波高可达 7m，日本以东洋面最大波高可达 15m；特点二是浪区具有形成快、移动快的特点，尤其是具有突然爆发和突然增强的隐患，因而给正确及时预报带来许多困难。

#### 4. 冷高压与气旋配合型海浪场

冷高压与气旋配合的天气形势主要出现在冬半年，特别是初春、秋末和隆冬季节。发展强烈的气旋与冷高压配合，在 30°N 以北海面常常形成波高 4m 以上的海浪场，浪区中心最大波高可达 10m，仅次于台风造成的海浪场。

2007 年 3 月 3～5 日，渤海、黄海强冷空气与黄海气旋灾害性海浪影响期间，国家海洋局的黄海 15 号浮标(38.0°N，123.5°E)实测最大有效波高为 7.5m，最大波高为 11.0m（图 1-3）。

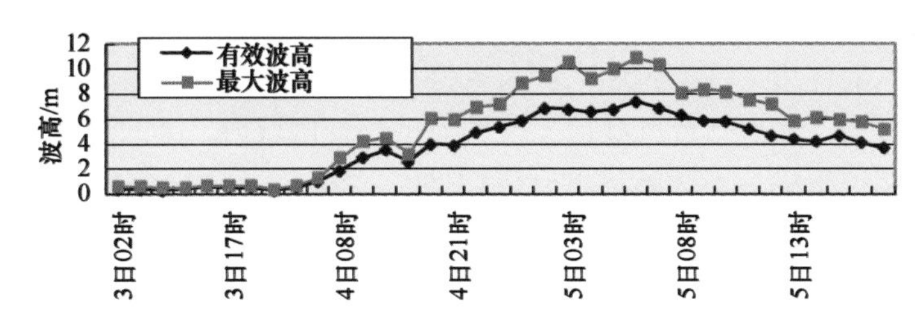


图 1-3　2007 年 3 月 5 日 06 时黄海 15 号浮标（38.0°N，123.5°E）实测最大有效波高为 7.5m，最大波高为 11.0m

## 1.4　海平面变化

海平面是指与海洋有关沉积盆地中，液态水体与大气圈的交界面，也即位于地壳之上的，由大洋及与大洋相通的大陆海、海湾、海湖等构成的水圈与大气圈的交界面。

海平面变化是指随时间迁移海平面相对于某一基准面发生的上下变动，海平面升降则是海平面变化的具体体现，是指一定时间范围内海平面变化的幅度、周期及其频率的总合。海平面变化由绝对海平面变化和相对海平面变化构成。相对海平面变化是指海平面距海底或接近海底的某一基准面发生的相对位置迁移。常年平均海平面是指 1975～1986 年的平均海平面。

### 1.4.1　海平面变化概况

根据 2013 年 9 月国际政府间气候变化专门委员会（IPCC）发布的第五次“气候变化评估报告”，气候变化导致全球海洋变暖、冰川融化，全球平均海平面上升。19 世纪中叶以来，全球海平面上升速率高于过去 2000 年平均速率。1901～2010 年，全球平均海平面上升了 0.19m。1901～2010 年，全球平均海平面上升速率为 1.7mm/a；1971～2010 年，上升速率为 2.0mm/a；1993～2010 年，上升速率为 3.2mm/a。

海平面具有显著的年、年际、年代际变化特征。其季节变化主要受太阳辐射季节变化引起的海表温度（SST）变化的影响；其年信号和年际信号主要是由比热容和海水总量的变化所引起，与大尺度的SST变化也有关，与ENSO具有高度的相关性；海平面年代际周期与北太平洋年代际振荡（PDO）关系密切。在北太平洋地区，PDO和NPGO（北太平洋涡旋振荡）是两个主要气候模态，有着显著的年代际变化特征，显著地改变着北太平洋各海洋要素的分布态势（王国栋等，2014）。

全球海平面变化具有明显的区域差异，西太平洋和东印度洋地区的上升幅度最大，个别海域上升幅度超过全球平均值的10倍，而东太平洋和西印度洋海平面呈下降趋势。太平洋海平面变化比较激烈的区域还包括黑潮延伸体附近海域和西南太平洋，近10年的海平面上升异常加快，核心值可达30mm/a以上。颜梅等（2008）研究发现，20°～50°N是全球的危险海岸带，这是由于该区域海平面季节变化大，海平面年较差可以达到5～6cm，最大季节差值可达12cm，9～10月为其海平面的最高值时期。同时，每年5～11月为上述区域热带-温带气旋-风暴潮的活动期，8～10月为频发期，二者叠加形成全球危险海岸带。

中国沿海海平面变化总体呈波动上升趋势，1980～2014年，中国沿海海平面上升速率为3.0mm/a，高于全球平均水平（图1-4）。2014年中国沿海海平面较常年高111mm。

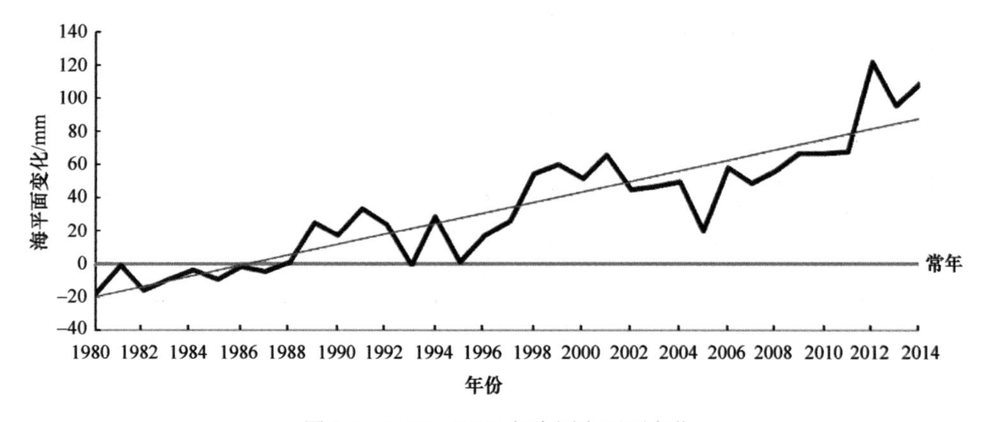


图1-4 1980～2014年中国海平面变化

黑色实线为观测值，红色实线为观测值的趋势，黄色水平直线为常年平均海平面高度，数据来源于2014年海平面公报

从空间分布来看，渤海、黄海、东海、南海海平面较常年高120mm、110mm、115mm、115mm。与常年相比，渤海湾西南部、长江口北部和杭州湾南部沿海海平面上升幅度均超过150mm；海南岛沿海海平面上升幅度次之，为134mm；台湾海峡西部和广西沿海海平面上升幅度最小，均小于70mm（吴中鼎等，2003）。

从季节变化来看，中国沿海海平面的季节变化以年周期为主，中国沿海海平面季节变化区域特征明显（图1-5）。渤海和黄海的季节性高海平面，一般发生在气温最高、气压最低、降水量最大和季风影响较小的七八月，低海平面一般发生在一二月，海平面年变化幅度在45～60cm。沿海各站海平面的季节变化一致性最好，东海的季节性高海平面，一般出现在盛行南向季风和表层南向沿岸流强的9月前后，低海平面出现在2～4月，海平面年变化幅度在30～45cm；10～11月，受东北季风影响，大量海水通过巴士海峡、巴林塘海峡和台湾海峡进入南海，南海东北部沿海海平面明显升高；

台湾海峡的季节性海平面在9月下旬至10月上旬最高，比同期南海沿海海平面高30～50mm（王慧等，2014）。

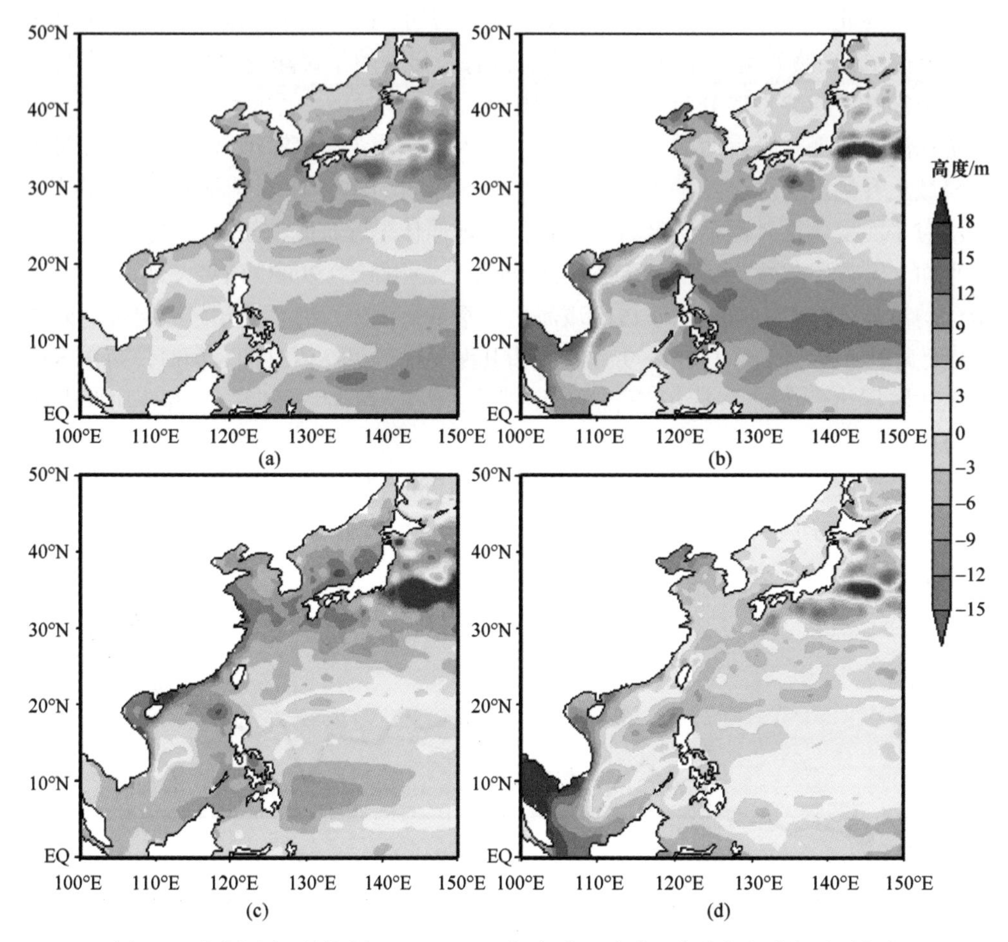


图 1-5 中国近海卫星测高 1993～2012 年春季、夏季、秋季和冬季海平面高度

（a）3～5 月；（b）6～8 月；（c）9～11 月；（d）12 月至翌年 2 月

## 1.4.2 海平面变化致灾个例

海平面变化缓慢，大多不会在短期内产生直接经济损失，通常所提到的海岸侵蚀等灾害多是伴随一次或多次风暴潮等灾害发生。

例如，2013 年，辽宁绥中沿海受较强风暴潮或大浪影响，团山角岸线年侵蚀宽度约 1.8m；江苏盐城小东港岸段年度最大侵蚀宽度 7.7m，平均侵蚀宽度 5.2m；海南三亚亚龙湾侵蚀岸线长度近 1600m，最大侵蚀宽度 7m。辽宁盘锦海水入侵最大距离约 18km；河北唐山最大海水入侵距离 25.6km，土壤盐渍化最大距离 16km；山东滨州重度入侵最大距离超过 22.4km；潍坊最大海水入侵距离超过 21.6km；江苏盐城海水入侵最大距离超过 10.5km。

2013 年 1～2 月，受珠江口沿海海平面明显偏高和上游来水偏少等影响，广东中山持续受到咸潮影响，累计影响水厂供水时间超过 20 天；受潮汐、海平面和上游来水影响，长江口在宝钢水库和青草沙水库共出现9次咸潮入侵过程。

2013年8月下旬至10月上旬为浙江沿海季节性高海平面期，钱塘江口在4次天文大潮时段均发生咸潮入侵，影响了杭州南星水厂的取水。其中有两次过程恰逢台风“潭美”和“菲特”登陆，咸潮影响时间分别长达28小时和36小时。

2014年，辽宁部分岸段出现侵蚀后退。营口白沙湾岸段年最大侵蚀距离2.5m，平均侵蚀距离0.5m；大连长兴岛小礁浴场海岸侵蚀岸线长度1.3km，最大侵蚀距离1.9m。

2008～2014年，锦州小凌河西侧离海岸最远的土壤盐渍化监测站，土壤氯度比值由0.05g/kg上升到3g/kg。小凌河咸潮入侵最大距离达15km，加重了河岸两侧的土壤盐渍化程度。

2014年，秦皇岛北戴河新区岸段最大侵蚀距离4.6m，平均侵蚀距离1.2m，侵蚀面积5.1万$km^2$；山海关岸段最大侵蚀距离3.1m。

2014年，唐山最大海水入侵距离超过28km，沧州最大海水入侵距离为大约42km。

2014年，威海九龙湾东侧岸段侵蚀岸线长度2km，2012～2014年最大侵蚀距离20m，平均侵蚀距离15m；龙口港北侧部分岸段海岸侵蚀和岸滩下蚀严重，岸边建筑物损毁。山东自然湿地面积由第一次全国湿地普查时（1994～2003年）的168.15万$hm^2$减少到104.43万$hm^2$，其中滨海湿地面积减少48.2万$hm^2$，滨海湿地破碎化严重。

2013～2014年，江苏盐城沿海在没有较大风暴潮的情况下，出现了多处岸段的岸线后退和岸滩下蚀。射阳扁担港南侧安全最大侵蚀距离达60m，平均侵蚀距离19m，侵蚀面积21.24万$m^2$。双洋港南侧最大侵蚀距离45m，平均侵蚀距离40m，部分岸滩最大下蚀高度21cm，影响岸滩植被面积2万$m^2$。

2014年2月，长江口沿海海平面异常偏高，从4日开始发生咸潮入侵，持续入侵事件超过23天，是1993年以来最长的一次。青草沙水库和宝钢水库取水口最大氯度比值分别达到500mg/L，影响上海市供水。

2014年崇明东滩侵蚀岸段长度2.9km，最大侵蚀距离为22m，平均侵蚀距离为4.4m，海滩侵蚀总面积为1.28万$m^2$。

2002～2013年，深圳金沙湾浴场岸段侵蚀面积超过1.4万$m^2$，约占浴场沙滩面积的25%。2010～2014年，深圳惠深沿海高速公路土洋收费站附近283m的岸段发生海岸侵蚀，最大侵蚀距离为18.71m，平均侵蚀距离9.47m，建在岸边的篮球场完全消失（时小军等，2008）。

2014年2月，珠江口沿海海平面明显偏高，5日珠江口发生严重咸潮入侵，最大上溯距离超过60km，影响广东中山多个水厂取水。

2009～2014年，海口东岸有4.2km的岸段受到侵蚀，平均侵蚀距离为24.7m，最大侵蚀距离为40m，侵蚀总面积超过10万$m^2$。其中，2013～2014年平均侵蚀距离为9.8m，最大侵蚀距离为18m，侵蚀总面积约4万$m^2$。2007～2014年，文昌铺前镇海南角东侧岸段有6.24km的岸段侵蚀，平均侵蚀距离21.25m，侵蚀总面积超过13万$m^2$。

### 1.4.3　海平面变化造成的危害

海平面上升是一种缓发型灾害，其长期积累效应直接造成滩涂损失、低地淹没、生态环境破坏和洪涝灾害加剧，间接导致风暴潮、海岸侵蚀、咸潮、海水入侵和土壤盐渍化等灾害加重。

### 1. 风暴潮灾害加剧

海平面上升使得平均海平面及各种特征潮位相应增高，水深增大，波浪作用增强。因此，海平面上升增加了大于某一值的风暴增水出现的频次，增加风暴潮成灾概率；同时，风暴潮增水与高潮位叠加，将出现更高的风暴高潮位，海平面上升使得风暴潮的强度也明显增大，加剧了风暴潮灾害。从而不仅使得沿海地区受风暴潮影响的频率大大增加，同时也使得风暴潮灾害向大陆纵深方向发展，并降低沿海地区的防御标准和防御能力，造成更大的灾害损失。

### 2. 海岸侵蚀加剧

海岸侵蚀是指近岸波浪、潮流等海洋动力及其携带的碎屑物质对海岸的冲蚀、磨蚀和溶蚀等造成岸线后退的破坏作用。沿岸泥沙亏损和海岸动力的强化是导致海岸侵蚀的直接原因，而影响沿岸海洋动力和泥沙特征的因素包括自然变化和人为影响。

海平面上升是世界海岸侵蚀的共同因素。海平面上升使岸外滩面水深加大，波浪作用增强。根据波浪理论，当海平面上升使岸外水深增大 1 倍时，波能将增加 4 倍，波能传速将增加 1.414 倍，波浪作用强度可增加 5.656 倍。波浪在向岸传播过程中破碎，形成具强烈破坏作用的激浪流，对海岸及海堤工程产生巨大的侵蚀作用。在各种海岸侵蚀因素中，海平面上升的影响占相当大的比例，在一定程度上控制着海岸发育的方向。在严重侵蚀海岸，海平面上升引起的海滩侵蚀占侵蚀总量的 15%～20%。未来海面上升速率的不断增大，将使海面上升因素在海滩侵蚀总量上所占的比例不断提高（李加林等，2005）。

### 3. 海水入侵和土壤盐渍化

海水入侵是指海水沿着陆地含水层向陆地方向潜入的现象和过程。海水入侵可以使陆地含水层咸化、机井报废、淡水供应量减少，也可引发沿海地区土地盐渍化、农业减产甚至绝收等生态问题，因而成为一种地质环境问题。我国沿海海水入侵的主要区域包括：环渤海湾地区，莱州湾南岸、大连—旅顺、天津等，东南沿海地区，广西北海市、钦州市钦江三角洲，海南岛儋州的新英湾等。

### 4. 咸潮

咸潮（又称咸潮上溯、盐水入侵）是指涨潮时，海水会自河口沿河道向上游上溯，致使海水倒灌入河，咸淡水混合造成上游河道水体变咸。咸潮一般发生于冬季或干旱的季节，即每年 10 月至翌年 3 月之间出现在河海交汇处，如长江三角洲、珠江三角洲周边地区。咸潮来临时，对居民生活、工业生产以至农业灌溉都有相当大的影响。自来水会变得咸苦，难以饮用，长时期饮用氯化物含量多的水对人体健康危害较大。工业生产使用含盐分多的水会损害机器设备。农业生产上，使用咸水灌溉农田，会导致农作物萎蔫甚至死亡。

2014 年 2 月，上海长江口水源地遭遇历时 19 天的咸潮入侵，成为该地区历史上持续时间最长的咸潮入侵。上海陈行水库、青草沙水库取水口从 2 月 3 日（农历正月初四）19 时开始，氯化物浓度持续超过 250mg/L（国家地表水标准），最高超过 3000mg/L。对上海长江口陈行水源地的正常运行产生较大影响，局部地区饮用水的口感也受到影响。

### 5. 滩涂损失

海平面上升造成的滩涂损失来自两方面，即滩涂淹没和侵蚀损失。海平面上升对滩涂淹没损失的影响程度与泥沙来源、沉积速率、滩面形态、潮差、陆地沿岸地形、海岸防护工程、滩涂围垦等因素有关。海平面上升引起的滩涂侵蚀损失则主要是由于海平面上升增加了潮差，并使潮波变形加剧，潮流对滩涂的冲刷作用加强所致。以长江三角洲为例，研究表明，当海平面上升 0.5m 和 1.0m 时，全区滩涂面积比 1990 年减少 9.2%和 16.7%，湿地减少 20%和 28%（钟广法，2003）。

海岸盐沼是滩涂土地中与人类经济活动最密切的一部分，在海平面上升引起的滩涂损失中，盐沼面积的减少和质量的退化是最严重的损失。海面上升对盐沼影响程度取决于同期盐沼的加积作用，如果盐沼能同步保持其相对高度，则无损失。滩涂上盐沼生态类型的空间分布与潮水的周期性涨落及潮水的浸淹频率相适应。土壤盐分和养分是滩涂盐沼植被发育和生态演替的最基本影响因素。

海面上升增加了滩涂的潮浸频率，并导致滩涂淹没和侵蚀，使部分潮间带转化成潮下带，滩涂土壤含盐量增加，滩涂盐沼生态类型将发生逆向演替并向陆迁移，但由于受海堤廊道的隔离，滩涂盐沼类型在向陆迁移过程中受阻。因此，滩涂盐沼演替将表现为高滩盐沼生态类型的宽度变窄甚至消失，然后再表现为下一生态类型宽度的变窄或消失，最后表现为整个滩涂盐沼类型的退化和减少。杨桂山（2000）发现，海平面上升后，即使滩涂湿地上部并不直接增加潮浸频率，上升的海平面也将通过抬高潜水位和矿化度，引起滩涂湿地表土含盐量增加，导致生物多样性减少、生产量下降和生态类型单一化。

### 6. 洪涝加剧

沿海的洪涝水量主要通过沿海涵闸排入海洋。由于沿海平均高潮位一般都高于闸上平均水位，因此，平常涵闸排水只能选择在闸下潮水位低于闸上水位的落潮时间进行。海平面上升引起入海径流受潮流的顶托作用加强，入海河流排水能力和排水时间都大量减少，从而使得大量洪涝水量保持在闸上水体中，导致闸上水位场的变化，河渠基准面相应抬升。入海骨干河道的水位随海面上升而升高，其抬升幅度主要与距河口的距离有关。因此，海面上升后势必造成河道排水困难，低洼地排水不畅、内涝积水时间延长，导致涝灾的发生频率及严重程度增加。苏北滨海低地除部分由江都抽水站排入江外，主要靠射阳、黄沙、新洋与斗龙港自排入海。海平面上升 50cm，四闸一潮排水历时将缩短 15%～19%，一潮排水总量平均下降 20%～30% 。太湖下游低洼地区在海平面上升 40cm 时，浏河、杨林等代表性河闸的一潮排水量将下降 20%左右。沿海涵闸排水能力的下降将导致洼地积水排水不畅，极易形成苏北低地平原的内涝并加剧灾害损失（李加林等，2005）。

### 1.4.4 海平面变化的成因

影响全球海平面变化的因素很多（图 1-6），从中长时间尺度上来看，海平面变化成因可概括为两个方面，一是随气候变暖，与陆地冰融化以及陆地储水量变化相关的水体质量变化引起的海平面变化；二是由海水密度变化导致的海平面变化，包括海水温度、盐度的变化，即比热容海平面变化（王国栋等，2014）。

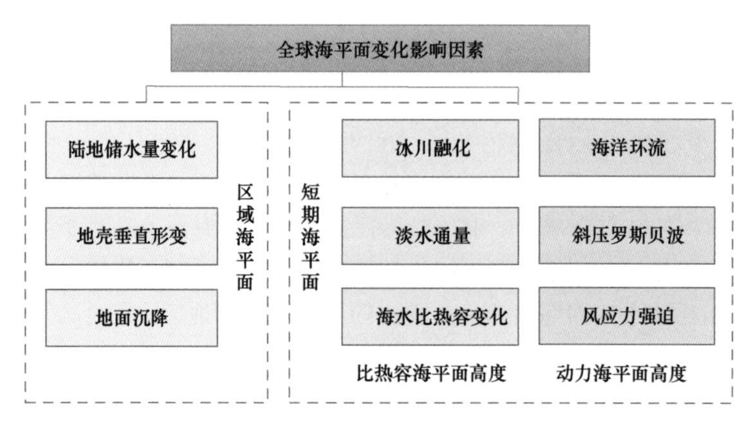


图 1-6 影响全球海平面变化的因素

近几十年的海水温度观测数据证明，海水热膨胀在增加，1960 年以来海水热膨胀对海平面变化的贡献占 25%。基于 1993～2009 年卫星测高仪数据计算，海水温度变化对全球平均海平面的贡献率占 30%左右，而其中对 1993～2003 年海平面变化贡献率占 50%。由于全球变暖导致的陆地冰质量损失在增加，虽然由于自然气候变化和人类活动引起的陆地水储量的变化对当前海平面变化的影响较小（小于 10%），但 20 世纪后期沿河堤坝的建设减少海平面上升，贡献度为–0.5mm/a。总体上估计，1993～2009 年，总的陆地冰质量损失可以解释海平面变化率的 60%（吴涛等，2006）。

斜压 Rossby 波、比热容（比热容变化和海气之间的热量交换）及海平面对风应力强迫的响应等是短期海平面变化的主要影响因素。冰川融化和海水热膨胀、地壳垂直形变、地面沉降、厄尔尼诺与南方涛动（ENSO）和海洋环流变化、降水量和河流入海径流量等对区域海平面变化也有着重要的影响。

根据成因，海平面高度变化也可分为比热容高度变化和动力高度变化两部分，比热容高度的变化对研究海平面的长期变化特征有重要意义，而动力海面高度场则是海洋环流的反应，代表了深度平均流的水平分布。海面动力高度的变化是指由环流引起的海水的堆积、离散导致的海平面高度变化，其季节变化与环流和风引起的 Ekman 输运密切相关。对南海海面动力高度进行的计算和分析显示，近岸海区动力高度对总的海平面高度的贡献非常大，贡献可达 80%～90%。在深水海区，动力高度的贡献有所减弱。在大部分区域，比热容高度对总海平面高度变化的贡献与动力高度的贡献相当。

徐珊珊等（2010）研究显示，比热容海面高度与动力海平面高度在不同的区域、不同季节其贡献比例有所不同。海水比热容变化可分为比热容海平面变化和盐比热容海平面变化。比热容海平面是指由温度变化引起海水体积的膨胀或收缩，从而导致的海平面高度变化。1955～2003 年，世界大洋 0～700m 层热膨胀对全球海平面的贡献为 0.33mm/a，大约比热容趋势的 50%是由于大西洋变暖。1993～2003 年，总比热容海平面（0～700m）的线性变化趋势为 1.23mm/a，其中 60%源于太平洋变化趋势。对于整个大洋（0～3000m），其 1955～1998 年的线性变化趋势为（0.40±0.05）mm/a。1993～2003 年，南北纬 60°范围内按纬度带平均的比热容海平面变化贡献约占整个海平面变化的 50%。

20 世纪下半叶全球平均海面温度在增长，该变化伴随着海水的淡化。对 1957～1994 年比热容海平面变化贡献的研究表明，在 50°S～65°N，0～3000m 层海域，温度和盐度变化导致的海平面上升速率为 0.55mm/a，其中 10%是由于平均盐度的减少。从全球尺度上来看，基于当前的历史盐度数据，全球平均盐度在减少，除了浮冰以外的淡水的增加，导致海平面以（1.3±0.5）mm/a 的速度增长。盐比热容在区域海平面高度年周期中起到重要的作用，但目前对于全球海平面上升，盐度变化的效应被假设是很小的，因为在全球水循环没有出现大的变化时，长时间尺度上全球平均海水盐度量被假定为常数。在海水质量和温度恒定的情况下，应该更加关注盐度的变化。

## 参 考 文 献


丁一汇, 朱定真. 2013. 中国自然灾害要览(下卷). 北京: 北京大学出版社.

国家海洋局. 中国海洋灾害公报(1999—2014). http://www.soa.gov.cn/zwgk/hygb/zghyzhgb.

李加林, 张殿发, 杨晓平, 等. 2005. 海平面上升的灾害效应及其研究现状. 灾害学, 20(2): 49-53.

时小军, 陈特固, 余克服. 2008. 近 40 年来珠江口的海平面变化. 海洋地质与第四纪地质, 28(2): 127-134.

王国栋, 康建成, 韩钦臣, 等. 2014. 近代全球及中国海平面变化研究述评. 海洋科学, 38(5): 114-120.

王慧, 刘克修, 张琪, 等. 2014. 中国近海海平面变化与 ENSO 的关系. 海洋学报, 36(9): 65-74.

王龙, 王晶, 杨俊钢. 2014. 东海海平面变化的综合分析. 海洋学报, 36(1): 28-37.

吴涛, 康建成, 王芳, 等. 2006. 全球海平面变化研究新进展. 地球科学进展, 21(7): 730-737.

吴中鼎, 李占桥, 赵明才. 2003. 中国近海近 50 年海平面变化速度及预测. 海洋测绘, 23(2): 17-19.

徐珊珊, 左军成, 陈美香. 2010. 1993—2006 年北太平洋海平面变化特征及影响因素. 中国海洋大学学报, 40(9): 24-32.

颜梅, 左军成, 傅深波, 等. 2008. 全球及中国海海平面变化研究进展. 海洋环境科学, 28(2): 197-200.

詹金刚, 王勇, 程永寿. 2009. 中国近海海平面变化特征分析. 地球物理学报, 52(7): 1725-1733.

钟广法. 2003. 海平面变化的原因及结果. 地球科学进展, 18(5): 706-712.

杨桂山. 2000. 中国沿海风暴潮灾害的历史变化及未来趋向. 自然灾害学报, 9(3): 23-30.

于福江, 董剑希, 李涛, 等. 2015a. 风暴潮对我国沿海影响评价. 北京: 海洋出版社.

于福江, 董剑希, 叶琳, 等. 2015b. 中国风暴潮灾害史料集. 北京: 海洋出版社.

# 第 2 章　海岸带自然灾害变化研究进展

## 2.1　海岸带自然灾害的概述

海岸带作为第一海洋经济区，是临海国家宝贵的国土资源，也是海洋开发、经济发展的基地，以及对外贸易和文化交流的纽带，地位十分重要。维持海岸带资源与环境的可持续发展是国家未来发展的重大战略需求，受气候变化和人类活动的双重胁迫，海岸带脆弱性更加凸显。海水入侵、海岸侵蚀和生态系统服务功能下降等直接威胁着海岸防护、社会经济发展和生态安全。气候变化已成为海岸带可持续发展所面临的严峻挑战之一。

我国的海岸带极易受到气候变化和海平面上升的影响，台风、风暴潮、洪水、强降雨和干旱等极端天气气候事件也严重影响该地区，其中以黄河三角洲、长江三角洲、珠江三角洲最为脆弱，预计未来海平面将继续上升，海岸侵蚀加重，咸潮海水入侵加剧，三角洲增长减缓甚至衰退，沿海淹没范围扩大，渤海和黄海北部冰情等级下降，滨海湿地、红树林、潮滩芦苇、海草和珊瑚礁等典型生态系统损害程度也加大。

随着未来经济社会的快速发展，沿海地区开发强度持续加大，对海岸带及近岸海洋生态系统产生巨大的压力。气候变化对中国沿海和海岸带的影响主要表现在三方面：一是中国沿海海平面持续上升；二是各种海洋灾害发生频率和严重程度存在上升趋势；三是滨海湿地、珊瑚礁、红树林等生态系统的健康状况多呈恶化趋势。

自 20 世纪中期以来，作为一个典型的全球性环境问题，气候变化问题已经成为人类关注和研究的热点。气候变化导致的生态系统变化、水资源短缺、干旱化加重、海平面上升、冰川退缩等结果，将给经济社会的可持续发展带来难以逆转的影响。政府间气候变化专门委员会（IPCC）于 1988 年由联合国环境规划署及世界气象组织共同组建，其主要任务是对气候变化科学知识的现状、气候变化对社会和经济的潜在影响，以及如何适应和减缓气候变化的可能对策进行评估。IPCC 定期对气候变化科学信息、气候变化产生的环境影响和社会经济影响进行评估。目前已分别于 1990 年、1995 年、2001 年、2007 年和 2013 年发表五次正式的“气候变化评估报告”。本节主要引述 IPCC 第五次评估报告中相关研究成果。

### 2.1.1　IPCC 第五次评估报告海岸带灾害研究的新进展

IPCC 第五次评估报告（AR5）指出：近百年来，全球气候系统正经历着以全球变

本章编写者：任诗鹤，凌铁军

暖为主要特征的显著变化，而这些变化很大程度上是由人类活动造成的，尤其是通过化石燃料燃烧释放的温室气体。气候变暖、海平面上升、极端天气事件的增加、积雪和海冰缩减，给人类和自然系统带来了重大风险，是人类社会可持续发展面临的长期、严峻的挑战。

自 1950 年以来，气候系统中的许多变化是过去几十年甚至近千年以来从未观测到的。全球几乎所有地区都经历了升温过程，变暖体现在地球表面气温和海洋温度的上升、海平面的上升、格陵兰和南极冰盖消融和冰川退缩、极端气候事件频率的增加等方面。1880～2012 年，全球平均地表温度升高了 0.85℃（0.65～1.06℃），最近 50 年的升温速率几乎是 1880 年以来升温速率的两倍。过去的连续 3 个十年比之前自 1850 年以来的任何一个十年都暖。近 100 年来，北极平均温度升高速度几乎是全球平均升温速率的两倍，自 1961 年以来的观测表明，全球海洋平均温度升高的趋势已经延伸到至少 3000m 深，全球海洋吸收了气候系统热量增加的 80%以上。1971～2010 年，海洋上层（0～700m）的热含量约增加了 $1.7\times10^{23}$J。

1901～2010 年，由于全球变暖形势引发的海水热膨胀以及冰川、冰帽和极地冰盖融水和陆地储水进入海洋，全球平均海平面上升了 0.19（0.17～0.21）m，上升平均速率为 1.7（1.5～1.9）mm/a，是过去两千年里最高的。1979～2012 年北极海冰面积以每 10 年 3.5%～4.1%的速度减少。全球气候变化是由自然影响因素和人为影响因素共同作用形成的（IPCC，2013）。

气候变化所引起的海温升高、海平面上升和大面积冰川融化等现象将会对海岸带系统形成巨大影响。这些影响包括海平面上升、海水表层温度上升、海水入侵、海岸带侵蚀等。此外，沿海区域应对强气旋活动（台风或强温带气旋等）所导致的风暴潮和海浪灾害的抵御能力显著降低，沿海区域对风暴潮和灾害性海浪等活动的脆弱性将显著加强，尤其是在河流三角洲以及地势低洼区域的岛屿内所受到的影响最大。

人类活动对生态系统的干扰和影响是普遍存在的，不仅影响和改变自然生态系统的组成、结构、功能及服务，而且还通过社会、经济、人口等影响到生态系统的响应和适应。AR5 评估更为明确地指出，人类活动是社会-生态系统不可或缺的一部分（於琍等，2014）。更多的试验、模拟和观测用于研究海岸带及低洼地区的自然生态系统，更多地考虑了气候变化、人类活动及其他多重因素的综合作用。相对于 IPCC 第四次评估报告（AR4），AR5 对海岸带生态系统给予了更多的关注，其中海洋、极地海岸带、小岛屿国家的相关内容都单独列为新的章节。

AR5 对生态系统影响评估的技术和方法与 AR4 相近，但引入更多的观测数据、实验研究以及改进的模式的结果分析，提升了对气候变化和生态系统相互作用的认识。在 AR5 中，采用了 CMIP5 模式和新排放情景（典型浓度路径，RCP）来预估未来气候变化。CMIP5 的各个模式耦合了大气、海洋、陆面、海冰、气溶胶、碳循环等多个模块，动态植被和大气化学过程也被考虑其中，称为地球系统模式。RCP 包括 RCP2.6、RCP4.5、RCP6.0 和 RCP8.5 共 4 种情景，每种排放情景都提供了一种受社会经济条件和气候影响的排放路径，以及到 2100 年相应的辐射强迫值。采用新的模式和情景，对未来预估的能力有所提高，这也是 AR5 的亮点之一。

### 2.1.2 气候变化影响海岸带自然灾害的主要因素

气候变化会给海岸带生态系统带来显著的负面影响，气候变暖所引起的海平面上升、海温升高、冰川融化以及极端天气事件等现象将对海岸带形成巨大影响，引起严重的自然灾害，包括台风、风暴潮、灾害性海浪、洪涝、海水入侵、海岸侵蚀、有害藻类等，并相互叠加，造成巨大的人员伤亡和财产经济损失。这些影响主要体现在以下两方面。

#### 1. 海平面上升

海平面变化可以分为相对海平面变化和绝对海平面变化。卫星高度计观测得到的海平面是绝对海平面，是指相对于理想的地球椭球体而言的海平面变化，绝对海平面的变化关系到全人类的生存环境，是风、热盐、环流等多种因素综合作用的结果（Church et al.，2010）。全球性的绝对海平面上升主要是由于全球气候变暖导致海水热膨胀与陆地冰雪消融（大陆冰川与极地冰盖）所引起的。全球绝对海平面上升与区域地面沉降叠加导致的地区性相对海平面上升代表了特定岸段的地面与海面之间相对位置的变化，是各地验潮站可以实测到的海平面的实际变化。因而，研究某一地区的海平面上升，只有研究其相对海平面上升才具有实际意义。

海平面上升对人类的生存和经济发展是一种缓发性的自然灾害，也正因为其缓发性的特征，其长期的累积效应会淹没沿海地区土地，给沿海地区的经济和社会发展带来严重的影响。例如，海平面上升能直接导致风暴潮增水的初始海面与高潮位提高，使海岸带地区灾害性的风暴潮发生更为频繁，并且放大了风暴潮的影响。另外，水深加大也增强了波浪作用。海平面上升，意味着滨海防潮堤、防潮闸相对下降，御潮能力降低，海堤原设计的高潮位出现的频率将随之增加，同时海平面上升还造成了洪涝灾害加剧、沿海低地和海岸受到侵蚀，海岸线后退且对海岸线的下蚀作用剧烈。此外，海平面上升还会给沿海地区的生态环境造成严重的威胁。海平面上升直接淹没大量的土地，并导致沿海的地下淡水咸化，一定程度上威胁沿海地区的用水安全；随着环境的改变，滨海的生物资源会因为适应不了咸水而严重退化，原来可以耕种的土地现在变得不能耕种或者农业大量减产。在社会经济影响方面，海平面上升将淹没海岸边的大量工业设施，如港口设施会部分遭到破坏，危及沿海地区人民的生命财产安全。世界一半以上的人口生活在距海 50km 以内的海岸地区，海岸地区平均人口密度较内陆约高出 10 倍。如果海平面上升 1m，全球将会有 500 万 $km^2$ 的土地被淹没，全世界约有 10 余亿人口及 1/3 的耕地受影响（王颖，1996；吴涛等，2006）。2001 年，由于海平面上升，太平洋岛国图鲁瓦举国移民新西兰，成为世界上首个因海平面上升而全民迁移的国家（王康发生，2010）。

#### 2. 海洋气候异常和海水升温

全球气候变化引起的气候异常也容易造成海岸带自然灾害，影响最大的就是热带气旋，属于给人类带来巨大灾难的极端气候事件。在全球变暖背景下，大气环流发生长期改变，如西风气流向极地方向移动；观测也证实，自 1970 年以来，强热带气旋活动有增强趋势，这些改变将有可能导致沿海地区风暴潮灾害增加。此外，全球变暖引发的海平面上升将进一步加剧沿海地区应对台风风暴潮灾害的脆弱性（雷小途等，2009）。

多种时空尺度的监测数据显示，在全球气候变暖和海平面上升的影响下，台风、暴雨、风暴潮等自然灾害的发生频率和强度存在增强趋势。也有研究指出，近 30 年，台风虽在频率上变化不大，但其持续的时间和所释放的能量却增加了 50%以上，故其破坏性更大（Emanuel，2005；Webster et al.，2005）。

与气候变化紧密相关的 ENSO 事件也对海岸带自然灾害产生影响。ENSO 事件发生期间，赤道东太平洋海温的持续冷暖异常，将直接影响热带大气环流。而热带大气环流的异常变化，也必牵动全球大气环流，给全球特别是北半球，带来严重的气候异常，进而对我国的降水、气温特别是台风产生影响。例如，在厄尔尼诺年，南海的台风平均发生频数偏少，而厄尔尼诺发生的次年，台风活动偏多且登陆两广的强台风偏多。正是 ENSO 现象如此周期性地振荡，再加上其他气候异常如全球气候变暖、低纬地区的海水表温异常、大气环流变化等，促使热带风暴频繁出现，加剧了暴风浪、风暴潮及洪水泛滥等自然灾害（朱晓东等，2001）。

IPCC 的一系列的耦合环流模式也对海洋-大气等系统对全球大范围温室气体增加的响应变化过程进行了预测，结果表明：全球温度的升高存在较明显的空间分布不均匀，陆地以及北半球大多数高纬度地区的升温变暖幅度最大，而南半球海洋和北大西洋的北部则变暖幅度最小；陆地的增暖高于邻近的海洋，海陆之间的温度差异将会增强；热极端事件的发生可能更加频繁；未来热带气旋（台风和飓风）的强度和最大风速可能增大；热带海表面温度（SST）升高所导致的强降水活动也有可能增加；未来温带风暴移动的路径可能存在向极地方向移动的趋势。

此外，极地区域内冰川、冰盖以及冰帽等的大范围融化对全球大洋的大尺度环流系统等有着显著的影响或改变。例如，作为全球热盐环流重要组成部分的北大西洋经向翻转流（Atlantic Meridional Overturning Circulation，AMOC），能够将大量热量自热带区域输送至北大西洋的高纬度地区，从而将这些热量释放给北大西洋上东移的大气，完成全球的热量平衡以及再分配过程（Ganachaud et al.，2000）。但全球变暖所导致的北极地区冰川、冰盖等的融化将导致北大西洋表层海水变淡，抑制北大西洋深层水（North Atlantic Deep Water，NADW），进而使得 AMOC 减弱甚至崩溃，北向热量输运减少，并改变全球的热量输运及再分配，导致全球气候系统的改变（McManus et al.，2004）。

## 2.2　气候变化下海岸带灾害的变化趋势

气候变化所引起的海温升高、海平面上升和大面积冰川融化等气候变化现象可能加剧海岸带灾害性事件，致使海岸带的动力系统发生改变。海岸带自然灾害主要包括海冰、风暴潮、灾害性海浪和海平面上升，本节主要从这几个方面介绍气候变化背景下海岸带灾害的历史变化情况和对未来趋势的预估。

### 2.2.1 海冰

IPCC 第五次评估报告中介绍的全球冰冻圈变化的总趋势和 IPCC 第四次评估报告相一致，即冰冻圈各要素的冰量都处于持续损失状态。AR5 决策者摘要指出，“过去 20 年以来，格陵兰和南极冰盖一直在损失冰量，几乎全球范围内的冰川继续退缩，北极海冰面积继续缩小”（IPCC，2014）。

在全球变暖的背景下，近 30 年来北极的气候系统发生了比其他地区更为显著的变化，是气候变暖的放大器和指示器。海冰作为北极的重要组成部分，它的变异是北极气候变化的重要体现之一，并且海冰也会通过各种反馈机制与气候系统中的其他因子相互作用。冰雪反照率正反馈机制的存在使北极成为对全球气候变化反应最为敏感的区域。图 2-1 显示 1979～2012 年，北极年均海冰范围以每 10 年 3.5%～4.1%（45 万～51 万 $km^2$）的速率缩小，夏季最低海冰范围（多年海冰）的缩小速率为每 10 年 9.4%～13.6%（73 万～107 万 $km^2$）。北极海冰范围在 1979 年以来的每个季节以及每个年代均在缩小，20 世纪 70 年代初到 80 年代中期，北极海冰面积年平均变化都在 1250 万 $km^2$ 左右；自 80 年代后期开始，北半球海冰面积迅速减少；至 90 年代中期，海冰面积仅约为 1160 万 $km^2$，而且海冰的周期变化越来越不明显（Field et al.，2014）。进入 21 世纪以来，海冰持续缩减的趋势并没有缓解，反而更是屡创新低，尤其是更易受环境变化影响的夏季北极海冰，缩减速率从过去的平均每年减少 0.3%上升到 1.1%。而最近 10 年，北极海冰的消失速度进一步加快。仅 2002～2009 年的 8 年间，最低海冰范围有七次刷新纪录，2007 年更是一年间剧减了 8%，较 20 世纪 50～70 年代均值减少了 50%，较 1979～1988 年的均值减少了 42%，夏季 9 月最小海冰外缘线面积在 2007 年和 2012 年先后创下有卫星数据记录以来的最小值。

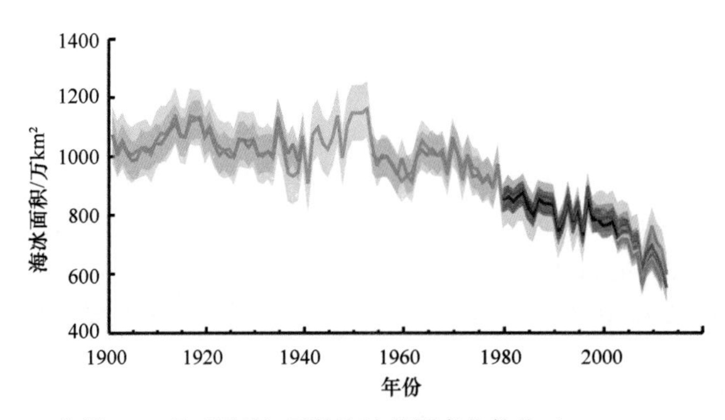


图 2-1 北极 7～9 月（夏季）平均海冰范围变化趋势（Field et al.，2014）

南极冰雪区是地球系统的最大冷源和全球水气环流热力发动机的主要冷极之一，是全球气候变化的关键区和敏感区。南极海冰区是南极大陆和亚南极的交界区，位于海洋上部和大气下部的交界面处。就全球来说，南极海冰区是一个重要的物理和生物地球化学相互作用的地区，对海洋、大气、气候环境有重要的影响。地球整体在不断变暖，海冰整体如预期一样不断减少，但和全球变暖现象一样，并非在每一个有海冰的区域海水结冰的趋势都在下降。1979～2012 年的南极年均海冰范围很可能以每 10 年 1.2%～1.8%（13 万～20 万 $km^2$）的速率增加，这一速率有很大的区域差异，有些区域增加，有些区域减小。南极海冰在 20 世纪 70 年代后期是多冰期，80 年代是少冰期；90 年代重新恢复上升趋势。南极海冰的区域性变化差别大，东南极海冰偏多，西南极海冰即南极半岛两侧尤其是威德尔海区和别林斯高晋海的冰明显偏少（解思梅等，2003）。90 年代后期，普里兹湾的海冰明显偏多，西南极威德尔海的龙尼冰架（Ronne ice shelf）和罗斯海的罗斯冰架（Ross ice shelf）东部崩解和收缩趋势明显，东南极的冰架也有崩解和收缩，但没有西南极明显。自 20 世纪 70 年代晚期以来，北极每年丢失了 53 900$km^2$ 的冰，而南极每年增加了 18 900$km^2$ 的海冰。根据美国国家冰雪数据中心（NSIDC）资料显示，2014 年 9 月 19 日，南极洲的海冰结冰区域自 1979 年以来首次超过了 2000 万 $km^2$，这一基准的结冰程度持续保持了几天。1981～2010 年的平均最大结冰范围为 1872 万 $km^2$。

从长期来看，极地区域陆地冰盖的部分损失以及海水热膨胀效应将导致全球海平面不可避免的大范围上升，量值可能达到数米，从而将导致海岸线的重大改变以及低洼区域的洪水泛滥，并且加剧沿海区域洪水、风暴潮、岸线侵蚀以及其他海岸带灾害等，因此，未来海冰状况的预估也有显著的气候意义。在未来全球变暖的情况下，南北极海冰将退缩，由于海冰的负反馈机制，这可能进一步促使全球变暖的加剧（唐述林等，2006）。

我国北方海岸带处于各大河流的入海口海域，海水盐度低，其冰点也低，冬季受西伯利亚南下强冷空气的影响，每年冬季都有不同程度的海冰现象。海冰的存在及变化对人类的海上活动（海上航行、海洋资源开发）和海岸带国民经济建设构成危害。海冰灾害是制约我国北方海岸带经济发展的主要因素之一。我国北方的渤海和黄海北部海域每年冬季结冰，是全球纬度最低的结冰海域。严重和比较严重的海冰灾害大致每 5 年发生一次；而在局部海区，即使轻冰年或偏轻冰年也会出现海冰灾害。易于受灾的海域包括渤海、黄海北部、辽东半岛沿海以及山东半岛部分海湾，冰情的变化与全球气候变化有密切关系。受全球气候变暖影响，渤海、黄海冬季气候呈明显的变暖趋势。在 1951～2010 年共 60 年中，后 30 年较前 30 年气温升高了 1.6℃，升幅异常显著。与此相对应，渤海、黄海冬季海冰的冰级下降了 0.6 级。渤海、黄海冰情持续偏轻与全球气候变暖趋势相当一致。冬季渤海、黄海气温异常是对全球大气环流变化的响应，直接受同期东亚大气环流制约。在全球变暖的大背景下，渤海、黄海冬季的海冰状况也经历了很大变化。刘钦政等（2004）利用信噪比方法，以 1972 年为分界，将 1932～2000 年冰情的变化分为两个时段，前一时段为重冰情阶段，1972 年以后转为轻冰情多发阶段。刘煜等（2013）则将 1980 年视为渤海和黄海北部冰情年代际转折的年份，并指出后 30 年的冰级较前 30 年下降了 0.6 级。还有研究指出渤海和黄海北部冰情的年际变化与 ENSO 有关，白珊等（2001），郑冬梅等（2015）指出了 20 世纪 50～90 年代冰情总体呈缓解的趋势，2000 年以后冰情略有加重（图 2-2）。

对我国北方海区来说，在未来全球气温继续变暖的情景下，未来海冰灾害的趋势将会逐渐减少，但海冰灾害是海洋开发的一大障碍，必须予以足够的重视。中国海岸带海冰灾害的减灾与防灾对策包括增强船舶和结构物的抗冰能力，尽可能使海上设施避开海冰的作用，制定完备的海冰预警系统以及对作业海区进行全面的海冰监测和预报。

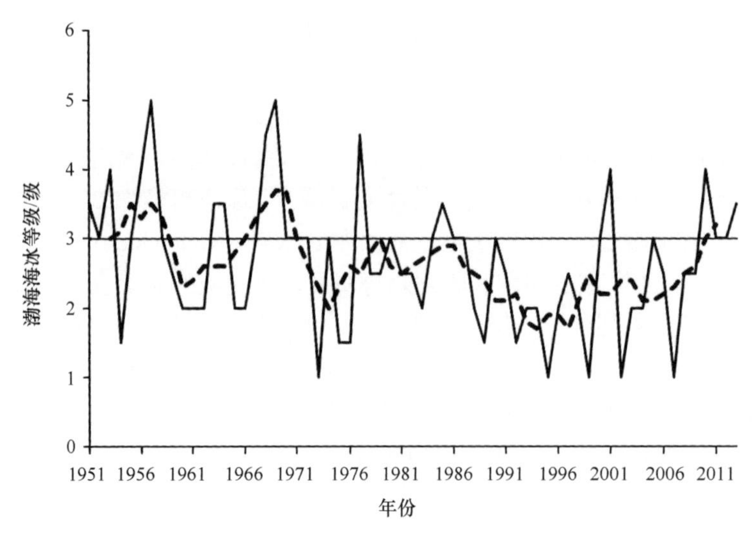


图 2-2 渤海冰情等级的年际（实线）和年代际变化（虚线）（郑冬梅等，2015）

## 2.2.2 风暴潮

如前所述风暴潮是由强烈的大气扰动，如热带气旋（台风）、温带气旋等引起的海面异常升高现象。风暴潮有两种类型：一种是由台风引起的台风风暴潮；另一种是由温带气旋引起的温带风暴潮。风暴潮灾害主要是由大风和高潮水位共同引起的，是局部地区猛烈增水，如果台风大潮和天文大潮共同作用，则形成特大风暴潮，将酿成重大灾害。

风暴潮是以海平面为基底进行传播并侵蚀或破坏海岸地带的，在气候变化背景下，影响风暴潮的主要因素包括海平面上升和气候变化导致的登陆台风和温带气旋增多。全球变暖下的海平面上升以及海平面上升导致的天文潮增大将共同导致沿海地区风暴潮灾加剧。此外，全球变暖下，热带海洋温度升高，有利于台风的生成和发展。在全球变暖背景下，观测结果表明，自 1970 年以来，北大西洋强热带气旋强度和频次都有增强趋势，这将有可能导致热带沿海地区风暴潮灾害发生频率的增加。

气候变化对近海风暴潮活动影响的研究一直是目前大气与海洋学领域的研究热点之一。20 世纪 90 年代，就有学者对未来气候变化对欧洲沿海百万人以上大都市附近海区的影响进行了研究，其结果表明，气候变化在不同地区表现出非常明显的局地特征，因此，对不同区域内气候变化的影响进行分别评估是十分必要的（Nicholls，1995）。另外，温室气体增加也导致了比较明显的副热带风暴活动的区域变化，进一步加剧了美国沿海的风暴潮活动（Hayden，1999；Scavia et al.，2002）。未来风暴活动的增加以及海平面的上升也可能导致英国近海区域风暴潮灾害的加剧（Lowe et al.，2001；Lowe and Gregory，2005）。Kirshen 等（2008a；2008b）对美国东北部海区风暴潮变化的研究指出，美国东海岸地区风暴潮潮高在温室气体增加背景下存在不同程度的增加，其中尤以波士顿、马萨诸塞州及大西洋城附近增幅最为显著。Woth 等（2006）基于 4 个不同模式的模拟结果，采用集合平均的方法对北海附近海区风暴潮活动的变化进行了研究。

Leckebusch 和 Ulbrich（2004）与 Rauthe 等（2004）指出，不同的 IPCC 场景可能对风暴潮变化的模拟结果存在着不同程度的影响。国外已开展了相关气候变化下风暴潮风险评估工作。Boldingh 和 Petter（2008）采用一个海洋、海浪和风暴潮耦合的模式也发现了北海南部的沿海风暴潮高度存在增加的趋势，但在不同情景和不同环流模式（General Circulation Model）驱动下得到的对未来预估结果的变化幅度很大。

对我国来说，我国海岸线漫长，滨海地区地域辽阔，南北纵跨温带、亚热带和热带。我国也是世界上少有的同时受台风风暴潮和温带风暴潮灾害影响的国家。春秋季节，渤海、黄海沿岸是冷暖空气频繁交汇的地区，而渤海又属于超浅海，极易造成温带风暴潮的发展。夏秋之时，东南沿海频繁遭受台风袭击，台风风暴潮时常发生。因此，我国风暴潮灾害十分严重，是西北太平洋沿岸国家中风暴潮灾害发生次数最多、损失最严重的国家（叶琳和于福江，2002）。杨桂山（2000）总结了中国沿海风暴潮灾害的历史变化和未来趋向，近500年来，中国沿海的风暴潮灾害在气温较高的偏暖时期比气温较低的时段明显增多，近50年的实测台风风暴潮灾害变化情况也是如此。20世纪90年代以来，我国沿海海面持续波动上升，期间我国沿海台风风暴潮发生的平均次数与前期相比，虽略有减少（由年均8.0次减少为年均6.9次），但风暴潮强度增大，其中47个站点观测到破历史纪录的高水位（崔承琦和施建堂，2001）。据近20年（1987～2006年）的统计，我国台风风暴潮自然变异有明显加强的趋势。风暴潮灾害（黄色以上级别）统计为87次，严重的（橙色以上级别）52次，分别比上一个20年多16次和20次。天津20世纪60年代以前平均每10年发生一次增水100cm以上的风暴潮灾害，而在90年代后则每3年左右发生一次，类似情况在长江三角洲和珠江三角洲区域也有发生。风暴潮的发生频率与强度随着海平面的上升而改变，海平面上升直接导致风暴潮淹没范围急剧扩大，在渤海湾西岸的沿海低洼地区，海平面上升0.5m，风暴潮淹没风险将增加50%，海平面上升同时还使得平均海平面及各种特征潮位相应增高，水深增大，近岸波浪作用增强，进一步加强风暴潮和近岸浪的强度。刘杜鹃（2004）在IPCC提供的全球海平面变化背景值之上，给出中国未来几十年相对海平面变化的预测值，指出相对海平面上升将使中国沿海风暴潮强度与频率增加。杨桂山（2000）对未来全球变化背景下中国沿海风暴潮灾的变化趋向进行了讨论，结果表明，近500年来，中国沿海的风暴潮灾在气温较高的偏暖时段比气温较低的偏冷时段明显增多。对近50年实测台风暴潮灾统计的结果也是如此，而温带风暴潮的变化则与此相反。未来全球变化引起的登陆并影响中国的热带气旋频次增加和相对海平面的上升，均将导致风暴潮灾呈加重的趋向。由于相对海平面上升，至2050年，珠江三角洲、渤海西岸平原50年一遇的风暴潮位分别缩短为20年和5年一遇，长江三角洲百年一遇的高潮位将缩短为10年一遇。海平面上升将使江苏沿海风暴潮的频率和强度明显增加，一旦风暴潮冲决海堤，再叠加1m以上的风暴潮增水，江苏沿岸的平原将整个暴露在风暴潮的影响之下。李杰等（2014）用三维水动力模式Ecomsed，在IPCC“第四次评估报告”提出的SRES A1B气候情景下，分析了21世纪海平面变化对东中国海风暴潮及沿岸脆弱性的影响。在A1B气候情景的海平面变化影响下，该模式对17个台风个例的模拟结果表明，受海平面变化影响，风暴潮增减水出现大约10cm的变化，风暴潮增水提前，风暴潮增水时段延长；台风强度越大，海平面变化对风暴潮增水强度的影响越明显。海平面变化对海岸带脆弱性具有很大影响，苏北浅滩及环渤海海岸带脆弱性将增强，校核水位在东中国海将会增大。

### 2.2.3 灾害性海浪

海浪通常是指由风在海面上吹行而产生的风浪及其传播所导致的涌浪。由强烈大气扰动，如热带气旋（台风、飓风）、温带气旋和强冷空气大风等引起的海浪，在海上常能掀翻船只，摧毁海上工程和海岸工程，造成巨大灾害。一般来说，有效浪高在4m以上，在海上或岸边能引起灾害损失的海浪称为灾害性海浪，因为4m以上的海浪对航行在世界各大洋的绝大多数船只已构成威胁，给航海、海上施工、海上军事活动、渔业捕捞带来灾难，正确及时地预报这种海浪对保证海上安全生产尤为重要。

海浪统计，根据统计内容和时间尺度可分为短期、中期和长期海浪统计。其中，波况分析为短期统计，波候是中期统计，气候变化影响下的海浪变化趋势属于波浪的中长期统计研究范围。研究全球和区域海浪分布特征的主要手段包括浮标观测、志愿船观测、卫星高度计观测、海浪预报模式。早在19世纪70年代，欧洲的科学家就开始研究波候的变异状况，他们首先根据当时仅有的北海和北大西洋的观测资料，发现了波浪环境可能存在恶化的趋势，随后Carter和Draper（1988）在*Nature*杂志上发表了一篇题为“Has the north-east Atlantic become rougher?”的文章，使用海洋科学研究院提供的记录资料，发现在1960～1985年，Seven Stones Light Vessel站的有效波高有2.4cm/a的增长趋势，并直接指出，在过去的25年，东北大西洋的波高存在显著的增加。随后Bacon和Carter（1991）整理了北大西洋和北海的相关观测资料，分析出整个北大西洋海域的有效波高很可能从50年代起开始，就以每年大约2%的速度在增加。

IPCC第四次评估报告指出，1900～2002年，北太平洋有效波高显著增长（8～10cm/10a），对于北太平洋和北大西洋，其在1952～2002年的增长趋势更强，达到了14cm/10a，而在其他区域，海浪基本上没有明显的变化趋势。IPCC第五次评估报告中也指出：基于20CRv2（时间跨度为1871～2010年）和ERA-40（1958～2001年）模式后报的结果都显示出东北大西洋的年平均和冬季有效波高均呈增长趋势，但两组再分析资料的增长幅度略有不同。志愿船观测的结果显示，1958～2002年，45°N以北的北大西洋大部分海域和中纬度的北太平洋中东部有高达20cm/10a的升高趋势。20世纪70年代后期以来，位于美国东西海岸和东北太平洋沿岸的浮标站位出现极端海浪波高的趋势都有所增加（Komar and Allan，2008；Ruggiero et al.，2010）。但Gemmrich等（2011）指出，对于太平洋的某些浮标来说，有些趋势可能是由于观测仪器、观测方法和后处理方式的突然改变导致的。对塔斯马尼亚岛西侧的一个浮标数据的分析结果显示，极端海浪出现的趋势并没有明显变化，这与ERA-40再分析资料中海浪极值的增加趋势这一结果相悖（Hemer et al.，2010）。

从20世纪80年代中期起，卫星高度计观测为研究海浪变化提供了更全面的资料。在南半球和北半球一些样本较少的海域，现场观测资料有限，并且其再分析数据存在时间不均一性，此时卫星高度计的价值很大。在南大洋，高度计观测和模式结果均表明海浪有效波高在增加（Hemer et al.，2010）。Young 等（2011）利用 1985～2008 年的高度计观测结果编写了一套表面风场平均值、极值和有效波高变化趋势的全球分布。在南大洋的部分地区，平均有效波高以 10～15cm/10a 的速率线性增加，正好与 1980 年以后的风应力强度增加相吻合。石永芳等（2012）利用近 20 年（1993～2011 年）卫星高度计的实测数据，分析了年平均海浪的空间特征及海浪的多年变化趋势，研究结果表明，海浪的大值分布与风场的大值分布有明显的一致性，风场是影响海浪空间分布的重要因素；海浪在北太平洋有明显的减小趋势，在东北大西洋有弱的减小趋势，与此相反，海浪在西北大西洋有明显的增加趋势，在印度洋、大西洋的低纬度区域及太平洋东岸的低纬度区域有弱的增加趋势，在 30°S～45°S 的南太平洋区域增加趋势较强。有学者发现，在 20 世纪后半叶，全球平均近海面风速没有明显的变化趋势，在赤道、南大西洋热带和北太平洋亚热带呈减小趋势（Ward and Hoskins，1996），热带北大西洋和北太平洋高纬度海区风速呈增加趋势（Gulev and Lutz，1999；Gower，2002）。波高变化趋势方面，Dodet 等（2010）利用再分析资料驱动海浪模式，结果表明，1953～2009 年，东北大西洋的有效波高呈线性增加（2cm/a）。但是，由于大洋上观测资料时间长度的限制，对大洋上海表风速和波高的长期变化趋势尚不清楚。张婕（2010）针对 1977 年/1978 年前后出现的全球气候跃变，将时间序列分为 1958～1977 年和 1978～1997 年两段，结果显示，有效波高的平均值在高纬度地区有增长的趋势，特别是北太平洋和北大西洋，而太平洋和大西洋西岸的区域波高有减弱趋势，平均风速没有显著变化；太平洋的涌浪池在 1978 年后加强了，并有向外扩展的趋势，而大西洋的涌浪池在减弱，印度洋并没有显著变化。

很多学者对气候变化背景下未来海浪变化趋势做出预估。在 2050 年之前，整个北大西洋的波候状况总体上应该不会发生突变（Cox and Swail，2001）。全球变暖的事实与 NAO（North Atlantic Oscillations）事件以及大西洋飓风的形成息息相关，而这些事件发生频率的增加将直接导致北大西洋波候的日趋恶化（Wang et al.，2004）。区域气候模式对东北大西洋以及北海地区模拟结果显示，1958～2001 年，海洋风暴从 60 年代开始的增强趋势到 90 年代后出现了减弱的迹象（Weisse et al.，2005）。

中国近海位于欧亚大陆东南部并与太平洋相通，受世界最大陆地和最大海洋的影响，南北冷暖空气交换异常活跃。夏季，我国的南海和东海频繁遭受台风浪的袭击，在冬季和春秋季，我国的渤海、黄海、东海常常受到气旋浪和寒潮浪的袭击。不断增强的西北太平洋的热带气旋活动显著地改变了该地区的波候状况。东中国海有大约一半的区域会受到西北太平洋热带气旋的影响，特别是东中国海的东南部与西北太平洋接壤的海区。整个东中国海被温暖的南风（东亚夏季风）所覆盖，这一股温暖的夏季风在西北太平洋上有相当长的风区，西北太平洋上的波浪完全可以在这一稳定风场的作用下形成较大的涌浪并传播到东中国海内。由于气旋活动加强所激发的涌浪传播到东中国海地区，最终将造成东中国海南部地区极值波高的增加。东中国海北部地区（黄海）的夏季极值波候在最近 45 年（1957～2002 年）呈现逐渐衰减的变化趋势，这主要是由于东亚夏季风发生衰减所导致的；而东中国海南部则呈现逐渐增强的变化趋势，这主要是由于西北太平洋地区的热带气旋活动逐渐增强，激发了更大的涌浪传播到中国沿海所导致的。

### 2.2.4 海平面上升

海平面变化是气候变化的一个非常重要的部分，它的出现会对自然环境、生态系统和人类社会产生广泛而深远的影响。

在器测出现之前的海平面变化主要是根据地质数据推测的。随着验潮站的不断发展，人们获得了质量高、时间序列长的观测资料数据，这成为研究相对海平面变化规律的基本数据。目前，全球分布有2000多个验潮站，全球海平面观测系统（Global Sea Level Observing System，GLOSS）就是由其中的209个验潮站组成的。很多学者利用验潮站资料，采用一定的模型，估算全球海平面上升的速率。但由于验潮站的空间分布不均，因此，用它来研究全球海平面的变化特征时难以实现足够的空间覆盖率，而且验潮资料记录的都是相对海平面的变化过程，其分析结果将受地壳垂直运动等局地性因素的显著影响，难以消除地壳运动及区域性冰后期的回弹效应等。随着卫星不断发射升空，卫星高度计资料被越来越广泛地应用于海平面研究中。卫星高度计资料空间覆盖面大，分辨率高，彻底解决了验潮站分布不均的地域局限性，大面积的采集数据可以获取更加规范和连续的时间序列，因而在绝对海平面变化研究中得到了广泛应用。此外，随着模式的不断发展，各种海-气耦合模式日趋成熟，能够模拟气候影响下海洋的变化，并为IPCC报告提供了未来21世纪海平面变化的预测，虽然模式结果有一定的不确定性，但是这也为人类预测和评估未来海平面变化，以及气候对海平面的影响提供了良好的科学依据（高志刚，2008）。

全球平均海平面变化受两个主要因素影响：一个因素是海水质量的变化，包括雪/冰的融化和累积，以及通过降水、蒸发、径流与大气和陆地之间的水质量交换；另一个因素是由海水的密度变化（包括温度和盐度的变化）引起的体积变化，称之为比容效应。全球平均海面的比容和非比容变化研究能促进了解全球水量和能量变化周期及其与全球气候变化间的关系。但是目前为止，这两个因素对全球海平面长期趋势变化的贡献仍然存在很大的不确定性（陈长霖等，2012）。

影响季节及年际海平面变化的因素主要有海水温度、盐度、陆地水体、地球物理过程等。海水热膨胀是海平面上升的主要影响因素。由于海洋比热容差异可以通过密度差异的积分获得，所以可通过热比容计算出全球由于海水热膨胀而导致的海平面上升的情况。大洋盐度变化对全球平均海平面变化的影响很微弱，但对局部海域海水密度和海平面变化有着重要的意义。陆地水体对海平面变化的影响包括山岳冰川和极地冰盖的影响。由于全球变暖，山岳冰川在后退，尤其是近10年后退的速度在加快，山岳冰川虽只占陆地冰川很小的一部分，但其对海平面变化的作用程度仅次于海水的热膨胀。极地冰盖，如南极冰盖和格陵兰冰盖，固结着地球表面大约99%的淡水资源，如果全部融化将使全球的海平面上升约70m，即使是一小部分融化，也会对海平面带来巨大的影响。由于格陵兰岛和南极大陆具有不同的海陆分布状况和地形特征，冰盖的消融特征也不相同：在南极大陆上冰盖的消融主要通过冰架底部融化和冰山的脱离，冰盖表面的融化十分微弱；而格陵兰岛冰盖物质的损失则主要是通过表层融化和冰山崩解。地球物理过程对海平面变化的影响主要因为地球是一个可塑球体，冰期和非冰期的地球形状变化会造成海平面的升降变化（吴涛等，2006）。

根据 IPCC 第五次评估报告，19 世纪中叶以来的全球海平面上升速率比过去两千年来的平均速率还高。1901～2010 年，全球平均海平面上升了 0.19（0.17～0.21）m，海平面的代用数据和器测数据表明，在 19 世纪末至 20 世纪初出现了海平面从过去两千年相对较低的平均上升速率向更高的上升速率的转变。全球平均海平面上升速率在 1901～2010 年的平均值为每年 1.7（1.5～1.9）mm，1971～2010 年间为每年 2.0（1.7～2.3）mm。自 1993 年，海平面一直在以平均每年 3.2（2.8～3.6）mm 的速率不断上升，大大高于前半个世纪的平均值。对于后一个时期海平面上升速率较高的问题，验潮仪和卫星高度计的资料给出的结论是一致的（IPCC，2013）。

20 世纪 70 年代初以来，观测到的全球平均海平面上升的 75%可以由冰川冰量损失和因变暖导致的海洋热膨胀来解释。表 2-1 显示，1993～2010 年，全球平均海平面上升为 3.2（2.8～3.6）mm/a。观测到的海洋热膨胀为 1.1（0.8～1.4）mm/a，除格陵兰和南极之外的冰川为 0.76（0.39～1.13）mm/a，格陵兰冰川为 0.10（0.07～0.13）mm/a，格陵兰冰盖为 0.33（0.25～0.41）mm/a，南极冰盖则为 0.27（0.16～0.38）mm/a，陆地水储量变化为 0.38（0.26～0.49）mm/a，以上六个因子的总贡献为 2.8（2.3~3.4）mm/a，与观测的全球平均海平面上升速率接近。两者的差异是由观测还是其他非气候因素产生，目前并无定论。IPCC 报告中也指出，根据地质记录显示，在末次间冰期（距今约 12.9 万年至 11.6 万年间）的几千年中，全球平均海平面的最大值比当前高 5～10m，在末次间冰期，格陵兰冰盖对海平面上升的贡献很可能在 1.4～4.3m，这意味着，南极冰盖可能也对全球海平面上升做出了额外贡献。

**表 2-1 不同时间范围内全球平均海平面上升贡献来源（IPCC，2013）** 单位：mm/a

| 项目 | 来源 | 1901～1990 年 | 1971～2010 年 | 1993～2010 年 |
|---|---|---|---|---|
| 观测的全球平均海平面上升的贡献 | 热膨胀 | — | 0.8（0.5～1.1） | 1.1（0.8～1.4） |
| | 冰川（不包括格陵兰和南极） | 0.54（0.47～0.61） | 0.62（0.25～0.99） | 0.76（0.39～1.13） |
| | 格陵兰冰川 | 0.15（0.10～0.19） | 0.06（0.03～0.09） | 0.10（0.07～0.13） |
| | 格陵兰冰盖 | — | — | 0.33（0.25～0.41） |
| | 南极冰盖 | — | — | 0.27（0.16～0.38） |
| | 陆地水储量 | –0.11（–0.16～–0.06） | 0.12（0.03～0.22） | 0.38（0.26～0.49） |
| | **观测平均海平面上升** | **1.5（1.3～1.7）** | **2.0（1.7～2.3）** | **3.2（2.8～3.6）** |
| 模拟的全球平均海平面上升的贡献 | 热膨胀 | 0.37（0.06～0.67） | 0.96（0.51～1.41） | 1.49（0.97～2.02） |
| | 冰川（不包括格陵兰和南极） | 0.63（0.37～0.89） | 0.62（0.41～0.84） | 0.78（0.43～1.13） |
| | 格陵兰冰川 | 0.07（–0.02～0.16） | 0.10（0.05～0.15） | 0.14（0.06～0.23） |
| | **模拟全球平均海平面上升** | **1.0（0.5～1.4）** | **1.8（1.3～2.3）** | **2.8（2.1～3.5）** |
| | **观测和模拟的差异** | **0.5（0.1～1.0）** | **0.2（–0.4～0.8）** | **0.4（–0.4～1.2）** |

海平面变化的归因，主要有气候因素以及陆地沉降变化的影响，其中气候因素主要是由于海气系统内部相互作用，如海洋热膨胀和冰川、极冰融化等。对海平面变化的归

因，目前的研究方法主要是通过资料分析和数值模拟。在数值模拟中，目前大部分海洋模式都是基于 Boussinesq 近似，遵守体积守恒，因此，模式无法直接计算出由于海洋热膨胀引起的海平面变化，故得到的关于海洋热膨胀的结果，基本上来自于观测或者模式结果的诊断。

世界某一地区的实际海平面变化，还受到当地陆地垂直运动——缓慢的地壳升降和局部地面沉降的影响，全球海平面上升加上当地陆地升降值之和，即为该地区相对海平面变化。全球海平面上升并不均匀，在有些地区上升的速度比全球平均上升速度高几倍，而另一些地区的海平面正在下降。例如，图 2-3 中显示的 1993～2012 年卫星观测的海平面变化率以及 6 个分布在世界不同位置的验潮站 1960～2012 年的相对海平面变化。西太平洋海平面变化率比全球平均海平面上升速率高 3 倍，而东太平洋的海平面变化率要低于全球平均上升速率，在美国西海岸海平面甚至出现了下降。因而，研究某一地区的海平面上升，只有研究其相对海平面上升才有意义。海平面上升具有显著的区域性特征（Bindoff et al.，2007）。海平面的变化呈现不同的时间尺度，具有显著的季节、年际、年代际等多时间尺度变化特征（Cabanes et al.，2001；杜凌，2005）。引起海平面变化的原因，有气压、风、海流、降水、径流、融冰等，而不同海域对各动力环境因子的响应也不同。海平面长期趋势变化预测是海平面研究的重要问题之一。对沿海海平面变化趋

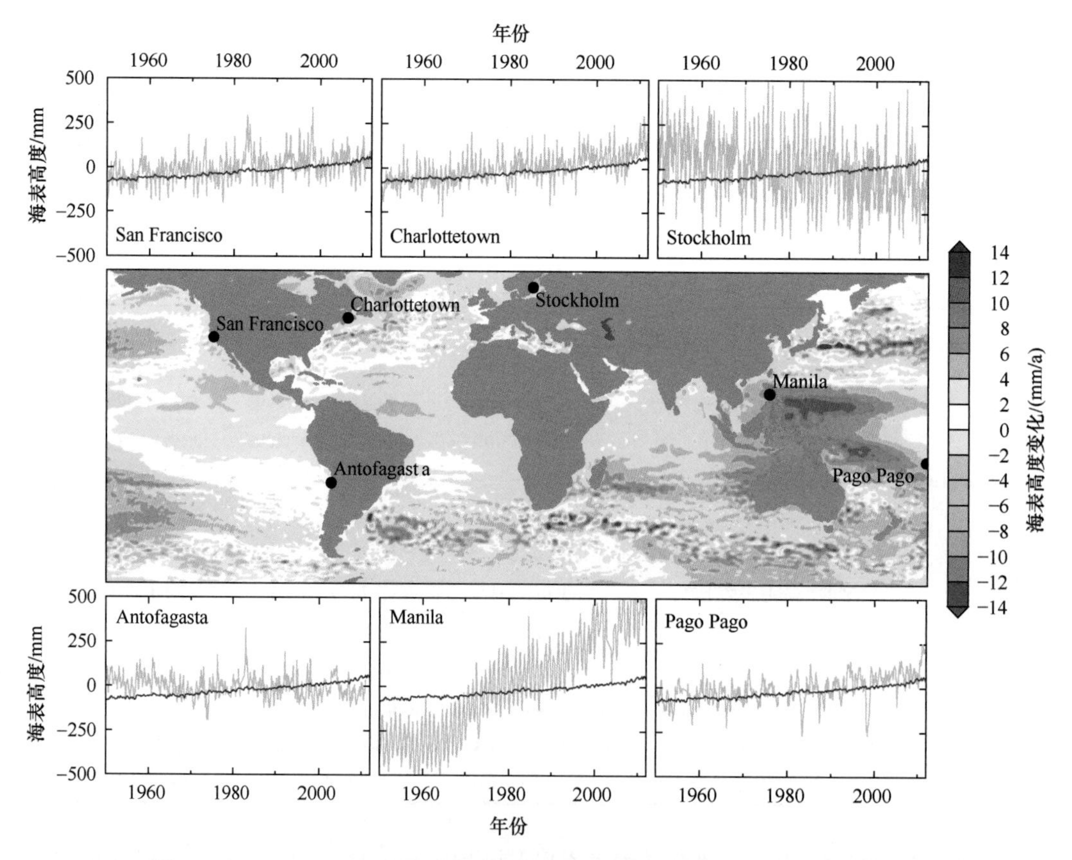


图 2-3 1993～2012 年卫星高度计观测的相对海平面变化率（IPCC，2013）

小图代表了 1950～2012 年几个验潮站的海平面时间序列

势预估的方法主要有气候模型预估、统计拟合预估和以理论海平面上升值叠加区域地面沉降速率进行的预估等。与未来气候变化预估相比较，海平面变化预估的难度更大，预估方法的成熟度和可靠性更低一些，这主要是由于对海水热膨胀和冰川冰盖消融的机制与关键过程的计算尚存在一定的不确定性。

对未来海平面上升的预估是气候变化研究中一个重要的科学问题，不少学者在这方面做了大量的研究工作，目前 IPCC 主要基于全球温室气体排放方案的不同假设，对全球海平面变化进行相对较为全面和系统的预估。1990 年，基于 IPCC90A 的温室气体正常排放方案预估结果给出了 2100 年海平面上升的最佳估计为 65cm（变化幅度为 31～110cm）。之后，不少学者又对温室气体排放情景、气体浓度变化、辐射强度变化、气候敏感性及初始条件等分别进行了新的考察和研究，得出了一些新的预估结果，IPCC 第二次气候变化评估报告对未来全球平均海平面上升的预估是基于 IS92a 温室气体排放方案，同时考虑了未来大气中气溶胶的变化，全球海平面上升的预估结果是 2050 年将上升 20cm、2100 年将上升 49cm。IPCC 第三次气候变化评估报告（TAR）构造了 6 种代表性的温室气体排放情景，科学家总共选取了 11 个海-气耦合模式（atmosphere-ocean general circulation models，AOGCMS）对未来 100 年的全球气候变化进行了预估，结果表明，全球平均海平面到 2100 年时将比 1990 年上升 9～88cm，各个区域的上升速度将有较大差异。IPCC 第四次气候变化评估报告则主要基于不同的排放情景（SRES）下 21 世纪预估和 TAR 气候模式的预测方法，其结果指出，相对 20 世纪最后 20 年，到 21 世纪末海平面将上升 18～59cm（IPCC，2007）。但模式模拟存在很大的不确定性，目前实际海平面上升幅度和其他的全球性绝对海平面变化预测值与 IPCC 的预测结果存在不一致（Robert et al.，2006；Sathish Kumar et al.，2008）。因此，可以采用半经验模型的方法来预估全球绝对海平面变化，Rahmstorf（2005）通过建立海平面变化与全球气温变化的半经验模型来预测全球海平面变化，其模拟得到的结果更符合海平面上升的实际情况。此外，Leont'yev 等（2007）基于对过去条件类推和气候模式模拟提出，21 世纪末海平面将有发生数米升高的潜力存在。

表 2-2 给出了 IPCC 第五次气候变化评估报告对 21 世纪全球平均海平面的预估结果。在所有 RCP 情景下，由于海洋变暖以及冰川和冰盖冰量损失的加速，海平面上升速率很可能超过 1971～2010 年观测到的速率。随着模式对影响海平面变化的物理过程的改进，如考虑冰盖的动力学变化，模式的模拟与观测的一致性有较大改善。IPCC 第四次气候变化评估报告以来，对全球平均海平面上升预估的信度也得到了提高。与 1986～2005 年相比，对于 RCP2.6、RCP4.5、RCP6.0 和 RCP8.5 4 种排放背景，2081～2100 年间全球平均海平面上升区间可能分别为：0.26～0.55m、0.32～0.63m、0.33～0.63m 和 0.45～0.82m。根据 CMIP5 模式的气候预估，在 RCP8.5 情景下，2100 年底全球平均海平面将上升 0.52～0.98m，2081～2100 年间的上升速度为 8～16mm/a。在 RCP 情景预估中，热膨胀的贡献占 21 世纪全球平均海平面上升的 30%～55%，冰川融化占 15%～35%。格陵兰冰盖表面的融化量将超过降雪的增加量，从而使格陵兰冰盖表面物质平衡的变化对未来海平面的贡献为正；南极冰盖表面融化仍将很少，且预计降雪量将增加，这将使南极冰盖表面物质平衡的变化对未来海平面的贡献为负。到 2081～2100 年，两

个冰盖的总流出量变化可能会导致海平面上升 0.03～0.20m。

表 2-2 与 1986～2005 年参照期相比，21 世纪中期和后期全球平均表面气温和全球平均海平面上升的预估变化（IPCC，2013）

| 指标 | 情景 | 2046～2065 年 | | 2081～2100 年 | |
|---|---|---|---|---|---|
| | | 平均 | 可能性区间 | 平均 | 可能性区间 |
| 全球平均表面温度变化/℃ | RCP2.6 | 1.0 | 0.4～1.6 | 1.0 | 0.3～1.7 |
| | RCP4.5 | 1.4 | 0.9～2.0 | 1.8 | 1.1～2.6 |
| | RCP6.0 | 1.3 | 0.8～1.8 | 2.2 | 1.4～3.1 |
| | RCP8.5 | 2.0 | 1.4～2.6 | 3.7 | 2.6～4.8 |
| 指标 | 情景 | 2046～2065 年 | | 2081～2100 年 | |
| | | 平均 | 可能性区间 | 平均 | 可能性区间 |
| 全球平均海平面上升/m | RCP2.6 | 0.24 | 0.17～0.32 | 0.40 | 0.26～0.55 |
| | RCP4.5 | 0.26 | 0.19～0.33 | 0.47 | 0.32～0.63 |
| | RCP6.0 | 0.25 | 0.18～0.32 | 0.48 | 0.33～0.63 |
| | RCP8.5 | 0.30 | 0.22～0.38 | 0.63 | 0.45～0.82 |

2.1.2 节中已经提到，地区性相对海平面变化是特定岸段的地面与海面之间相对位置的变化，是各地验潮站可以实测到的海平面的实际变化。目前利用不同方法对中国近海海平面未来趋势的预测研究已经有了一些结果，王国栋等（2011）使用 1992～2009 年海平面卫星测高仪数据资料，应用小波变换方法对中国东海海平面变化的周平均数据信号进行多尺度周期分析，并通过 Winters 指数平滑法对未来海平面变化进行预测，结果显示：预计到 2015 年，海平面将比 2006 年上升 4～5cm；到 2030 年，海平面将比 2006 年上升 14～15cm。采用奇异谱分析（SSA）与均值生成函数（MGF）模型相结合的方法，分析预测中国沿海 6 个验潮站自 20 世纪 50 年代以来的海平面，得出至 2050 年海平面上升最大值不超过 16cm，平均值为 9cm，其中烟台站和秦皇岛站则为下降，这主要是由于陆面上升导致的(袁林旺等，2008)。前人利用 CCSM 和 POP 模式，发现 RCP4.5 情景下，南海海域在 21 世纪末 10 年平均海平面相对于 20 世纪末 10 年上升了 15～39cm，明显上升海域位于中南半岛东部的南海中部、南部海域和吕宋海峡东西两侧海域，上升值最大可达 39cm（张吉等，2014）。利用海-气耦合模式（CCSM3）在 IPCC A2 情景下数值模拟的全球海平面在东中国海开边界上的结果作为强迫场，驱动中国海区域海洋模式 POP，预测得到 21 世纪末东中国海海平面将上升 12～20cm；渤海海平面上升最快，达 17cm；黄海和东海东部比西部海域上升快，朝鲜半岛沿岸上升 16cm 以上，南黄海和东海的西部中国沿海上升约 13cm，琉球群岛及附近海域上升可达 20cm（陈长霖等，2012）。

未来全球海平面上升对于地面沉降的海岸带会加剧其风险，对于地面抬升的地区可能会被抵消而不受影响，因而，对未来相对海平面变化的预估更具有现实意义。仅就我国而言，不同地区的地壳垂直运动差异很大，大部分海岸带由于构造运动的沉降性质或新近沉积层的压实作用而处于地面下沉之中，近几十年来，人为过度抽取地下流体在很多沿海地区加剧了地面沉降，如渤海湾地区和长江三角洲地区。

# 2.3　气候变化下海岸带灾害脆弱性

全球气候变化对人类社会经济的影响，最集中地体现在沿海城市和沿海地区。海岸带地区作为受海平面变化影响最为严重和直接的区域，对于人类社会和经济发展至关重要。而海岸带最易受到来自全球气候变暖所造成或加剧的海平面上升、风暴潮、盐水入侵、海岸侵蚀、湿地生态退化等海洋灾害和沿海生态事件的影响。特别是在河口海岸地区，一旦受到全球气候变化的影响，极易产生一系列衍生效应和放大效应，从而造成严重的人员伤亡和社会经济损失，并对其他地区产生明显的影响和波及效应。

面对日益严重的海岸带灾害，准确、有效地进行海岸带灾害损失评估，是制定具有效率和效果的防灾减灾策略的重要依据。全球气候变化背景下海岸带灾害损失的评估也因此成为国内外普遍关注的热点问题。本节将针对海岸带灾害的脆弱性，分别从对自然系统和人类系统的影响这两个方面加以介绍，然后总结目前对海岸带脆弱性评估方法的研究进展。

## 2.3.1　海岸带灾害脆弱性

脆弱性（vulnerability）最早可追溯到拉丁语中的“vulnerare”，指被伤害或面对攻击而无力防御。IPCC 发布的气候评估报告对脆弱性的定义随着不同年份的报告有所修订，IPCC 的第三次气候变化评估报告中将脆弱性定义为一个自然的或社会的系统容易遭受来自气候变化（包括气候变率和极端气候事件）的持续危害的范围或程度，是系统内的气候变率特征、幅度和变化速率及其敏感性和适应能力的函数（IPCC，2001）。IPCC 第五次气候变化评估报告对脆弱性的定义则为易受不利影响的倾向或习性。脆弱性内含各种概念和要素，包括对危害的敏感性或易感性以及应对和适应能力的缺乏。目前，该定义在气候变化研究领域已被广泛接纳和采用。某一地区面对全球气候变化时所表现的脆弱性，是一定社会政治、经济、文化背景下，城市特定环境区域内的承灾体对某种自然灾害或气候变化风险表现出的易于受到灾害和损失的性质。这种性质既包括面对气候变化或者极端气候灾害时现存的风险性，也包括其应对全球气候变化的敏感性及适应性。

海岸带地区是海陆气相互作用强烈的生态过渡区，这可能会放大气候变化，增加海岸带自然灾害的发生强度和频率。气候变暖所引起的海平面上升、海温升高、极端天气气候事件等现象对自然系统和人类系统都带来了巨大的影响和危害（图 2-4），将使沿海地区灾害性的风暴潮发生更为频繁，洪涝灾害加剧，沿海低地和海岸受到侵蚀，其中，海岸带侵蚀、海水入侵、盐沼湿地和红树林损失及风暴潮灾害频繁发生显得尤为突出。海平面上升使平均海平面及各种特征潮位相应增高，水深增加，波浪作用增强，风暴潮出现的频次增加。若风暴潮与高潮位叠加，将出现更高的风暴高潮位，风暴潮的强度也会明显增大。海水入侵导致的土壤盐碱化加剧，水资源和水环境遭到破坏，植被种类减少，生物多样性降低，土壤可能发生生物地球化学变异，而这一变异往往是不可逆的。

海平面上升对其他滨海湿地生态系统造成的威胁也同样备受关注，如红树林生态系统会被加速上升的海平面所胁迫。

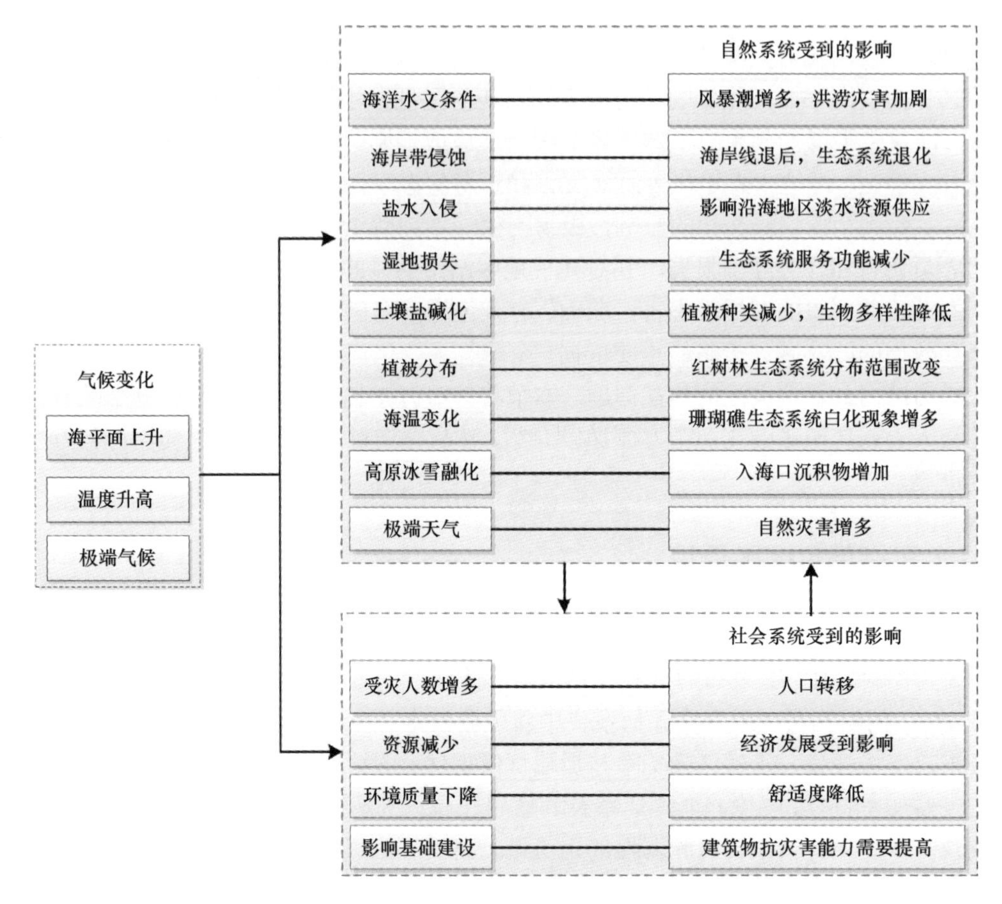


图 2-4 全球气候变化对海岸带的影响（王宁等，2012）

海岸带的脆弱性还体现在海岸带灾害对人类和社会系统的影响。海岸带对于人类社会和经济发展至关重要，全球经济财富大部分产生于海岸区域。全球变化和海平面加速上升将极大地改变未来海岸人居环境和经济社会发展的风险状况。随着气候变化带来的海岸带灾害不断加剧，沿海地区受影响的人口也不断增多。在强台风风暴潮时，潮位暴涨、海水倒灌，进而冲毁沿岸设施，淹没农田，对人身安全和社会财产构成巨大威胁。海岸带脆弱性还表现在沿海地区可利用资源减少，包括水资源、景观资源和土地资源等；经济发展遭受巨大损失，包括农业、工业、旅游业和渔业产量收入；城市建筑物、桥梁等基础设施损坏严重；沿海地区整体环境和价值降低，可居性降低，文化价值、生态价值、生存价值、景观价值、环境舒适度、生活稳定性降低。

目前的海岸脆弱性研究多以气候变化作为主要的影响因素，但气候变化与其他影响因素结合起来可能会产生更大的风险。气候变化和海平面上升作为海岸系统的外部压力，人类活动作为海岸系统内部的主要驱动力，二者相互关联、相互影响，其耦合作用使海岸系统脆弱性、恢复力或抗力、自组织能力等发生动态变化，对海岸系统风险的发生产生极为重要的影响。

### 2.3.2　海岸带脆弱性评估方法

研究海岸带系统对气候变化的响应机制，评估气候变化对海岸带社会、经济和生态的潜在影响，提出切实可行的应对策略，是保障海岸带系统安全的重要前提。气候变化影响下海岸带脆弱性评估研究是国家的重大需求，同时也是国际前沿科学问题。全世界各国的大量科学家对此进行了大量气候变化背景下沿海地区脆弱性、暴露性、影响和风险评估研究。自 20 世纪 80 年代末开展气候变化和海平面上升海岸脆弱性评估研究以来，国际上先后出现了多个海岸脆弱性评估框架。IPCC 的海岸带区域管理系统（Coastal Zone Management System，CZMS）于 1992 年提出了全球第一个脆弱性评估框架，协助各个国家评估由海平面上升带来的威胁影响，这种通用方法包含了 7 个连续步骤，并将脆弱性划分为低度、中度、高度和极端脆弱 4 个等级。IPCC 在 1992 年还提出了类似的包含 7 个步骤的技术路线。基于对海岸系统动力过程的复杂性、脆弱类型的多样性、发展的不确定性的研究和认识，Klein 和 Nicholls（1999）围绕脆弱性概念提出了海岸脆弱性评估概念框架，全面考虑了海岸系统的特征，包括自然和社会系统的感知力、恢复力或抗力、系统的自适应和规划适应能力及其相互关系，并提出了 3 个逐级复杂的评估层次：筛选评估、脆弱性评估和规划评估。近年来，欧盟国家尝试性地提出了动态交互式脆弱性评估框架。IPCC 在海平面上升的基础上，提出了海岸易损性研究大纲，其七步式通用方法体系（common methodology，CM）脆弱性评价方法和 5 种评价指标体系已用于 24 个国家的沿海城市进行评价（IPCC，1992；许世远等，2006）。美国国家研究项目（US Country Studies Program）则建立了一套四步式的脆弱性评价方法，相对 CM 来说，较为简单但操作性弱（Leatherman and Yohe，1996）。Burton 等（1998）所在的联合国环境规划署（UNEP）制定了关于气候变化影响评价与适应对策方法手册（简称 UNEP 方法手册）是对脆弱性评价的更为详细的指导方案，可适用于沿海城市不同对象进行脆弱性评价。海岸脆弱性评估指标（coastal vulnerability indexes，CVI）由海岸地形、侵蚀和堆积速率、坡度、海平面相对上升、平均潮位以及平均浪高数据 6 种数据形成，可以利用指标数据进行格网制图，并使用 GIS 软件实现评价结果的空间可视化。评价区域 CVI 值的不同，可以反映出当海面上升时，沿海地区不同城市区域各种不同等级的风险值。近年来，联合国人居署、欧盟等国际组织均启动了海岸带地区脆弱性评价工具研究，欧盟支持的气候变化和海平面上升条件下，海岸带地区脆弱性动态与交互评价项目（DINAS-COAST）旨在开发以国家为单位的脆弱性评价模型。随着研究的深入，脆弱性评价逐渐从社会学的定性分析，转向自然与社会科学相结合的综合性定量评价，区域脆弱性定量评价方法逐步得到发展（Khanduri and Morrow，2003），GIS 空间分析功能也被逐渐应用于城市脆弱性评价（Mavroulidou et al.，2004）。

海岸脆弱性评估方法可分为综合评估方法和单一影响评估方法。综合评估是指对海平面上升海岸脆弱性的各方面进行全面评估并得出定量或非定量化的结果，其主要评估方法有多判据决策分析法、指数法、决策矩阵法、分布式过程模型法、三角洲综合行为概念模型法、数值模型法和模糊决策分析法等（Pittia et al.，1997）。国内的学者对海平面上升、台风风暴潮以及海岸带的脆弱性评估也做了大量的研究，研究方法上，主要从回归分析法、模糊集法、评估指标体系法、GIS 方法以及管理学方法 5 个方面来研究我国沿海地区的台风风暴潮损失和海岸带的脆弱性问题（表 2-3）。

**表 2-3 国内台风风暴潮灾害损失评估研究**

| 评估方法 | 评价内容 | 主要研究者 |
|---|---|---|
| 一元或多元线性回归 | 风暴潮灾害强度与损失的关系 | 许启望等，1998；叶雯等，2004 |
| 模糊综合判断法 | 风暴潮灾害强度与经济损失、灾度之间的关系 | 孙峥，2008；纪燕新等，2007 |
| 模糊集方法 | 利用气压和风速等台风要素来评估特大台风暴潮灾害风险 | 李平日等，2007；施素芬等，2005 |

目前，海岸带脆弱性评估预测结果给出的只是一种可能的影响、变化趋势和方向，还包含有相当大的不确定性。产生不确定性的原因很多，主要的原因是我们对海岸带系统中许多重要的物理、化学、生物地球化学和生态系统等过程的认识有限。从国际和国内的研究趋势上来看，对于海岸带脆弱性评估的研究，正逐渐从定性描述发展到定量化，而评估和构建气候变化影响下的海岸带脆弱性评估模式、加强海岸带对社会经济影响的评估，是海岸带脆弱性评估发展的方向。

## 2.4 海岸带气候变化适应性和风险评估与管理

### 2.4.1 适应气候变化与可持续发展

为了适应气候变化引起的海岸带自然灾害对我国沿海脆弱区带来的严重威胁以及对环境和社会经济的影响，保护人民的生命财产安全，政府部门需要尽早考虑这一严峻形势，做出针对性强的适应对策选择，保证我国沿海地区经济的稳定持续发展。

#### 1. 适应对策选择原则

在气候变化背景下，海岸带适应对策选择的方向包括以下 3 个原则（李响等，2015）：

（1）适应对策要能够产生直接的正面效益。很多沿海自然灾害影响的脆弱区同时也面临着人口增加、经济高速发展、土地资源不足的压力。应选择能够减少资源压力、改进环境风险管理、增强适应能力的适应对策，在设计和执行发展方案时，应考虑气候变化对海岸带脆弱区带来的深远影响，以达到增强经济社会可持续发展的能力。

（2）适应对策要考虑综合效益。深入认识海岸带风险脆弱区和海平面上升影响是一个关键问题，由于难以区分人为活动引起的影响和自然变化造成的影响，适应成本与效益分析具有一定难度，但是，我们仍需要深入研究，以提高未来评估能力，尽可能减少不确定性，确保政策制定者可以获得足够的信息来应对可能的后果。

（3）适应对策要考虑非持续性资源利用可能增加的脆弱性。海平面上升和更频繁的风暴潮灾害，加剧了沿海土地的侵蚀和盐渍化、滩涂荒芜等，对于洪积平原、障碍性海滩、沿海低地等处于不稳定的区域的影响则更加明显。适应对策应包括一些对气候变化敏感的资源，如基础设施、公共机构、人力资本等方面的投入，水资源、农业土地和滨海湿地也要加以考虑。

## 2. 防护措施

对于气候变化引起的海岸带脆弱性问题，需要有一个全球性的科学基础，牢靠的对策方案，以及控制和减小相对海平面上升的预警系统和防治对策。适应气候变化战略措施主要分为后退、顺应和防护3种，需要根据当地实际情况综合分析选择哪一种或结合多种防护措施（李响等，2015）。

1）后退措施

后退措施是指海岸带被放弃，离开将受海水淹没的地方，生态系统向陆地转移的方式。后退措施是对可能因海平面上升、风暴潮造成灾害的灾区，不做任何防灾努力，放弃容易受海水淹没的土地、盐田和基础设施等，将灾区居民迁移到安全地带。

2）顺应措施

顺应措施主要含义是将建筑物加高或加上支架，免受风暴潮和海平面上升带来的海水淹没，继续利用处境危险的土地进行生产生活活动。在某些经济发展较差的沿海地区，暂时采取顺应的对策是可行的。顺应措施与海岸带管理、防灾减灾方案、土地利用计划和可持续发展战略有机结合实施，将会更加有效。

3）防护措施

沿岸建设防潮海堤、防护堤坝、防潮海挡和防洪墙等硬结构设施或利用沙丘和植被等软结构以保护土地不被海水淹没，使现有的土地可以继续使用。这种防护措施主要是保护人口稠密和社会经济发达的城镇和地区。防护措施包括建造坚硬建筑物和建造软性建筑物。其中，建造坚硬建筑物方面主要是指加高加固海堤和修筑防浪堤，其投资高，后期难以更改，使海滩面积减少，并且常会对下游的海岸侵蚀产生不利影响。软性建筑物主要是人工沙丘、植被和人工海滩等。现在已知最好的海岸防护措施是使海岸尽可能恢复原来的自然状态，使海岸带的自然持续过程不受人为妨碍。

根据我国海岸线漫长、三角洲和滨海平原分布较广，沿海经济发达且人口密集、海洋灾害频繁等特点，我国大部分重要沿海地区均选择了防护的适应对策。目前，沿海的防潮设施建设已有良好的基础，只需进行加高、加固和部分地区新建即可达到标准，实施有效防护，若采取后退或顺应的适应对策将会带来许多难以解决的社会经济问题。目前主要的防护对策包括：加强沿海防潮工程的建设，提高防护堤坝的设计标准，兴建海岸防护工程；提高沿海重点经济区市政工程的设计标高；严格控制地面沉降，开辟新水源；加快深水港的建设，提高港口建设的防潮设计标准；加强沿海地区的海平面变化及其影响因素的监测；修订规划和有关环境建设标准，落实海岸带的管理和保护职责。

## 3. 可持续发展

海岸带是一种宝贵的资源，海岸带的可持续发展是整个国民经济及社会可持续发展不可缺少的重要组成部分。在界定海岸带可持续发展的概念时，既要遵循国际上公认的可持续发展的定义，又要体现海岸带自身的特点。海岸带可持续发展是指“依靠科技进步，在保护海岸带生态和环境质量不受损害的前提下，合理、有效地开发利用海岸带资源，使其成为既满足当代人的需求、又不对后代人的需求构成危害的发展。”（金建君等，2001）。这一概念跟布伦特兰委员会对可持续发展的定义一样，是一个外延广泛的“模糊”定义。海岸带可持续发展（coastal zone sustainable development，CZSD）是指在海岸带资源环境承载力容许的范围内，海岸带地区的环境、经济、社会的全面、协调与可持续发展，由于海岸带的特殊性，其内涵也具有独特的内容。根据海岸带可持续发展的定义，从可持续发展的内涵来分析海岸带可持续发展，主要有以下三方面的内涵：

1）海岸带自然资源的可持续利用

发展海岸带经济，开发利用海岸带资源是必由之路。必须在保证资源承载力的允许范围内，实现对海岸带资源的科学、合理和综合利用，以发挥其最大的经济效益，不但满足当代人的发展需求，而且为子孙后代的发展创造更好的发展条件，为后代人的发展谋福利。

2）海岸带生态环境的可持续利用

由于海岸带的生态环境系统具有动态性和脆弱性的特点，在开发利用海岸带资源发展海岸带经济的同时，要遵循生态经济学的基本规律和原则，合理利用海岸带环境容量和自净能力，加强环境监测、治理和保护，建立起与海岸带自然生态系统相协调的开发利用系统，培植海岸带系统的抗干扰能力，增加海岸带生态系统的稳定性。

3）海岸带环境、经济、社会的协调发展

海岸带社会经济的快速发展，工业化、城市化进程的加剧也会造成的海岸带区域环境恶化、近海污染源的扩展和海洋自净力的降低以及淡水资源、土地资源和渔业资源供应紧张。海岸带可持续发展的基本内涵也是在维护本代人、保护后代人的资源环境利益为基础的生态持续发展下，以经济持续发展为条件，带动整个人类社会的共同进步。

全球气候变暖所导致的全球海平面上升，将对全球海岸带地区的生态安全和社会经济可持续发展造成巨大的威胁，厄尔尼诺和南方涛动等现象引起的一连串沿海地质环境灾害，已经对人类特别是海岸带地区的社会经济造成重大的损失，近年来在沿海国家发生的一系列海啸、地震、飓风、台风、风暴潮等严重的海洋环境灾害，都给人类带来了巨大的灾难，至今还让人们沉痛和惊骇。因此，人们对海岸带可持续发展问题更加重视。海岸带可持续发展作为全球变化与可持续发展研究的重要领域，必将受到有关专家学者的高度重视和深入研究（熊永柱，2007；2010）。

### 2.4.2 海洋灾害风险评估与管理

海洋灾害风险评估是对一定时期内海岸带风险区遭受不同强度海洋灾害的可能性及其可能造成的后果进行的定量化分析和评估，其内涵主要包括两个层次：一是对灾害风险区内的某种海洋灾害进行风险评估；二是对灾害风险区内一定时间段内可能发生的各种海洋灾害之和，即综合灾害进行评估。海洋灾害风险管理是研究海洋灾害发生的规律和风险控制技术的一门管理科学，通过风险识别、风险评估、风险预测，并在此基础上优化组合各种风险管理技术，对海洋灾害风险实施有效的控制和妥善处理风险所致损失后果，期望达到以最少的成本获得最大安全保障的目标（李响等，2015）。

海洋灾害风险评估主要结合了国内外先进的研究成果，依靠现代的“3S”（GIS、RS、GPS）技术手段和计算机网络技术、灾害模拟评估技术、灾害风险预警与评估技术等多学科交叉和综合手段，在全面调查研究我国海洋灾害区域成灾、发生分布规律的基础上，建立海洋灾害风险评估的指标体系、各种参评因子的标准、风险度的分级标准，研究海洋灾害的危险性分析、损失评估与预测、海洋灾害脆弱性分析、减灾能力分析、风险估算预评估及减灾决策的定量综合研究方法和手段，编制海洋灾害风险区划图集，提出我国及分区域的海洋灾害风险综合管理对策体系，建立以 GIS 为基础的海洋灾害风险评估基础数据库。

针对主要海洋灾害研究、控制和管理的薄弱环节，重点工作是海洋灾害风险评估指标体系、评估方法与模型的建立，基于风险评估的应急管理预案的制定和应急反应体系机器辅助决策支持系统的构建，主要包括：①主要海洋灾害成灾机制及时空分布格局研究；②海洋灾害实时监测与快速预警技术研究；③海洋灾害损失评估、影响评估的方法与技术研究；④海洋灾害风险评估基本程式与方法研究。

海洋灾害风险管理主要有两种手段：工程手段和非工程手段。工程手段是在海洋灾害发生前通过各种工程措施，如筑堤、建坝等，对海洋灾害进行防御，增强承灾体的抗灾能力，减少一般海洋灾害发生造成的损失，将损失的严重后果减少到最低程度；非工程手段是通过对人们进行风险教育、制定风险管理对策、经济手段、灾害保险等手段来降低管理风险。在实际进行风险管理时常常要将两种手段结合起来，才会达到风险管理的最佳效果。对于海洋灾害风险管理，以下几点是十分重要的：①提升海洋灾害预警报能力；②开展海洋灾害重点防御区的划定工作；③推进沿海警戒潮位的核定。

通过海洋灾害的风险评估和管理，完善海洋灾害预警应急体系与应急响应机制，可对我国主要海洋灾害及其部分衍生灾害进行更为有效的监测、预警报，对生态环境变化进行动态监测，更好地开发利用海洋资源，变害为利，减轻海洋灾害的损失，增强我国应对气候变化的能力，促进区域社会经济的可持续发展。

## 参 考 文 献

白珊, 刘钦政, 吴辉碇, 等. 2001. 渤海、北黄海海冰与气候变化的关系. 海洋学报, 23(5): 33-41.
陈长霖, 左军成, 杜凌, 等. 2012. IPCC 气候情景下全球海平面长期趋势变化. 海洋学报, 34(1): 29-38.
杜凌. 2005. 全球海平面变化规律及中国海特定海域潮波研究. 青岛: 中国海洋大学博士学位论文.
段晓峰, 许学工. 2008. 海平面上升的风险评估研究进展与展望. 海洋湖沼通报, (4): 116-122.
高志刚. 2008. 平均海平面上升对东中国海潮汐、风暴潮影响的数值模拟研究. 青岛: 中国海洋大学博士学位论文.
姜彤, 李修仓, 巢清尘, 等. 2014. 气候变化 2014: 影响、适应和脆弱性的主要结论和新认知. 气候变化研究进展, 10(3): 157-166.
金建君, 巩彩兰, 恽才兴. 2001. 海岸带可持续发展及其指标体系研究——以辽宁省海岸带部分城市为例. 海洋通报, 1(1): 61-66.

雷小途, 徐明, 任福民. 2009. 全球变暖对台风活动影响的研究进展. 气象学报, 67(5): 679-688.

李杰, 杜凌, 张守文, 等. 2014. A1B 气候情景下海平面变化对东中国海风暴潮的影响. 海洋预报, 31(5): 20-29.

李响. 2015. 中国沿海地区海平面上升风险评估与管理. 北京: 海洋出版社.

刘钦政, 黄嘉佑, 白珊, 等. 2004. 渤海冬季海冰气候变异的成因分析. 海洋学报, 26(2): 11-19.

刘煜, 刘钦政, 隋俊鹏, 等. 2013. 渤、黄海冬季海冰对大气环流及气候变化的响应. 海洋学报, 35(3): 18-27.

石永芳, 杨永增, 尹训强. 2012. 基于实测数据的全球波候研究. 海岸工程, 31(4): 1-8.

唐述林, 秦大河, 任贾文, 等. 2006. 极地海冰的研究及其在气候变化中的作用. 冰川冻土, 28(1): 91-100.

王国栋, 康建成, G. Han, 等. 2011. 中国东海海平面变化多尺度周期分析与预测. 地球科学进展, 26(6): 678-684.

王康发生. 2010. 海平面上升背景下中国沿海台风风暴潮脆弱性评估, 上海: 上海师范大学硕士学位论文.

王宁, 张利权, 袁琳, 等. 2012. 气候变化影响下海岸带脆弱性评估研究进展. 生态学报, 32(7): 2248-2258.

王颖. 1996. 中国海洋地理. 北京: 科学出版社.

吴涛, 康建成, 王芳, 等. 2006. 全球海平面变化研究新进展. 地球科学进展, 21(7): 730-737.

解思梅, 魏立新, 郝春江, 等. 2003. 南极海冰和陆架冰的变化特征. 海洋学报, 25(3): 32-46.

熊永柱. 2007. 海岸带可持续发展评价模型及其应用研究. 广州: 中国科学院广州地球化学研究所博士学位论文.

熊永柱. 2010. 海岸带可持续发展研究评述. 海洋地质动态, 26(2): 13-18.

杨桂山. 2000. 中国沿海风暴潮灾害的历史变化及未来趋向. 自然灾害学报, 9(3): 23-30.

叶琳, 于福江. 2002. 我国风暴潮灾的长期变化与预测. 海洋预报, 19(1): 89-96.

於琍, 许红梅, 尹红, 等. 2014. 气候变化对陆地生态系统和海岸带地区的影响解读. 气候变化研究进展, 10(3): 179-184.

袁林旺, 谢志仁, 俞肇元. 2008. 基于 SSA 和 MGF 的海面变化长期预测及对比. 地理研究, 27(2): 305-313.

张吉, 左军成, 李娟, 等. 2014. RCP4.5 情景下预测 21 世纪南海海平面变化. 海洋学报, 36(11): 21-29.

张婕. 2010. 风—浪要素的全球分布特征研究. 青岛: 中国科学院海洋研究所硕士学位论文.

郑冬梅, 王志斌, 张书颖, 等. 2015. 渤海海冰的年际和年代际变化特征与机理. 海洋学报, 37(6): 12-20.

朱晓东, 李杨帆, 桂峰. 2001. 我国海岸带灾害成因分析及减灾对策. 自然灾害学报, 10(4): 26-29.

Bacon S, Carter D J T. 1991. Wave climate changes in the North Atlantic and North Sea. International Journal of Climatology, 11(5): 545-558.

Bindoff N L, Willebrand J, Artale V, et al. 2007. Observations: oceanic climate change and sea level. In: Solomon S, Qin D, Manning M, et al. Climate Change 2007: The Physical Science Basis. Contribution of Working Group I to the Fourth Assessment Report of the Intergovernmental Panel on Climate Change. Cambridge: Cambridge University Press.

Boldingh J, Petter L. 2008. Future wind, wave and storm surge climate in the Northern Seas: a revisit. Tellus A, 60(3): 427-438.

Burton I, Feenstra J F, Parry M L. 1998. UNEP handbook on methods for climate change impact assessment and adaptation studies, Version 2.1, United Nations Environment Programme and Institute for environmental studies. Amsterdam: Vrije Universiteit.

Cabanes C, Cazenave A, Provost C. 2001. Sea level rise during past 40 years determined from satellite and in situ observations. Science, 294(5543): 840-842.

Carter D J T, Draper L. 1988. Has the north-east Atlantic become rougher? Nature, 332(6164): 494-494.

Church J A, Roemmich D, Domingues C M, et al. 2010. Ocean Temperature and Salinity Contributions to Global and Regional Sea-Level Change. Understanding Sea-Level Rise and Variability: Wiley-Blackwell: 143-176.

Cox A T, Swail V R. 2001. A global wave hindcast over the period 1958-1997: Validation and climate assessment. Journal of Geophysical Research Oceans, 106(C2): 2313-2329.

Dodet G, Bertin X, Rui T. 2010. Wave climate variability in the North-East Atlantic Ocean over the last six decades. Ocean Modelling, 31(3-4): 120-131.

Emanuel K. 2005. Increasing destructiveness of tropical cyclones over the past 30 years. Nature, 436(7051): 686-688.

Field C B, Barros V R, Mastrandrea M D, et al. 2014. Summary for Policymakers , Climate Change 2014: Impacts, Adaptation, and Vulnerability. Cambridge, United Kingdom, New York: Cambridge University Press: 1-32.

Ganachaud A, Wunsch C, Marotzke J, et al. 2000. Meridional overturning and large-scale circulation of the Indian Ocean. Journal of Geophysical Research: Oceans, 105(C11): 26117-26134.

Gemmrich J, Thomas B, Bouchard R. 2011. Observational changes and trends in northeast Pacific wave records. Geophysical Research Letters, 38(22): 1133-1146.

Gower. 2002. Temperature, wind and wave climatologies, and trends from marine meteorological buoys in the Northeast Pacific. Journal of Climate, 15(24): 3709-3718.

Gulev S K, Lutz H. 1999. Changes of wind waves in the North Atlantic over the last 30 years. International Journal of Climatology, 19(10): 1091-1117.

Hayden B P. 1999. Climate change and extratropical storminess in the United States: an assessment. Journal of the American Water Resources Association, 35(6): 1387-1397.

Hemer M A, Wang X L, Church J A, et al. 2010. Modeling Proposal: coordinating global ocean wave climate projections. Bulletin of the American Meteorological Society, 91(4): 451-454.

IPCC. 2007. Climate Change 2007: Impacts, Adaptation, and Vulnerability. Cambridge: Cambridge University Press.

IPCC. 2013. Climate Change 2013: The Physical Science Basis. Cambridge: Cambridge University Press.

IPCC. 2014. Summary for policymakers. In: Field C B, Barros V R, Dokken D J, et al. Climate Change 2014: Impacts, Adaptation, and Vulnerability. Part A: Global and Sectoral Aspects. Contribution of Working Group II to the Fifth Assessment Report of the Intergovernmental Panel on Climate Change. Cambridge, United Kingdom, New York: Cambridge University Press: 1-32.

Khanduri A C, Morrow G C. 2003. Vulnerability of buildings to windstorms and insurance loss estimation. Journal of Wind Engineering & Industrial Aerodynamics, 91(4): 455-467.

Kirshen P, Knee K, Ruth M. 2008a. Climate change and coastal flooding in Metro Boston: impacts and adaptation strategies. Climatic Change, 90(4): 453-473.

Kirshen P, Watson C, Douglas E, et al. 2008b. Coastal flooding in the Northeastern United States due to climate change. Mitigation & Adaptation Strategies for Global Change, 13(5-6): 437-451.

Klein R J T, Nicholls R J. 1999. Assessment of coastal vulnerability to climate change. Ambio A Journal of the Human Environment, 28(2): 182-187.

Komar P D, Allan J C. 2008. Increasing hurricane-generated wave heights along the U.S. east coast and their climate controls. Journal of Coastal Research, 24(2): 479-488.

Leatherman S P, Yohe G W. 1996. Coastal impact and adaptation assessment. In: Benioff R, Guill S, Lee J. Vulnerability and Adaptation Assessments: An International Handbook, Version 1.1. Dordrecht: Kluwer Academic Publishers: 563-576.

Leckebusch G C, Ulbrich U. 2004. On the relationship between cyclones and extreme windstorm events over Europe under climate change. Global and Planetary Change, 44(1-4): 181-193.

Lowe J A, Gregory J M, Flather R A. 2001. Changes in the occurrence of storm surges around the United Kingdom under a future climate scenario using a dynamic storm surge model driven by the Hadley Centre climate models. Climate Dynamics, 18(3-4): 179-188.

Lowe J A, Gregory J M. 2005. The effects of climate change on storm surges around the United Kingdom.

Royal Society of London Philosophical Transactions, 363(1831): 1313-1328.

Mavroulidou M, Hughes S J, Hellawell E E. 2004. A qualitative tool combining an interaction matrix and a GIS to map vulnerability to traffic induced air pollution. Journal of Environmental Management, 70(4): 283-289.

McManus J F, Francois R, Gherardi J M, et al. 2004. Collapse and rapid resumption of Atlantic meridional circulation linked to deglacial climate changes. Nature, 428(6985): 834-837.

Nicholls R J. 1995. Coastal megacities and climate change. Geojournal, 37(3): 369-379.

Pittia P, Gambi A, Lerici C R, et al. 1997. Using coastal models to estimate effects of sea level rise. Ocean & Coastal Management, 37(97): 85-94.

Rauthe M, Hense A, Paeth H. 2004. A model intercomparison study of climate change-signals in extratropical circulation. International Journal of Climatology, 24(5): 643-662.

Ruggiero P, Buijsman M, Kaminsky G M, et al. 2010. Modeling the effects of wave climate and sediment supply variability on large-scale shoreline change. Marine Geology, 273(1-4): 127-140.

Scavia D, Field J C, Boesch D F, et al. 2002. Climate change impacts on US Coastal and Marine Ecosystems. Estuaries and Coasts, 25(2): 149-164.

Wang X L, Zwiers F W, Swail V R. 2004. North Atlantic Ocean Wave Climate change scenarios for the twenty-first century. Journal of Climate, 17(12): 2368-2383.

Ward M N, Hoskins B J. 1996. Near-Surface Wind over the Global Ocean 1949-1988. Journal of Climate, 9(8): 1877-1895.

Webster P J, Holland G J, Curry J A, et al. 2005. Changes in tropical cyclone number, duration, and intensity in a warming environment. Science, 309(5742): 1844-1846.

Weisse R, Storch H V, Feser F. 2005. Northeast Atlantic and North Sea storminess as simulated by a regional climate model during 1958-2001 and comparison with observations. Journal of Climate, 18(3): 465-479.

Woth K, Weisse R, von Storch H. 2006. Climate change and North Sea storm surge extremes: an ensemble study of storm surge extremes expected in a changed climate projected by four different regional climate models. Ocean Dynamics, 56(1): 3-15.

Young I, Zieger S, Babanin A. 2011. Global trends in wind speed and wave height. Science, 332(6028): 451-455.

# 第3章 气候变化对中国海冰的影响与风险评估

## 3.1 引 言

渤海和黄海北部（山东半岛的成山角至朝鲜半岛的长山一线以北的黄海海域）是我国边缘海中唯一的结冰海域，也是全球纬度最低的结冰海域之一。渤海位于北半球中纬度地区（37°07′N～41°0′N；117°35′E～121°10′E），环抱于山东、河北、天津和辽宁之间，为近封闭的内海。渤海南北长560km，东西宽300km，海区面积约78 000km$^2$，平均水深18m，最大水深78m。黄海北部是指老铁山水道以东、鸭绿江口以西的辽东半岛近岸海域。

冬季我国受亚洲大陆高压控制，盛行偏北风。寒潮或强冷空气入侵时，伴随大风、降雪和急剧的降温过程，渤海和黄海北部近岸海域开始结冰。特别当强寒潮爆发和持续时，海冰覆盖面积迅速扩大，冰厚增加。翌年春季，海冰逐渐融化，直至消失。海冰的冻结、融化、增长和减弱都与当年冬季气候特征密切相关。海洋和大气相互作用的物理过程对渤海和黄海北部的冰情演变具有重要的作用（乔方利，2012）。

如第一章所述，每年初冬，海冰最早出现的日期称为初冰日；翌年初春，海冰最终消失的日期称为终冰日，二者之间的时段称为结冰期或简称为冰期。渤海和黄海北部的冰期为三四个月，具体与其所处纬度相关，其中以辽东湾冰期最长，黄海北部和渤海湾次之，莱州湾冰期最短。考虑到海冰与海上生产和航运的关系，冰期被划分为3个阶段，即初冰期、盛冰期和终冰期。每年11月中旬至12月上旬，渤海和黄海北部的海水冻结是从沿岸浅水海域开始，逐渐向深海扩展；翌年2月下旬至3月中旬，海冰自深海向近岸海域逐渐收缩。盛冰期时，渤海和黄海北部沿岸固定冰的宽度多为0.2～2km，个别河口和浅滩区可达5～10km。海中覆盖的冰多为浮冰，在风、海流和海浪的共同作用下漂移，并在运动过程中形变、破碎和堆积，冰间有时出现开阔水域（即水道）。除辽东湾外，渤海和黄海北部流冰外缘线大致沿10～15m等水深线分布。各海区浮冰覆盖范围随各年冰情的轻重差别很大。

渤海也是我国重要的经济区。环渤海地区包括北京、天津两个直辖市和河北、辽宁、山东3个省，土地总面积52.20万km$^2$。2010年，区域总人口2.44亿人，地区生产总值101 359.5亿元，以5.49%的土地集聚了全国18.21%的人口和25.26%的GDP（刘玉等，2012），其中海洋经济占据了重要比例。渤海地处暖温带，水质肥沃，历来是多种经济鱼虾的产卵场和肥育场，有海洋动物和植物共约170种以上。根据《中国海洋统计年鉴》数据，渤海区域2006年和2010年海水养殖面积分别为101万km$^2$和139万km$^2$。渤海

---

本章编写者：祖子清，唐茂宁，张蕴斐，刘煜

石油的探明储量为 2.29 亿 t，储油面积 93.6km$^2$，占近海储油面积的 49.4%，可采储量 0.37 亿 t，占近海可采储量的 33.3%；天然气探明储量为 154 亿 km$^3$，占近海天然气探明储量的 14.2%，储气面积为 21.2km$^2$，占近海储气面积的 25.7%，可采储量 95.2 亿 t，占近海可采储量的 13.6%。自 20 世纪 60 年代以来，逐步形成了胜利、辽河、华北、大港和渤海等海上五大油田。2010 年，渤海地区海洋原油产量超过 3100 万 t，占全国海洋原油产量的 67%。环渤海共有适宜建港的港湾 42 个，其中辽宁 20 个、河北 3 个、天津 1 个、山东 18 个，占全国适宜建港海湾总数的 36%。目前该区域内存在天津港、大连港、秦皇岛港、营口港、日照港和烟台港等。2011 年，环渤海地区港口货物吞吐量超过亿吨（刘玉新等，2013）。

海冰对海产养殖及捕捞、海上石油勘探及开采和海上运输均存在不同程度的影响。具体而言，我国结冰海区的海冰灾害大致可以归结为以下四类：

（1）海冰封锁港口、航道，使港口不能正常作业造成经济损失，若采用破冰船进行破冰引航需额外花费大量费用。

（2）破坏海洋工程建筑物和各种海上设施，轻则影响海洋油气开采等海洋工程作业，造成经济损失，重则推倒海上石油平台、破坏航道设施造成重大灾难性事故等。

（3）阻碍船只航行，破坏螺旋桨或船体，致使船舶丧失航行能力；撞击、挤压损毁船只，使锚泊的船只走锚、航行船只偏离航线，造成搁浅、触礁等灾难性事故。

（4）使渔业休渔期过长和破坏海水养殖设施、场地等，造成经济损失等。

海冰是气候系统中的重要成员，对全球气候具有调制作用，其自身也受到气候变化的显著影响。渤海和黄海北部的海冰受到西伯利亚高压（唐茂宁等，2015）、太平洋副热带高压（李春花等，2009）和太阳周期变化（唐茂宁等，2012）等多种气候因素的影响，呈现了多时间尺度的变化特征（李剑等，2005）。在全球变暖的背景下，渤海和黄海北部冬季的气温也呈现出明显的变暖趋势。在 1951～2010 年内，后 30 年较前 30 年气温升高了 1.6℃。受其影响，渤海和黄海北部海冰的冰情等级平均下降了 0.6 级（刘煜等，2013）。然而在全球气候增暖的背景下，其他海冰指标（如初冰日、终冰日、总冰期和结冰范围等）的变化趋势至今仍不清楚。政府间气候变化专门委员会（IPCC）第五次评估报告指出，相对于 1850～1900 年，在多数温室气体排放情景下，21 世纪末全球表面温度增温可能超过 1.5℃（IPCC，2013），渤海和黄海北部的海冰很可能会受到显著的影响。但是对于未来渤海和黄海北部海冰的变化特征，至今还鲜有相关的研究（祖子清等，2016）。

鉴于海冰对航运、海上油气勘探和生产以及水产养殖等的重要影响，以及在气候变化中的重要作用，本章将系统研究海冰的历史演变规律，并预估其未来变化趋势。

## 3.2 方法与数据

### 3.2.1 海冰历史资料收集整理及融合重构

#### 1. 气象数据的重构

由于观测资料种类繁多，并且各种资料的时间段及长度不尽相同，融合整理后的历史海冰资料时间不连续，缺失比较严重。因此，需要借助数值模式来进行缺失填补处理。本章基于长时间序列的大气资料和海洋资料，利用 WRF 模式进行动力降尺度，以获得高分辨率的大气强迫场，然后驱动海冰-海洋耦合模式，进行历史海冰回报试验，弥补历史冰情资料残缺部分，从而建立 1950 年 11 月至 2009 年 3 月共 59 年的中国海冰逐年的历史序列。

具体流程是：利用美国 NCAR/NCEP 等多家研究机构和大学共同研发的新一代中尺度数值天气预报模式 WRF（Weather Research Forecast）作为气象场重建的动力模型，建立其双重嵌套网格，使用高效的格点和观测 Nudging 同化方案，同化多种观测资料。同时，运用高性能大型计算机上的并行计算技术，进行中国海海面高分辨率气象场数据同化运算，以重构过去 59 年（1950 年 11 月至 2009 年 3 月）海面气象场数据。其中，WRF 模式设置采用 LAMBERT 投影、$\eta$ 地形追随坐标、Arakawa C 交错网格、3 阶 Runge-Kutta 时间积分方案、6 阶水平和垂直平流选项等。模拟区域为中国近海和西北太平洋（图 3-1）。最外区域（图 3-1 的全部区域）的水平分辨率为 60km，嵌套区域（图 3-1 的“d02”区域）为 20km，垂直方向分为 35 层（“$\sigma$”坐标）。模式选用的主要物理过程参数化方案为：Ferrier（new Eta）微物理过程、RRTM 长波辐射、Dudhia 短波辐射、YSU 边界层、Noah 陆面模式、Kain-Fritsch（new Eta）积云参数化方案。模式积分时间为 48 小时，积分时间步长为 180 秒。模式 spin up 时间设为 24 小时，因此，每次积分只保留 24～48 小时之间的数据。

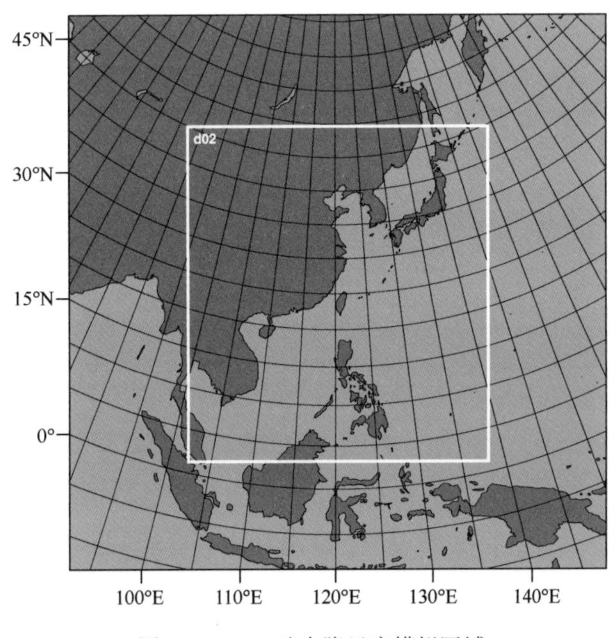


图 3-1　WRF 动力降尺度模拟区域

模式背景场采用的是 NCEP 全球海-气耦合气候预测系统的 CFSR 再分析资料。该数据水平分辨率为 0.5°，来源于全球大气谱模式 GFS-T382 的同化结果。GFS-T382 模式的水平分辨率为 38km，垂直方向采用 $\sigma$-$P$ 混合坐标，共 64 层。模式包含格点统计插值

（GSI）同化模块，同化的资料包括全球探空观测和地面观测资料、一些特殊观测计划获取的资料（如 AMMA、ACARS、PAOBS 等）和卫星遥感资料（SSM/I 海面风速，SCAT 海面风，TOVS、ATOVS、GOES、MSU、AQUA 等辐射资料，CHAMP/COSMIC GPS 资料等）。

WRF 模式历史数据重构试验中的客观分析使用的是 OBSGIRD 模块。其中采用了 Cressman 插值方法，使用 GTS 站点观测数据信息，以改进初始场的格点分析；采用了格点 Nudging 四维同化方法，同化和融合了各种常规和非常规观测资料。例如，地面站点气象观测和陆地测站雷达资料，船舶、浮标、海洋站、石油平台等常规气象和海洋要素观测、卫星遥感反演的海面风场数据，探空测站的常规探空和测风报、飞机报、卫星测厚报以及卫星探测的大气高空资料等。

## 2. 历史海冰数据的重构

对于历史海冰数据的重构，本节使用了国家海洋环境预报中心研发的多类冰-海洋耦合模式。该耦合模式中，海洋模式为三维 POM（Princeton Ocean Model），海冰为海冰热力-动力模式。该耦合模式经过多年业务化运行与改进，对渤海和黄海北部海冰模拟与预报均具有较高的能力。Liu 等（2011）也利用该模式开展了 13 年（1997～2009 年）的连续回报试验，结果显示，该模式对于黄海、渤海的海冰具有较高的预报能力。在本研究中，模式的设置与 Liu 等（2011）相同。模式的研究区域为[117.5°E，127°E]×[37°N，41°N]（图 3-2 中“R1+R2”），海冰模式和海洋模式的水平分辨率均为 2′×2′（3.7km×2.8km），因此，计算格点为 286×121。海洋模式的积分时间步长外模为 20 秒，内模为 600 秒；海冰模式的积分时间步长为 600 秒。海冰模式与海洋模式同步耦合。耦合模式读入逐小时的气象强迫场，并线性插值为 600 秒间隔。海冰模式每隔 600 秒计算一次海面热通量，并传递给海洋模式。海冰和海洋模式每隔 600 秒分别计算应力项。海冰模式向海洋模式传递冰密集度和冰速，用于计算海洋模式的上表面热通量和应力；海洋模式向海冰模式传递第一层的海温和流速，用于计算海冰模式的海面热通量各项和冰-水界面的应力。

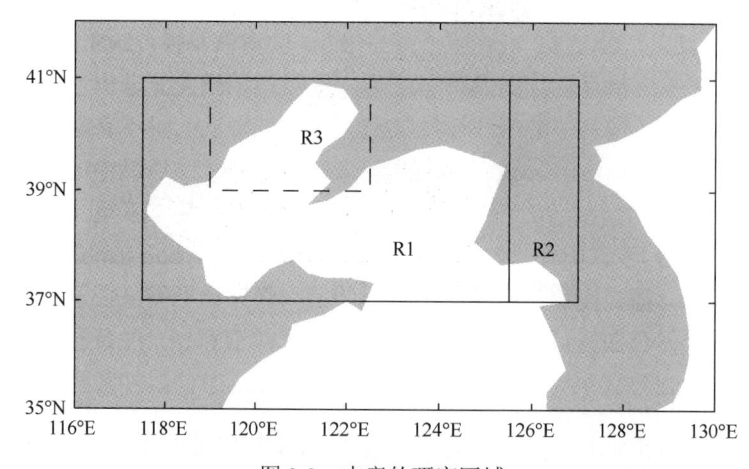


图 3-2 本章的研究区域

R1+R2 为模式积分区域；R1 为渤海和黄海北部；R3 为辽东湾

使用上述重构的历史大气强迫场数据，驱动海冰-海洋耦合模式，重构了 1950 年 11 月 1 日至 2009 年 3 月 31 日的历史海冰数据，该数据的变量包含逐日冰类型、冰厚、冰密集度等要素；然后对模拟的海冰要素进行综合处理，建立海冰边缘线、密集度、厚度、覆盖范围等资料；再利用 GIS 技术，进行渤海分区时空统计，最终重建了过去 59 年（1950 年 11 月至 2009 年 3 月）我国渤海和黄海北部海冰历史资料序列。

### 3.2.2　未来海冰情景预估

限于数据存储能力及变量完备性等问题，本章未将 CMIP5 未来情景预估数据进行动力降尺度，然后驱动海冰-海洋模式进行海冰的未来情景预估。本节仅诊断了 CMIP5 数据中 2m 气温的增量（2m 气温与海冰的关系见 3.4.1 节的论述），然后将其叠加在 1978～2008 年的高分辨率气象场，驱动海冰-海洋模式进行未来情景（RCP2.6、RCP4.5、RCP6.0 和 RCP8.5）的预估。

对于历史情形，本小节对 NCEP-Reanalysis 2 进行了动力降尺度，获得了 1978～2008 年中国海高分辨率气象场数据，其中动力降尺度使用了 MM5 模式，该模式曾被广泛地用于动力降尺度研究，并显示了良好的性能（李艳等，2009；彭世球等，2012；Jang and Kawas，2015）。重构的气象场数据包含向下短波辐射、向下长波辐射、2m 处气温和湿度、10m 高度风速、海平面气压和表面气压等变量。利用该气象数据强迫上述多类冰-海洋耦合模式，进行回报试验，获得了 1978～2008 年逐日冰类型、冰厚和冰密集度等数据。

对于未来情景下的气候预估，本章使用了 CMIP5 多个模式的预估数据。模式名称如表 3-3 所示，模式设置及其他相关信息请参考相关网站（http：//www-pcmdi.llnl.gov）。CMIP5 的预估情景包含不同的典型浓度路径（RCP）：RCP2.6、RCP4.5、RCP6.0 和 RCP8.5，分别对应在 2100 年达到的辐射强迫约为 2.6W/m$^2$、4.5W/m$^2$、6.0W/m$^2$ 和 8.5W/m$^2$，反映了未来温室气体排放的不同水平。渤海和黄海北部的海冰与其上的 2m 气温显示了较好的相关关系（见 3.4.1 节的论述），因此，对 CMIP5 数据集中每个模式每个情景的数据，本章逐一提取了渤海和黄海北部范围内（[117.5°E，125.5°E]×[37°N，41°N]，图 3-2 中的 R1）2m 气温的时间序列（2006～2045 年），然后计算相对于 2006～2014 年，2015～2045 年 2m 气温的平均增量（表 3-3）。该温度增量被近似作为 2015～2045 年相对于 1978～2008 年的 2m 气温增量，叠加在上述历史高分辨率气象强迫场上，以驱动海冰-

**表 3-1　渤海及黄海北部海冰冰情等级划分标准**

| 等级 | 结冰范围/n mile | | | |
|---|---|---|---|---|
| | 辽东湾 | 渤海湾 | 莱州湾 | 黄海北部 |
| 1 级 | <50 | <10 | <5 | <10 |
| 2 级 | 51～60 | 11～15 | 6～10 | 11～15 |
| 3 级 | 61～80 | 16～25 | 11～20 | 16～25 |
| 4 级 | 81～100 | 26～35 | 21～30 | 26～30 |
| 5 级 | >100 | >35 | >30 | >30 |

海洋耦合模式，获得各模式各情景的海冰预估数据（图 3-3）。需要说明的是，将 CMIP5 数据中 2015～2045 年 2m 气温相对于 2006～2014 年的增量，近似作为相对于历史情形数据（1978～2008 年）的增量，其中必然引入误差。然而该误差显著的小于直接计算 CMIP5 数据中 2015～2045 年相对于历史情形 2m 气温增量所引入的误差，因为后者引入了模式误差（祖子清等，2016）。

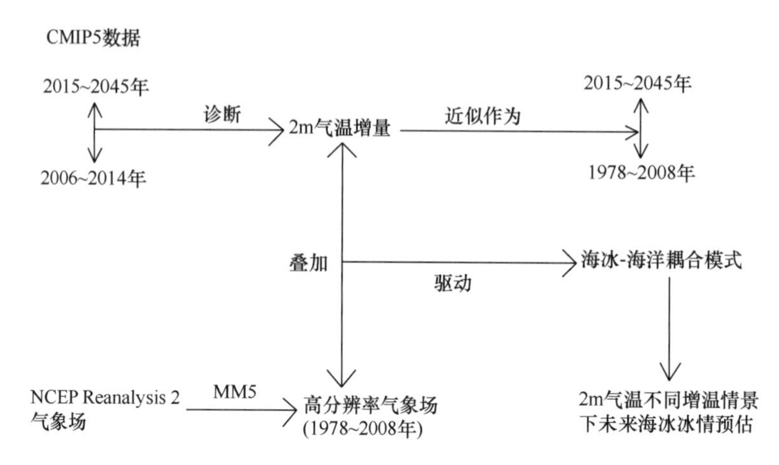


图 3-3 未来海冰预估的流程图

### 3.2.3 海冰冰情指标

渤海及黄海北部每年秋末冬初开始结冰，翌年春天融化，冰期三四个月。总体而言，海冰主要分布于辽东湾、渤海湾、莱州湾及黄海北部 4 个海域。其中以辽东湾的海冰厚度和海冰密集度最大，渤海湾和黄海北部次之，莱州湾最弱。冬季渤海及黄海北部海冰首先在岸边生成，然后大致沿垂直于等深线方向发展。辽东湾的初冰日最早，终冰日最晚，所以辽东湾的总冰期与整个渤海和黄海北部的总冰期基本相同。

受自然地理位置和气候条件影响，不同海区、不同年份冰情差别比较显著。本节根据中国《海冰冰情等级标准》（国标草案，国家海洋局送审稿），依据各海域结冰的范围，将辽东湾、渤海湾、莱州湾和黄海北部的海冰分为 5 个等级（表 3-1），即：1 级（轻冰年）、2 级（偏轻冰年）、3 级（常冰年）、4 级（偏重冰年）、5 级（重冰年）。结冰范围定义为从某个海湾湾底沿湾中轴线到冰外缘线的距离，单位为海里（n mile）。

本节也用到了初冰日、终冰日和总冰期等术语，其定义为：每年初冬海冰最早出现的日期称为初冰日，翌年初春海冰最终消失的日期称为终冰日，其间称为结冰期或简称为冰期。同时，本节也用到了另外 4 个变量作为衡量海冰变化的指标：①结冰面积（ice area，单位：$km^2$），即模式模拟结果中，结冰格点以面积为权重进行加权平均；②结冰范围（ice extent，单位：n mile），即从某个海湾湾底沿海湾中轴线到海冰外缘线的距离；③持续天数（lasting days，单位：天），即从前年 11 月至翌年 3 月，某海湾内存在海冰的天数；④无冰年数（years without ice），即在研究时段内，没有海冰生成的年数。

本节也计算了历史和未来情景下，受海冰影响，各海湾的危险性。计算方法为将不同等级海冰出现的频次进行加权求和，然后再进行归一化处理。其中权重如表 3-2 所示，为各等级海冰结冰范围的中位数。

表 3-2　计算海冰危险性时不同冰情等级海冰的权重

| 海区 | 1 级 | 2 级 | 3 级 | 4 级 | 5 级 |
|---|---|---|---|---|---|
| 辽东湾 | 25 | 55 | 70 | 90 | 120 |
| 渤海湾 | 5 | 12.5 | 20 | 30 | 40 |
| 莱州湾 | 2.5 | 7.5 | 15 | 25 | 35 |
| 黄海北部 | 5 | 12.5 | 20 | 27.5 | 32.5 |

# 3.3　过去 50 年中国近海海冰灾情概况

本节采用数值模拟、数理统计分析相结合的方法，重建了过去 59 年（1950 年 11 月至 2009 年 3 月）渤海和黄海北部海冰的历史资料序列，并分析了海冰的气候态、逐年变化及长期趋势。

## 3.3.1　海冰的气候态特征

图 3-4 为重构的海冰数据的气候态分布特征。从多年平均的结果来看，辽东湾的海冰最为严重，其次为渤海湾和黄海北部，莱州湾最轻。一般而言，纬度越高的海域海冰灾害越重，而相较于渤海湾，黄海北部纬度更高，但是海冰更少。这说明，影响两个海

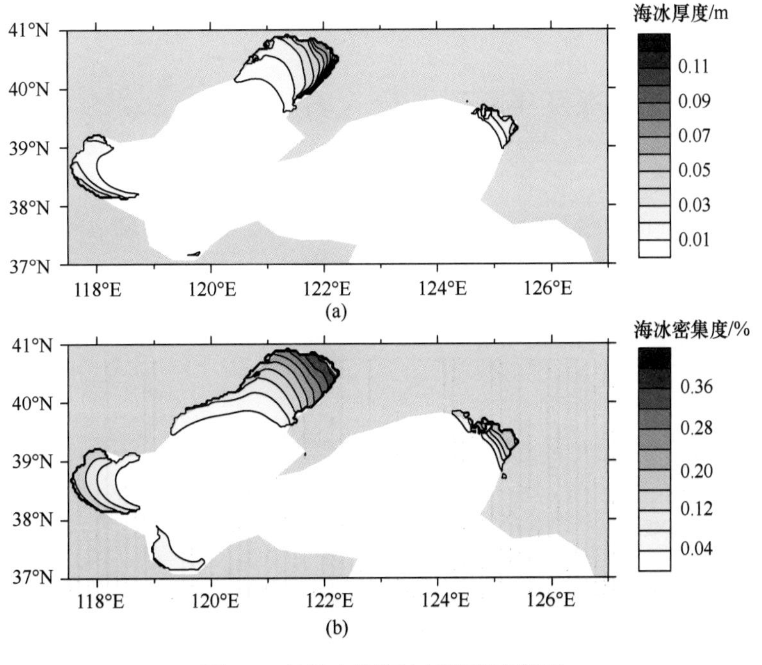


图 3-4　气候态的海冰厚度和密集度

（a）厚度；（b）密集度

湾的大气和海洋系统存在细致的结构差别。另外，渤海和黄海北部的海冰每年从湾底开始发展，然后垂直于等深线逐渐向外扩展，因此，越靠近湾底，海冰的厚度越厚，密集度越高，向外逐渐减弱。

平均而言，渤海和黄海北部海冰形成于 12 月初，之后逐渐生长，至 1 月中下旬达到峰值。此时多年平均的海冰厚度最大值可以达到 0.4m，而密集度可以接近 1。海冰的峰值可以持续到 2 月上旬，之后逐渐减弱，至 3 月下旬完全融化（图 3-5）。

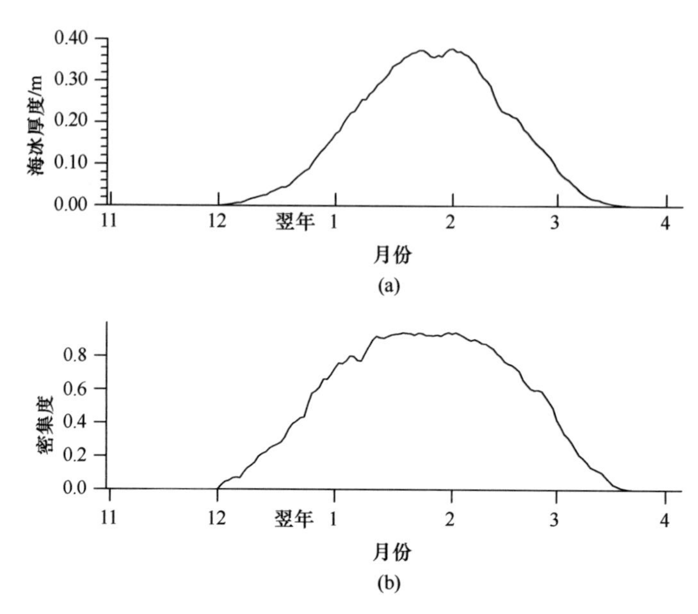


图 3-5 气候态的海冰厚度和密集度在一年之内的变化

（a）厚度；（b）密集度

### 3.3.2 海冰的冰情等级及年际变化

辽东湾、渤海湾、莱州湾和黄海北部海冰逐年的冰情等级如图 3-6～图 3-9 所示。总体而言，4 个海湾的海冰冰情等级呈现逐渐减弱的趋势，并伴随有较强的年际和年代际尺度的振荡。对辽东湾而言，20 世纪 70 年代之前海冰冰情等级较高，海冰灾害较为严重，之后逐渐减弱。使用最小二乘法拟合的趋势显示其斜率为–0.043，即冰情等级平

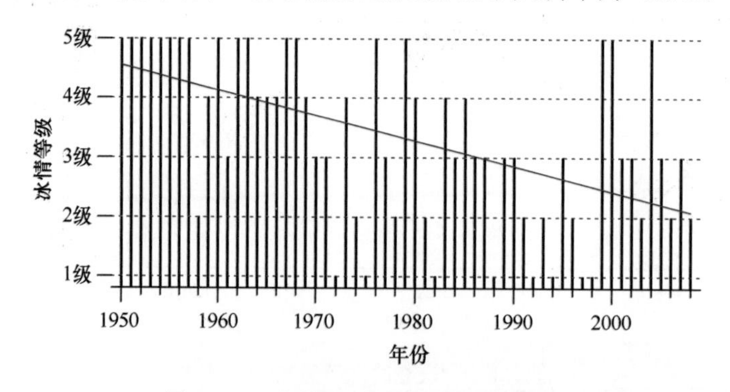


图 3-6 辽东湾逐年的冰情等级及趋势

均每年降低 0.043 个等级，在 59 年内共降低了 2.54 个等级。另外，辽东湾的冰情等级也呈现了年代际尺度的变化。1950～1957 年，冰情等级较高，之后降低；60 年代中期较高，1970 年前后较低，1980 年前后较高，1990 年前后较低，2000 年后较高。这些振荡可能是某些年代际尺度振荡的外因（如 PDO、AMO 等）调制的结果，具体关系需要进一步研究。

渤海湾的冰情等级也呈现了总体下降的趋势（图 3-7）。20 世纪 90 年代之前海冰冰情等级较高，之后迅速减弱，冰情等级多为 1 级。最小二乘拟合的平均下降趋势为每年降低 0.042，即 59 年内累计降低了 2.48 个等级，与辽东湾相近。渤海湾的冰情等级也呈现了年代际振荡的现象，1955 年前后较高，1960 年前后较低，之后升高，1970 年之后较低，1980 年之后较高，1990 之后较低，1995 年之后升高，2000 年之后较低。

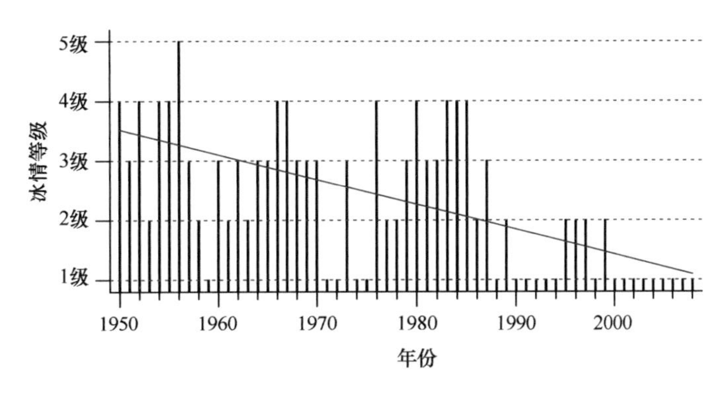


图 3-7 渤海湾逐年的冰情等级及趋势

莱州湾的纬度最低，海冰在 4 个海湾中最少。在气候变暖的背景下，莱州湾海冰的衰减速率也最强（图 3-8），平均每年降低 0.068 个等级，59 年共降低了 4.01 个等级。莱州湾 1985 年之前较强，之后多年维持在 1 级。莱州湾的冰情等级也呈现了年代际振荡的现象，但是在 1985 年之后，海冰持续偏弱，“掩盖”了年代际振荡的信号。

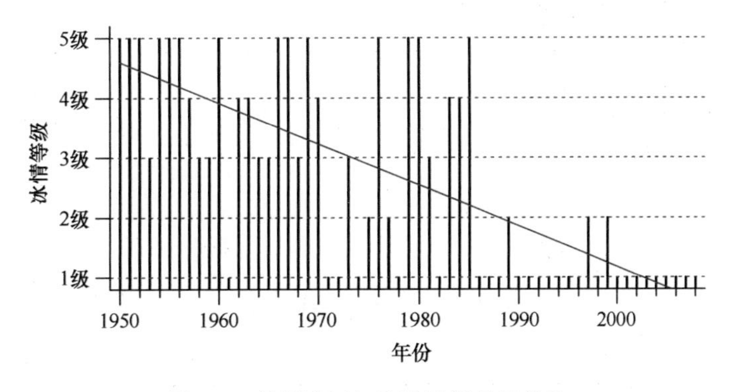


图 3-8 莱州湾逐年的冰情等级及趋势

对黄海北部海域而言（图 3-9），冰情等级与辽东湾和渤海湾的情形类似，呈现了显著的减弱趋势。减弱趋势的斜率为–0.044，即 59 年间累计降低 2.60 个等级。另外，在年代际尺度上，黄海北部的冰情等级也呈现了振荡的现象，即 1950～1956 年较强，1957～

1961 年较弱，1962～1969 年较强，1970～1979 年较弱，1980～1990 年较强。

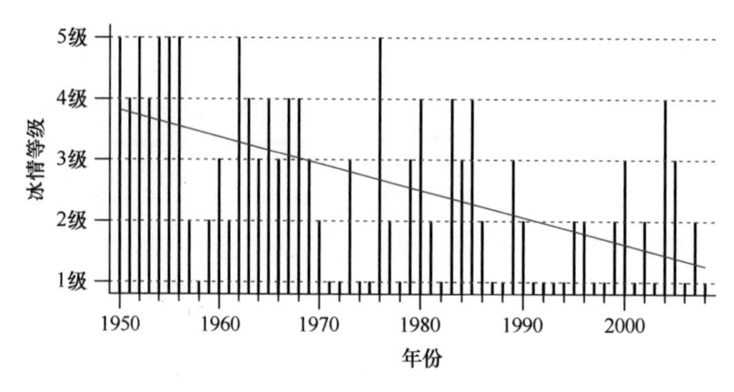


图 3-9　黄海北部逐年的冰情等级及趋势

4 个海湾的海冰冰情均呈现了年代际尺度的变化，这可能是某些年代际尺度振荡信号的调制作用导致的。另外，不同的海湾年代际尺度振荡的位相并不完全相同，这说明，大尺度年代际振荡在调制 4 个海湾的海冰时，可能通过不同的机制产生影响，即调制的途径在空间上具有细致的结构。具体的调制机制有待于进一步研究。

### 3.3.3　初冰日、终冰日和总冰期的变化

图 3-10 显示了逐年的渤海及黄海北部海冰的初冰日、终冰日及总冰期。该海域的初冰日大概在 12 月初至翌年 1 月上旬之间，变化的幅度可达 40 天左右。终冰日大概在 2 月下旬至 3 月中旬，变化的范围也在 40 天左右。总冰期为初冰日至终冰日之间的天数，

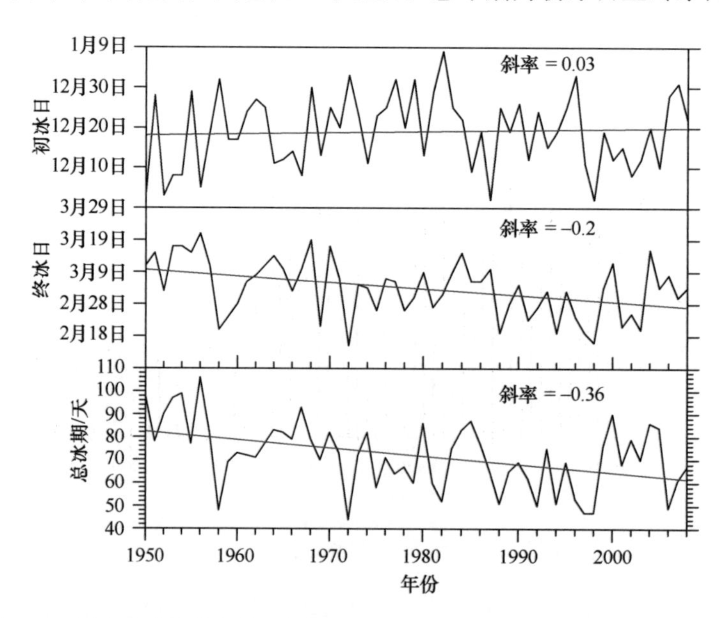


图 3-10　渤海及黄海北部的逐年初冰日、终冰日、总冰期及其多年变化趋势（红色实线）和斜率

从图 3-10 中可以看出，平均而言，渤海及黄海北部的总冰期约为 75 天左右，最短为 44 天，最长可达 108 天（由辽东湾的冰期所决定）。

总体而言，该海域的初冰日呈振荡并逐渐向后推迟的趋势，斜率为 0.033，即平均每年向后推迟 0.033 天，59 年间累计向后推迟 1.95 天。相对而言，终冰日呈现明显的提早趋势，其斜率为–0.20，即每年提早 0.2 天冰期结束，59 年间累计提早了 11.81 天。通过以上的分析不难看出，总冰期呈现振荡并逐渐缩短的趋势，其斜率为–0.23，即 59 年间累计缩短 13.74 天。实际上，总冰期中还包含一些没有海冰的天数，如果去除这些天数，那么总冰期平均每年缩短 0.355 天，即 59 年间累计缩短 20.95 天。

一般而言，在渤海和黄海北部结冰的 4 个海湾中，辽东湾的初冰日最早，终冰日最晚，总冰期最长。因此，图 3-10 所反映的冰期的特征主要为辽东湾的冰期特征。图 3-11 显示了辽东湾、渤海湾、莱州湾和黄海北部海域总冰期在过去的 59 年中的变化趋势。辽东湾总冰期的趋势如上所述，与渤海和黄海北部的趋势相同，为–0.23，即每年缩短 0.23 天。渤海湾的初冰日多年平均的斜率为 0.472，59 年间向后推迟 29.03 天；终冰日的多年平均斜率为–0.518，59 年间提前了 30.56 天（没有给出）；总冰期的斜率为–0.990，59 年间缩短了 58.41 天。莱州湾的初冰日多年平均的斜率为 0.456，59 年内向后推迟 26.90 天；终冰日的多年平均斜率为–0.293，59 年内提前了 17.29 天（没有给出）；总冰期的斜率为–0.749，59 年内缩短了 44.19 天。黄海北部海域的初冰日多年平均的斜率为 0.103，59 年内向后推迟 6.08 天；终冰日的多年平均斜率为–0.297，59 年内提前了 17.52 天（没有给出）；总冰期的斜率为–0.400，59 年内缩短了 23.60 天。总体而言，渤海湾的总冰期缩短的速度最快，近似为每年缩短 1 天；辽东湾最慢，约为每 4 年缩短 1 天。

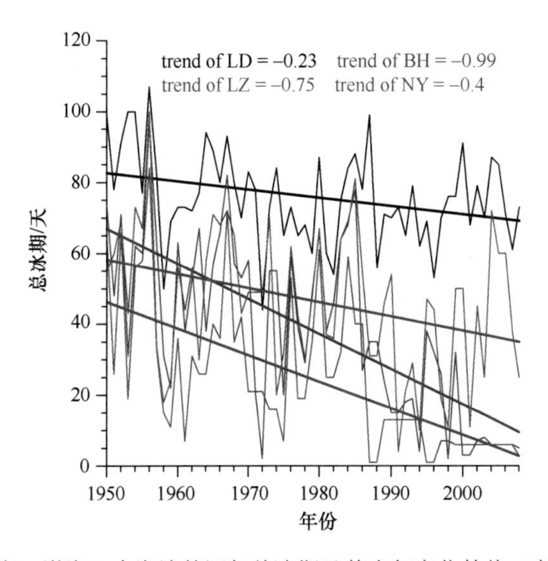


图 3-11 黄海、渤海 4 个海湾的逐年总冰期及其多年变化趋势（直线）和斜率

黑色、红色、蓝色和紫色的线和趋势分别对应辽东湾、渤海湾、莱州湾和黄海北部

trend：趋势（或斜率），单位：天/年；LD：辽东湾；BH：渤海湾；LZ：莱州湾；NY：黄海北部

### 3.3.4 海冰的变化与全球增暖的关系

通过以上的分析可以发现，冰情等级和初冰日、终冰日以及总冰期都呈现了比较显著的多尺度的变化。那么，这些变化是否和全球变暖的趋势呈现显著的关系呢？本节对比了同期的全球表面温度和海冰厚度及密集度的时间序列（图 3-12），并计算了海冰厚度和密集度与全球表面温度的相关关系。为了便于比较，图 3-12 中的海冰厚度和密集度均取了相反数。可以看出，海冰厚度和密集度有非常高的相关性，其各尺度的变化呈现高度的一致性。二者均与全球表面温度的变化呈现显著的相关性，其中表面温度与海冰厚度相反数的相关系数为 0.49，通过了 99%的显著性检验；表面温度与海冰密集度相反数的相关系数为 0.53，并通过了 99%的显著性检验。相关系数的结果表明：随着全球表面温度的升高，海冰厚度和密集度都在减小。结合图 3-10 中的初冰日、终冰日和总冰期的结果可以发现，三者之间的关系很可能是全球变暖之后，渤海、黄海的温度随之升高，导致初冰日推迟，终冰日提前和总冰期缩短，同时使海冰厚度和密集度降低。

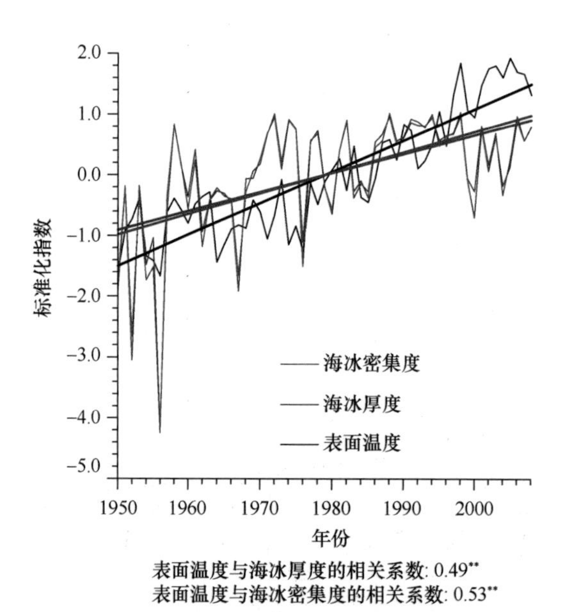


图 3-12　全球表面温度、海冰厚度和密集度及其趋势

图中的时间序列已经经过标准化处理；**为相关系数通过 99%的显著性检验；为了便于比较，图中的海冰厚度和密集度均取了相反数

## 3.4 未来海冰的变化特征

对未来海冰开展评估具有重要的意义，可以服务于国家防灾减灾的长期规划、涉海企业的发展规划、保险业等方面。前人对于海冰未来预估的研究较少，本节主要引用了祖子清等（2016）的研究结论。

### 3.4.1　海冰对 2m 气温增温的响应

如引言所述，渤海和黄海北部的海冰受到多种气候因素的影响，而这些因素最终通过其上的大气或周围的海洋影响海冰。前人研究表明，海冰受到其上大气的显著影响（武晋雯等，2009）。本节首先检验了 2m 气温对海冰生消过程的影响，以验证上述叠加 2m 气温增量的有效性。

如图 3-13 所示，辽东湾（图 3-2 中 R3 所示）海冰的结冰范围与其上的 2m 气温（蓝线，右侧坐标轴已上下翻转）呈现了基本一致的变化趋势。两者的相关系数达到–0.80（接近武晋雯等于 2009 文中的–0.815），通过了 99%的信度检验。其他海湾结果类似，此处不再给出。这说明，2m 气温对海冰存在显著的影响。因此，后文中将 2m 气温增量作为未来气候变化的信号，加入到历史强迫场中，并依此进行未来海冰的预估研究。

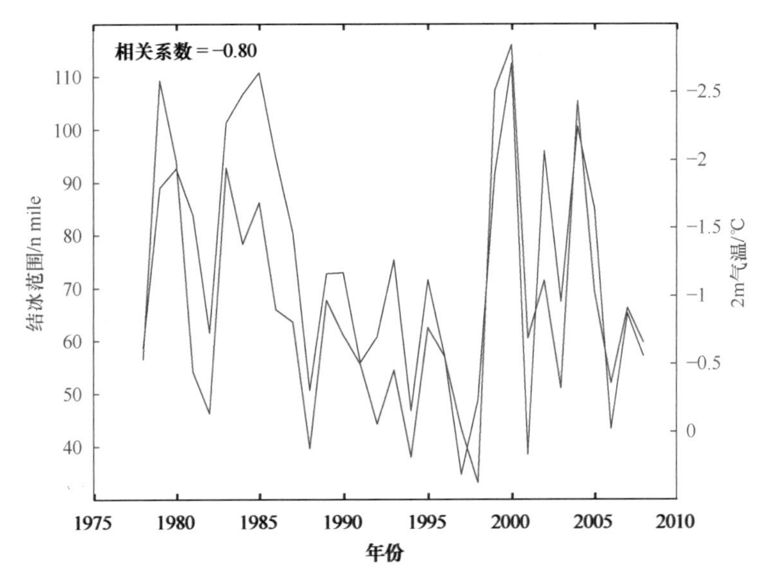


图 3-13　1978～2008 年辽东湾结冰范围（红线和左侧坐标轴，单位：n mile）和 2m 气温
蓝线和右侧坐标轴，单位：℃
两条时间序列的相关系数为–0.8，通过 99%的显著性检验
图中右侧坐标轴已经翻转

表 3-3 列出了各情景各模式中，相对于 2006～2014 年，2015～2045 年内 2m 气温的平均增量。增温幅度由–0.4℃至 1.7℃。平均而言，RCP2.6 情景下，增温幅度最小，为 0.57℃；RCP4.5 情景下最大，为 0.87℃；RCP6.0 和 RCP8.5 增温幅度相近，分别为 0.77℃和 0.76℃。这说明，随着温室气体排放量的增大，黄海、渤海 2m 气温并非单调增高，如最大增温对应中等排放水平的 RCP4.5 情景。

本节将表 3-3 所示的 16 个增温情景分别叠加到历史强迫场的 2m 气温上，积分海冰-海洋耦合模式，得到了在不同增温幅度下，海冰的变化情形，结果如图 3-14 所示。

表 3-3　2015～2045 与 2006～2014 年两个时段内渤海和黄海北部 2m 气温的差值（单位：℃）

| 模式 | RCP26 | RCP45 | RCP60 | RCP8.5 |
|---|---|---|---|---|
| BCC-CSMI-1 | 0.7 | 1.0 | — | 0.4 |
| CCSM4 | 0.3 | 0.5 | — | 0.9 |
| CNRM-CM5 | 0.3 | 0.5 | — | 0.9 |
| GFDL | — | 0.6 | 0.1 | 0.3 |
| HadGEM2 | 1.0 | 0.9 | 0.9 | 0.9 |
| IPSL | 1.3 | 1.5 | 0.4 | — |
| MIROC | 1.2 | 1.3 | 1.7 | 1.1 |
| MRI-CGCM3 | –0.4 | 1.0 | — | 1.0 |
| EC-EARTH | 0.2 | 0.5 | — | 0.6 |
| AVERAGE | 0.57 | 0.87 | 0.77 | 0.76 |

注：研究区域为[117.5°E～125.5°E]×[37°N～41°N]（图 3-2 中的 R1）

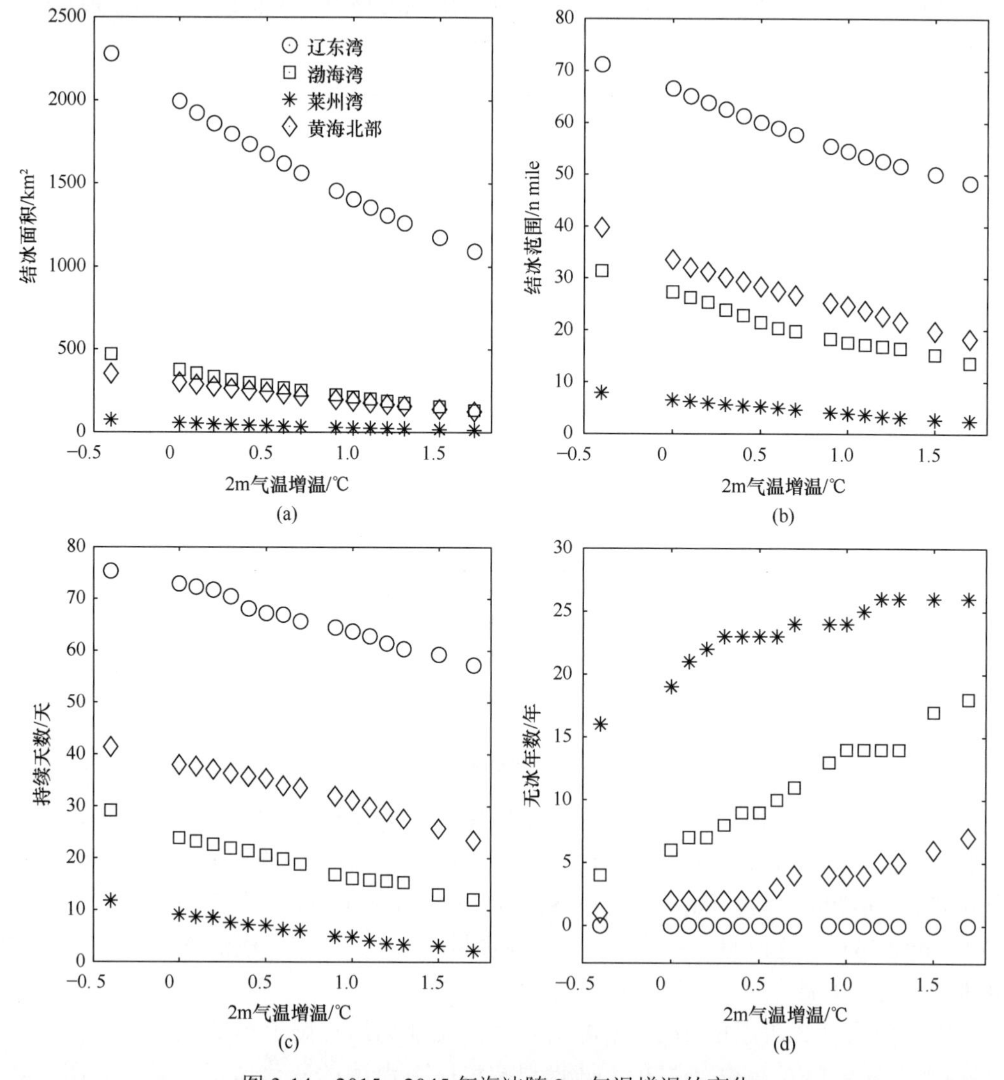


图 3-14　2015～2045 年海冰随 2m 气温增温的变化

（a）结冰面积；（b）结冰范围；（c）持续天数；（d）无冰年数

总体而言，4 个海湾的海冰随着 2m 气温的增加，呈现单调减少的趋势。各海湾海冰增加和减少的最大值分别对应 2m 气温降低 0.4℃和升高 1.7℃的情形，因此，海冰在未来情景下的变化范围也由这两种情形给出。相对于历史情形，未来辽东湾海冰的变化最为显著，其结冰面积的变化区间为增加 14%至衰减 45%，结冰范围由增加 7%至衰减 27%，持续天数由延长到 75 天至缩短为 57 天（历史情形为 73 天）。另外，在未来情景下，辽东湾每年均有海冰生成，故无冰年数均为 0，没有变化。渤海湾的结冰面积变化区间为增加 25%至衰减 64%，结冰范围为增加 15%至衰减 50%，持续天数由延长到 29 天至缩短为 12 天（历史情形为 24 天），无冰年数由减少到 4 年至增加为 18 年（历史情形为 6 年）。莱州湾结冰面积的变化范围为增加 33%至衰减 75%，结冰范围为增加 22%至衰减 63%，持续天数由延长到 12 天至缩短为 2 天（历史情形为 9 天），无冰年数为减少到 16 年至增加为 26 年（历史情形为 19 年）。黄海北部海冰的变化特征与渤海湾类似，其结冰面积的变化范围由增加 18%至衰减 58%，结冰范围由增加 18%至衰减 46%，持续天数由延长到 41 天至缩短为 23 天（历史情形为 38 天），无冰年数由缩短为 1 年至增加为 7 年（历史情形为 2 年）。就相对变化率而言，纬度越靠南的海湾受 2m 气温增温的影响越强；而就海冰增减的量值而言，纬度越靠北的海湾海冰衰减的量值越大。

## 3.4.2　海冰对未来排放情景的响应

在 3.4.1 节的基础上，进一步统计了不同排放情景下，未来中国近海海冰的变化特征，即将表 3-3 中同一排放情景下不同模式的结果做等权重平均。图 3-15～图 3-18 分别显示了历史情形（“HISTO”）、RCP2.6、RCP4.5、RCP6.0 和 RCP8.5 情景下，海冰的结

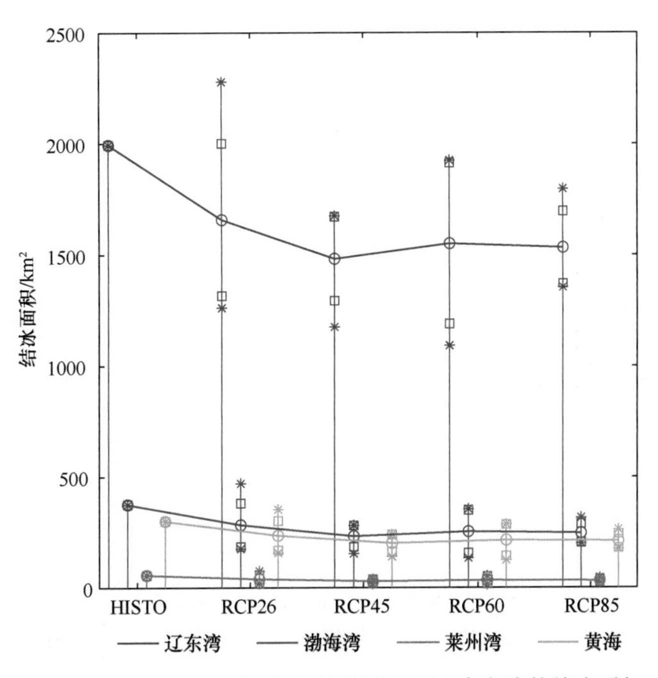


图 3-15　2015～2045 年，不同排放情景下 4 个海湾的结冰面积

○. 多模式预估结果的平均值；□. 最大值和最小值；✱. 标准差

冰面积、结冰范围、持续天数和无冰年数。总体而言，随着温室气体排放量的增多，海冰整体呈现减少的趋势，同时该趋势也呈现了一些复杂的特征。

对结冰面积而言（图 3-15），辽东湾海冰的量值减少最为显著。在各排放情景（RCP2.6，RCP4.5，RCP6.0 和 RCP8.5）下依次减少为 1658km$^2$、1482km$^2$、1551km$^2$ 和 1533km$^2$，即相对于历史情形（1993km$^2$），分别减少了 17%、26%、22%和 23%。渤海湾在各排放情景下依次减少为 284km$^2$、233km$^2$、254km$^2$ 和 247km$^2$，相对于历史情形（375km$^2$），分别减少了 24%、38%、32%和 34%。黄海北部在各排放情景下依次减少为 236km$^2$、203km$^2$、215km$^2$ 和 213km$^2$，相对于历史情形（300km$^2$），分别减少了 21%、32%、28%和 29%。莱州湾在各排放情景下依次减少为 39km$^2$、29km$^2$、34km$^2$ 和 32km$^2$。该海湾的相对变率最为显著。相对于历史情形（56km$^2$），各排放情景下依次减少 30%、47%、40%和 43%。一个有意思的现象是，黄海、渤海的海冰并非排放越多，减少越多，而是在 RCP4.5 情景下达到最小值，之后随着排放的增多，海冰反而增加。实际上，通过诊断 2m 气温增温可以发现，RCP4.5 下增温最多（0.87℃），这导致了该情景下海冰衰减最多，而 RCP8.5 和 RCP6.0 相对于 RCP4.5 增温较小，所以海冰的减少程度相对较低。

结冰范围呈现了类似的结果（图 3-16）。相对于历史情形（66n mile），辽东湾的结冰范围在各排放情景下，依次减少为 59n mile、56n mile、57n mile 和 57n mile，相对减少了 11%、16%、14%和 14%。渤海湾的结冰范围相对于历史情形（27n mile），在各排放情景下依次减少为 22n mile、19n mile、20n mile 和 20n mile，相对减少了 20%、31%、26%和 28%。黄海北部的结冰范围相对于历史情形（34n mile），在各排放情景下依次减

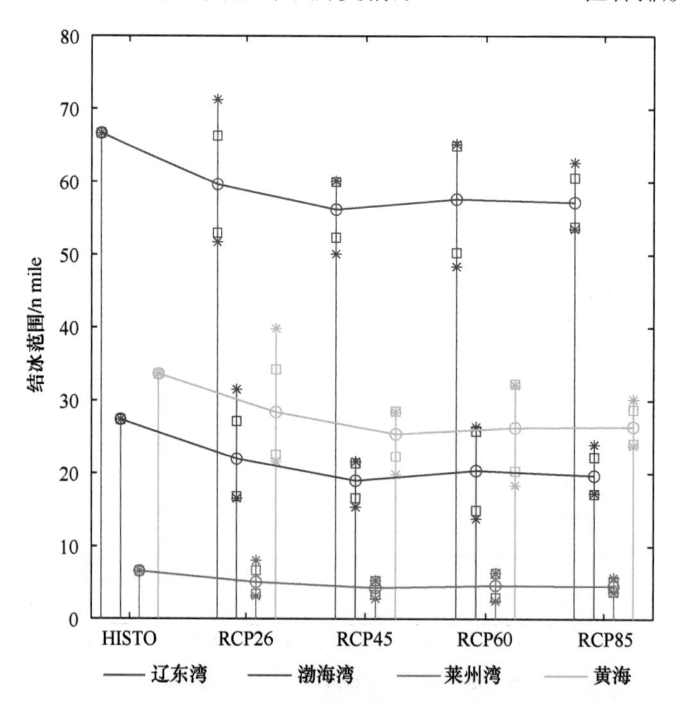


图 3-16 2015～2045 年，不同排放情景下 4 个海湾的结冰范围

○. 多模式预估结果的平均值；□. 最大值和最小值；✱. 标准差

少为 28n mile、25n mile、26n mile 和 26n mile，相对减少了 16%、24%、22%和 22%。莱州湾结冰范围的相对变化率依然最为明显，相对于历史情形（7n mile），各情景下依次减少为 5n mile、4n mile、5n mile 和 4n mile，相对减少了 23%、35%、30%和 32%。同样，4 个海湾的结冰范围在 RCP4.5 情景下衰减最多，之后随着排放的增多，2m 气温增温幅度减小，海冰减少程度也随之降低。

对持续天数而言（图 3-17），辽东湾的变化最为显著，相对于历史情形（73 天），在各排放情景下依次缩短为 67 天、64 天、66 天和 66 天。渤海湾相对于历史情形（24 天），在各排放情景下依次缩短为 20 天、18 天、18 天和 18 天。莱州湾相对于历史情形（9 天），在各排放情景下依次缩短为 7 天、5 天、6 天和 6 天。黄海北部的持续天数相对于历史情形（38 天），在各排放情景下依次缩短为 34 天、32 天、32 天和 33 天。同样，各海湾的持续天数在 RCP4.5 情景下最短，RCP6.0 和 RCP8.5 次之，RCP2.6 下最长。

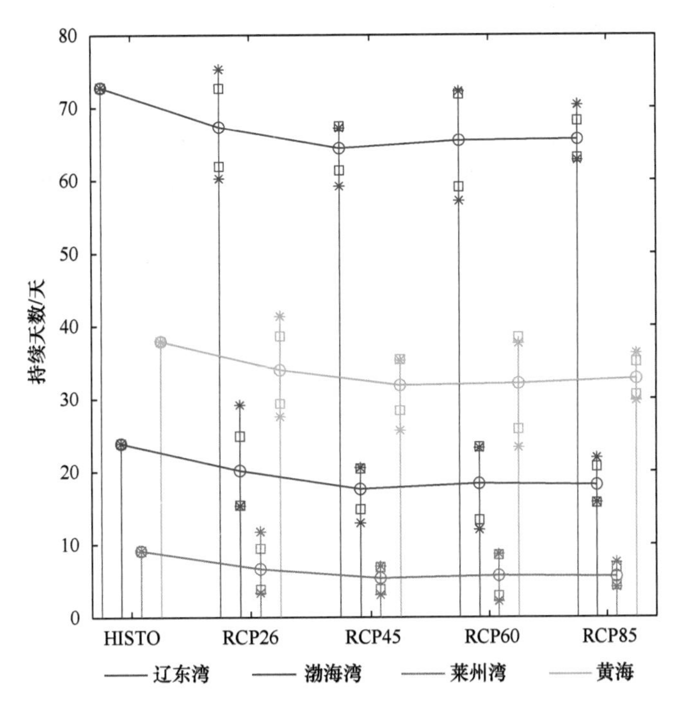


图 3-17 2015～2045 年，不同排放情景下 4 个海湾的持续天数

○. 多模式预估结果的平均值；□. 最大值和最小值；✱. 标准差

在各情景下，辽东湾的无冰年数没有变化，均为 0，说明各情景下辽东湾每年均有海冰生成（图 3-18）。渤海湾的无冰年数由历史情形下的 6 年，在各排放情景下分别增加为 10 年、12 年、12 年和 12 年；莱州湾由历史情形下的 19 年，在各情景下分别增加为 23 年、24 年、24 年和 24 年；黄海北部在各情景下由 2 年分别增加为 3 年、4 年、4 年和 3 年。其中莱州湾和渤海湾的无冰年数在 RCP4.5 下最多，而黄海北部在 RCP6.0 下最多。

将各排放情景下的海冰指标进行等权重平均，得到对未来 31 年海冰变化的预估，结果如表 3-4 所示。相对于历史情形（1978～2008 年），辽东湾、渤海湾、莱州湾和黄

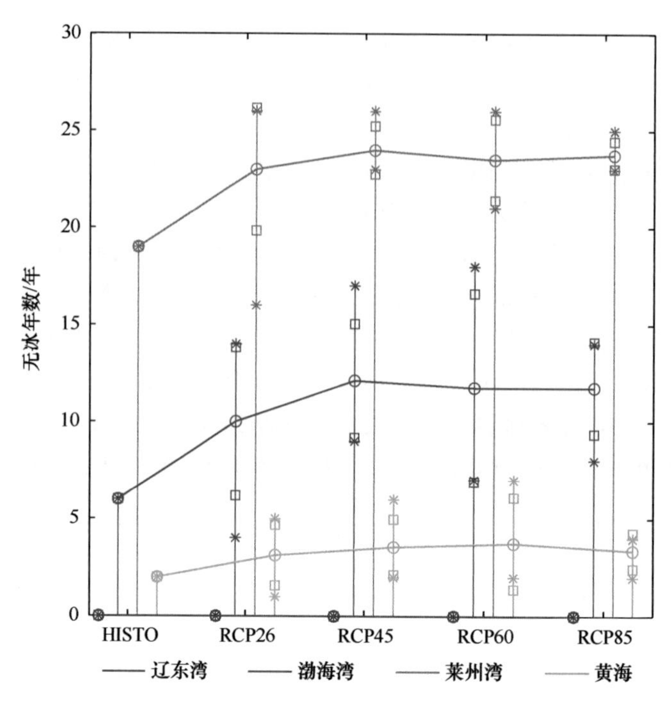


图 3-18 2015～2045 年，不同排放情景下 4 个海湾的无冰年数

O. 多模式预估结果的平均值；□. 最大值和最小值；✱. 标准差

**表 3-4 历史和未来情景下，渤海和黄海北部海冰的总体变化特征**

| 海区 | 结冰面积/km² | | 结冰范围/n mile | | 持续天数/天 | | 无冰年数/年 | |
|---|---|---|---|---|---|---|---|---|
| | 历史 | 未来 | 历史 | 未来 | 历史 | 未来 | 历史 | 未来 |
| 辽东湾 | 1994 | 1556 | 67 | 58 | 73 | 66 | 0 | 0 |
| 渤海湾 | 376 | 255 | 27 | 20 | 24 | 19 | 6 | 11 |
| 莱州湾 | 57 | 34 | 7 | 5 | 9 | 6 | 19 | 24 |
| 黄海北部 | 301 | 217 | 34 | 27 | 38 | 33 | 2 | 3 |

海北部未来的结冰面积将依次减少 438km$^2$、121km$^2$、23km$^2$ 和 84km$^2$；结冰范围将依次减少 9n mile、7n mile、2n mile 和 7n mile；持续天数将依次减少 7 天、5 天、3 天和 5 天；无冰年数将依次增加 0 年、5 年、5 年和 1 年。就整个黄海、渤海而言，相对于历史情形，未来的结冰面积由 2728km$^2$ 减少至 2062km$^2$，衰减 24%；结冰范围由 135n mile 减少至 110n mile，衰减 19%；持续天数由 73 天缩短至 66 天，缩短 10%（由辽东湾的海冰决定）。

### 3.4.3 未来海冰危险性预估

为了衡量未来海冰灾害的程度，本节计算了海冰的危险性系数。危险性系数为各等级海冰冰情按照结冰范围的中位数进行加权平均，然后进行归一化处理，结果如表 3-5 所示。

表 3-5　不同情景下黄海、渤海海冰的危险性系数

| 海区 | 历史情形 | RCP2.6 | RCP4.5 | RCP6.0 | RCP8.5 |
|---|---|---|---|---|---|
| 辽东湾 | 1.0000 | 0.8564 | 0.7760 | 0.8137 | 0.7974 |
| 渤海湾 | 0.0935 | 0.0461 | 0.0334 | 0.0393 | 0.0327 |
| 莱州湾 | 0.0285 | 0.0083 | 0 | 0.0017 | 0.0010 |
| 黄海北部 | 0.1003 | 0.0676 | 0.0528 | 0.0576 | 0.0576 |

总体而言，辽东湾的危险性系数最高。与海冰冰情指标类似，随着排放的增加，海冰的危险性并未呈现单调增加的趋势，而是 RCP2.6 下最严重，RCP6.0 和 RCP8.5 次之，RCP4.5 下最轻。渤海湾与黄海北部接近。相较于辽东湾，渤海湾与黄海北部的危险性较低。同时，这两个海域的危险性也是 RCP2.6 下最严重，RCP6.0 和 RCP8.5 次之，RCP4.5 下最轻。莱州湾的海冰危险性最低。在 RCP4.5 情景下，危险性为 0。需要说明的是，由于危险性系数是经过归一化处理的，因此，危险性系数为 0 并不意味着海冰完全消失，而是海冰的危险性在 4 个海湾（及 4 种情景）中最低。

## 3.5　结　论

在过去 59 年内，渤海和黄海北部的海冰冰情等级呈现逐渐减弱的趋势，并伴随有较强的年际和年代际尺度的振荡。辽东湾的冰情等级下降趋势为每年降低 0.043 个等级，在 59 年内累计降低了 2.54 个等级；渤海湾为每年降低 0.042，59 年内累计降低了 2.48 个等级；莱州湾海冰的衰减速率最强，平均每年降低 0.068 个等级，59 年内累计降低了 4.01 个等级；黄海北部的趋势为–0.044，59 年内累计降低 2.60 个等级。

总体而言，渤海和黄海北部的初冰日大概在 12 月初至 1 月上旬之间，变化的幅度可达 40 天左右。终冰日大概在 2 月下旬至 3 月中旬，变化的范围也在 40 天左右。总冰期约为 75 天左右，最短为 44 天，最长可达 108 天（由辽东湾的冰期所决定）。渤海和黄海北部海域的初冰日呈振荡并逐渐向后推迟的趋势，平均每年向后推迟 0.033 天，59 年内累计向后推迟 1.95 天。终冰日呈现明显的提早趋势，每年提早 0.2 天冰期结束，59 年内累计提早了 11.81 天。总冰期平均每年缩短 0.355 天，即 59 年内累计缩短 20.95 天。

对于未来海冰的情景预估，本节诊断了 CMIP5 数据集中渤海和黄海北部区域内 2m 气温的增量，然后将其叠加在 1978～2008 年的气象场上驱动海冰-海洋耦合模式，对 2015～2045 年内渤海和黄海北部的海冰变化特征进行了预估。随着 2m 气温增温的升高，黄海、渤海 4 个海湾的海冰均呈现单调减少的趋势，且变化的范围也较为显著。具体而言，辽东湾、渤海湾、莱州湾和黄海北部海冰结冰面积的变化范围分别为–45%～14%、–64%～25%、–75%～33%和–58%～18%（负值和正值分别对应衰减和增加的百分比）。就相对变化率而言，纬度越靠南的海湾受 2m 气温增温的影响越显著；而纬度越靠北的海湾海冰衰减的量值越大。

在 4 种排放情景下，辽东湾、渤海湾、莱州湾和黄海北部 4 个海湾的海冰均呈现减少的趋势。但随着排放的增多，4 个海湾的海冰并非单调增加或减少，而是 RCP4.5 下

衰减最强，RCP6.0 和 RCP8.5 次之，RCP2.6 最弱。这可归因于渤海和黄海北部 2m 气温增温对排放增加的非线性响应。对 4 种情景进行平均，可以发现在未来 31 年内，4 个海湾结冰面积将依次减少 438km$^2$、121km$^2$、23km$^2$ 和 84km$^2$；结冰范围将依次减少 9n mile、7n mile、2n mile 和 7n mile；持续天数将依次缩短 7 天、5 天、3 天和 5 天。最后就渤海及黄海北部而言，未来 31 年内结冰面积将减少 24%，结冰范围将减少 19%，持续天数将缩短 10%。

## 参 考 文 献


李春花, 刘钦政, 黄焕卿. 2009. 渤海、北黄海冰情与太平洋副热带高压的统计关系. 海洋通报, 28(5): 43-47.

李剑, 黄嘉佑, 刘钦政. 2005. 黄、渤海海冰长期变化特征分析. 海洋预报, 22(2): 22-23.

李艳, 汤剑平, 王元, 等. 2009. 区域风能资源评价分析的动力降尺度研究. 气候与环境研究, 14(2): 192-200.

刘钦政, 黄嘉佑, 白珊, 等. 2004. 渤海冬季海冰气候变异的成因分析. 海洋学报, 26(2): 11-19.

刘玉, 周艳兵, 王国刚, 等. 2012. 环渤海地区县域经济发展时空分异研究. 地域研究与开发, 31(4): 52-85.

刘玉新, 王占坤, 崔晓健. 2013. 环渤海地区海洋经济发展研究. 海洋开发与管理, (5): 51-54.

刘煜, 刘钦政, 隋俊鹏, 等. 2013. 渤、黄海冬季海冰对大气环流及气候变化的响应. 海洋学报, 35(3): 18-27.

彭世球, 刘段灵, 孙照渤, 等. 2012. 区域海气耦合模式研究进展. 中国科学(D 辑), 42(9): 1301-1316.

乔方利. 2012. 中国区域海洋学——物理海洋学. 北京: 海洋出版社: 481.

宋升锋, 王建勇, 王珍珍, 等. 2011. 2010/2011 年冬季渤黄海海冰特征分析. 海洋预报, 28(6): 60-63.

唐茂宁, 洪洁莉, 刘煜, 等. 2015. 气候因子对渤海冰情影响的统计分析. 海洋通报, 34(2): 152-157.

唐茂宁, 刘煜, 李宝辉, 等. 2012. 渤海及黄海北部冰情长期变化趋势分析. 海洋预报, 29(2): 45-49.

武晋雯, 张玉书, 冯锐, 等. 2009. 基于 MODIS 的海冰面积遥感监测及其与气温的相关分析. 遥感技术与应用, 24(1): 73-76.

祖子清, 凌铁军, 张蕴斐, 等. 2016. 未来中国近海海冰变化特征的预估研究. 海洋预报, 33(5): 1-8.

IPCC. 2013. 决策者摘要. 见: Stocker T F, 秦大河, Plattner G-K, 等. 政府间气候变化专门委员会第五次评估报告第一工作组报告——气候变化 2013: 自然科学基础. 英国剑桥和美国纽约: 剑桥大学出版社: 1-27.

Jang S, Kavvas M. 2015. Downscaling global climate simulations to regional scales: statistical downscaling versus dynamical downscaling. J Hydrol Eng, 20(1): A4014006.

Liu Y, Liu Q, Su J, et al. 2011. Seasonal Simulations of a Coupled Ice-ocean Model in the Bohai Sea and North Yellow Sea since the Winter of 1997/1998. 2011 by International Society of Offshore and Polar Engineers (ISOPE): 942-947.

# 第4章　气候变化对中国风暴潮的影响与风险评估

## 4.1　引　　言

风暴潮是对我国影响最为严重的海洋灾害之一。风暴潮是指由强烈的大气扰动，如台风、温带气旋、强冷空气等，在向岸风的作用下，引起的海面异常升高现象。沿海验潮站或河口水位站所记录的潮位变化，通常包含了天文潮、风暴潮及其他长波所引起海面变化。风暴潮（又称风暴增水）是从验潮站的逐时验潮资料中减去天文潮的预报值而获得的。风暴潮灾害的严重程度由风暴潮增水和天文潮共同决定（参见第1章）。风暴潮的空间范围一般为10～1000km，时间尺度或周期约为1～100小时，介于地震海啸和天文潮波之间。由于风暴潮的影响区域是随大气扰动因子（如台风）的移动而移动，因此，有时一次风暴潮过程往往可影响1000～2000km的海岸带区域，时间可长达数天之久。

影响我国的风暴潮主要可分为台风风暴潮和温带风暴潮，前者主要由西太平洋地区的台风系统造成，主要影响区域为我国东南沿海地区（侯京明等，2011；孙佳等，2013）；而温带风暴潮主要是由温带气旋引起的，主要影响我国的黄海、渤海区域（吴少华等，2002；王喜年，2005）。当风暴潮结合天文潮，尤其是遇到天文潮的高潮阶段，往往会导致相关海域水位暴涨，乃至海水浸溢内陆，造成国民经济生产和生命财产的重大损失（冯士筰，1998；叶琳和于福江，2002；王国栋等，2010）。

从空间分布上讲，大江大河的河口三角洲地区，对风暴潮极其敏感和脆弱。渤海湾、莱州湾和海州湾沿岸各站的最大风暴潮多是由温带系统引起的，沿海其他各站则主要是台风造成的。从历史观测数据统计，出现2m以上风暴潮的站约占全部站的54%。综合考虑地形和台风登陆点的影响，渤海湾、莱州湾、长江口、杭州湾、浙江中部、闽江口、广东东部、珠江口、雷州半岛东岸等出现的风暴潮均较大。

近年来，海洋灾害防御能力逐步加强，人员伤亡呈明显下降趋势。但我国海洋灾害的经济损失反而呈现迅速增加的趋势。近20年来，年损失均超过100亿元，20年中海洋灾害造成的经济损失大约增长了30倍，远高于沿海经济的增长速度，其中90%以上是风暴潮灾害造成的。前人对我国近20年的风暴潮灾害风险的评估表明（参见第1章），风暴潮灾害的次数和强度均呈现增加的趋势，其带来的经济损失也逐年上升（谢丽和张振克，2010）。近50年的实测台风风暴潮灾害分析表明，风暴潮灾害在气温较高的时段

---

本章编写者：祖子清，马永锋，李涛，栗晗，吴少华，高义

比气温较冷的时段明显增多（杨桂山，2000）。对于风暴潮灾害的风险评估也有一系列的进展，乐肯堂（1998）曾提出并探讨了我国风暴潮灾害风险评估的若干基本问题；许启望和谭树东（1998）分析了风暴潮强度与灾度的关系，建立了评估风暴潮灾害损失的近似模型；叶雯等（2004）基于模式识别建立了台风风暴潮灾情评估模型等；王国栋等（2010）指出评估指标需要重视气象水文指标，并且提出建立灾害熵综合风险评估办法；石先武等（2013）则指出，风暴潮灾害的未来风险评估需要考虑全球气候变化以及海平面上升等因素的影响。政府间气候变化专门委员会（IPCC）第五次评估报告指出，相对于 1850～1900 年，在多数温室气体排放情景下，21 世纪末全球表面增温可能超过 1.5℃（IPCC，2013）。因此，热带西太平洋地区的台风很有可能受到显著影响（栗晗等，2016），进而影响我国沿海的台风风暴潮。为此，本章综合利用数理统计和动力模型等方法，分析了历史风暴潮的变化，并对未来 30 年风暴潮的变化趋势进行了预估研究。

## 4.2 影响与风险评估方法

本章首先利用区域大气模式重构了 1981～2011 年的海表面气象场数据，并以此驱动风暴潮模式，重构该时段内沿海 44 站的增水数据。对于未来增水的情景预估，本章分别采用了动力降尺度和统计降尺度的方法。前者，使用区域大气模式将耦合模式比较计划第五阶段（以下简称 CMIP5）预估数据中 RCP4.5 和 RCP8.5 情景数据进行动力降尺度，生成高时空分辨率的气象强迫场，以驱动风暴潮模式生成未来情景下的增水数据；后者，通过对比历史和 CMIP5 数据中热带气旋（TC）强度与个数差异，在历史数据库中随机抽样，构造未来各情景下的增水数据。另外，本节也介绍了风暴潮数据的订正和分析方法、气候与非气候因素对风暴潮灾害损失的影响等。

### 4.2.1 历史数据的重构

#### 1. 历史海气界面气象场高时频数据重构

本章利用新一代中尺度数值天气预报模式 WRF（Weather Research and Forecast model）作为气象场重建的动力模型，利用双重嵌套网格技术、格点松弛同化方案、并行计算技术，重构了 1981～2011 年海面气象场数据。模式采用了 Lambert 地图投影、垂直地形追随坐标、交错网格、Runge-Kutta 时间积分方案、6 阶水平和垂直平流方案等设置。模拟区域为中国近海和西北太平洋（图 4-1）。外层区域的水平分辨率为 60km，内部嵌套区域（图 4-1 中 d02）为 20km，垂直方向分为 35 层（低层加密）。积分选用的主要物理过程为：微物理过程、长波辐射、短波辐射、边界层、陆面模型、积云对流等。模式循环积分时间间隔为 24 小时，积分时间步长为 180 秒。模式背景场采用了美国环境预报中心（NCEP）全球海-气耦合气候预测系统的再分析资料，其水平分辨率为 0.5°。

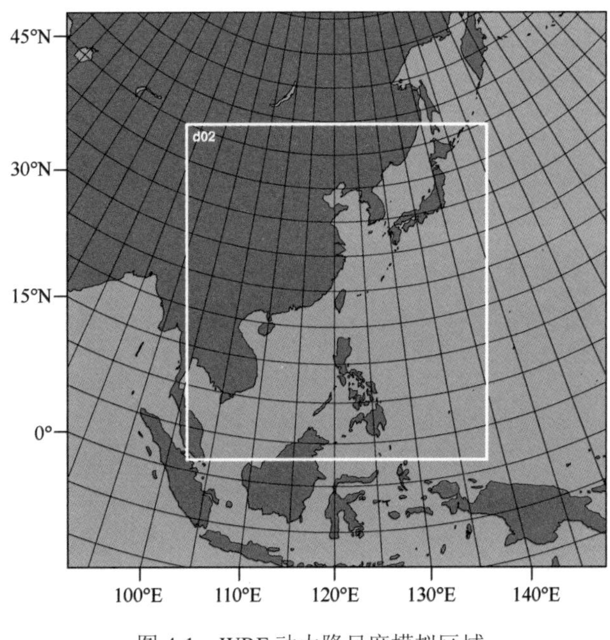


图 4-1　WRF 动力降尺度模拟区域

### 2. 风暴潮增水数据的重构

本节选用国家海洋环境预报中心的业务化风暴潮数值预报模式作为风暴增水模拟工具。该模式基于球面坐标系，采用半隐式有限差分格式。经过多年的业务化应用，该模式具有对温带风暴潮与台风风暴潮较好的模拟和预报能力。本节中，风暴潮模式的模拟区域为（105°～127°E，16°～41°N），空间分辨率为 1/30°。本节利用前述重构的气象场驱动，进行了 31 年（1981～2011 年）的历史风暴潮高时空频率重构，然后将模式输出的逐时风暴潮增水值插值到沿海 44 个站点（图 4-2），再利用国家海洋环境预报中心业务化潮汐模式计算各站点潮汐值，累加形成总潮位，并结合各站基准海平面进行订正，最终形成用于历史风暴潮分析的数据集。

## 4.2.2　未来情景的预估

世界气候研究计划（WCRP）组织实施的 CMIP5 计划包含了多种耦合模式在未来情景下对未来气候变化趋势的预估，其中包含大气、海洋和陆面的多个变量。本节以此作为未来风暴潮的气候背景，对未来风暴潮增水进行了预估。

### 1. 动力降尺度

基于 CMIP5 的模式预估结果，利用 WRF 模式进行动力降尺度，可获得时空高频气象场数据，并以此驱动风暴潮模式，对未来不同情景下的增水情形进行预估。限于计算和存储能力，本节利用国家气候中心气候系统模式（BCC-CSM1.1）的高时频未来情

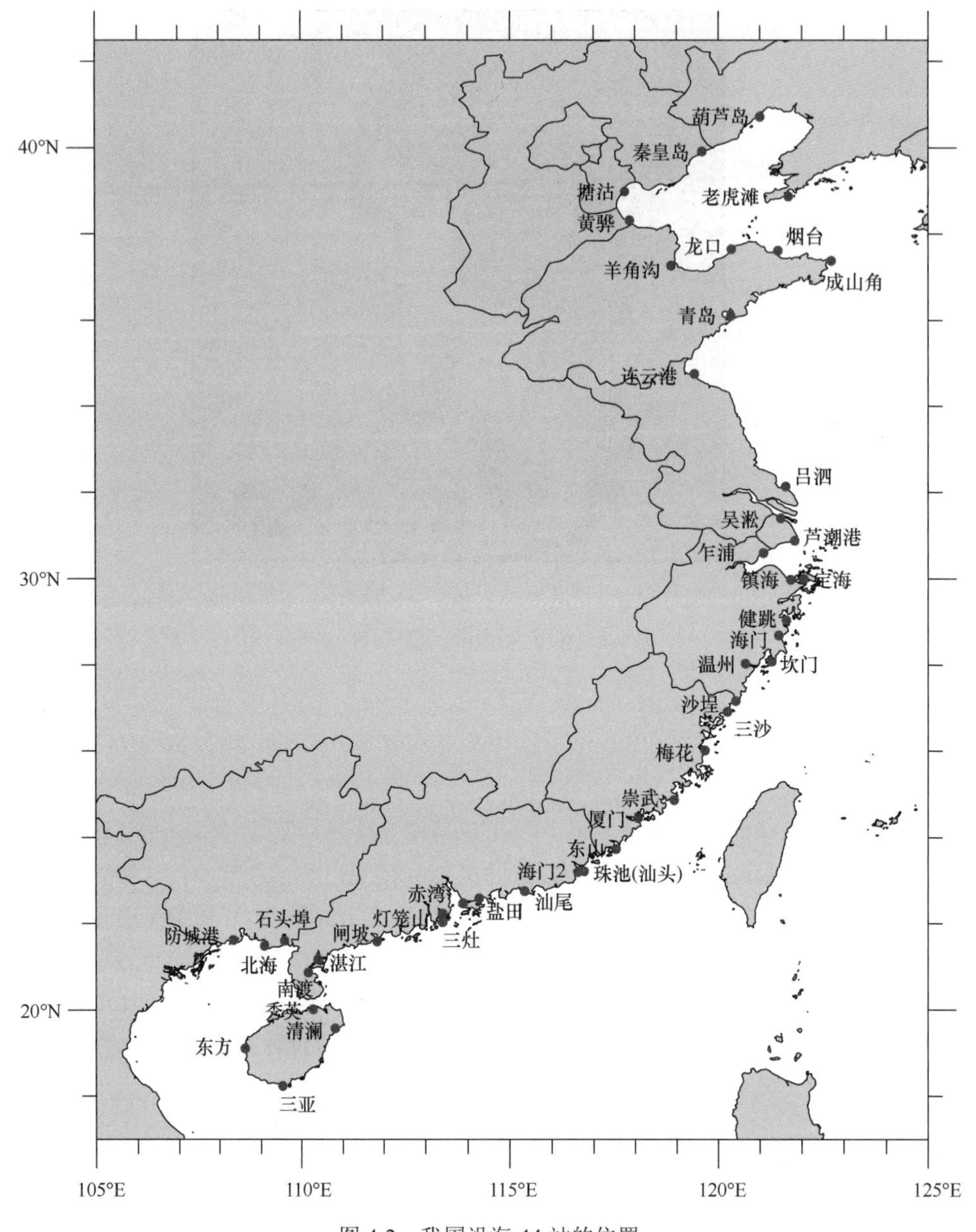


图 4-2 我国沿海 44 站的位置

景预估数据集（RCP4.5 和 RCP8.5）进行动力降尺度分析。该数据集主要包含：土壤温度、湿度，地表温度、压强、风速和湿度，海冰，海温，垂直各层上的大气温度、湿度和风等。数据的时间范围为 2006～2045 年。利用上述预估数据，驱动 WRF 模式，进行动力降尺度（模式的设置与历史数据重构设置相同）。通过动力降尺度，获得 2006～2045 年逐日海表面气象场。以此驱动国家海洋环境预报中心业务化风暴潮模式，进行 2006～2045 年增水模拟。最后获得两种情景下，中国沿海 44 站逐时的增水数据，进而对 2015～2045 年的情形进行预估分析。

需要特殊说明的是，为了便于衡量未来风暴潮的变化趋势，本章将其与历史重构数据进行了对比。历史重构数据则对应“历史情形”，以区别于 CMIP5 情景试验中的“历史情景”。

## 2. 统计降尺度

风暴潮增水可以分为热带气旋风暴潮增水和温带气旋风暴潮增水。总体而言，热带气旋风暴潮增水影响强于温带气旋风暴潮增水。本章基于 CMIP5 数据对未来 TC 的情景预估，利用随机抽样的方法，构造了未来热带气旋风暴潮增水。具体思路如下：①在 CMIP5 数据的各情景、各模式中，分别统计 2006～2025 年和 2026～2045 年两个时段内，TC 强度和频次的变化趋势；假设 TC 长期变化趋势是平稳的，因此上述两个时段内 TC 属性变化的趋势可以作为 1981～2045 年的趋势。②诊断历史观测数据中 1981～2011 年内 TC 的强度和频次。③计算相对于 1981～2011 年，2015～2045 年内 TC 的强度和频次变化量。④通过对历史观测 TC 进行随机抽样，构造 2015～2045 年的 TC。⑤利用历史观测 TC 与重构的历史增水的关系，构造 2015～2045 年的增水数据。具体的实施方案如下所述。

（1）分别统计 CMIP5 数据中 2006～2025 年和 2026～2045 年内，登陆中国 TC 强度和频次的变化趋势。

（2）对 CMIP5 中的 TC 按强度（中心附近最大风力）进行分级。调整判断强 TC 的风速标准范围，将异常大值从原始序列中挑出，其中异常大值的范围用式（4-1）确定。

$$\text{Speed} > S_{75} + 1.5\times(S_{75} - S_{25}) \tag{4-1}$$

式中，$S_{25}$ 和 $S_{75}$ 分别为原始数据的上、下四分位风速值。对于异常大值的 TC 直接归入最强一级，其余的 TC 按照其风速最大值和最小值均匀分为 5 个等级。表 4-1 显示了 CMIP5 数据中 2026～2045 年与 2006～2025 年两个时段内，各等级登陆 TC 的个数之差。从多模式的平均来看，Ⅴ级（强度最强）TC 有增加的趋势，Ⅰ级、Ⅱ级、Ⅲ级和Ⅳ级 TC 呈现减小的趋势。

（3）诊断历史观测数据中 1981～2011 年内登陆 TC 的强度和频次。与 CMIP5 数据中登陆 TC 的处理方式类似，本章也将 1981～2011 年内 TC 按照中心附近最大风力，分为 5 个等级，然后统计了各等级内的台风信息。其中所使用的分级标准和数目如表 4-2 所示。

（4）计算相对于 1981～2011 年，2015～2045 年内 TC 的强度和频次变化量。假设 TC 长期变化趋势是平稳的，那么 2026～2045 和 2006～2025 两个时段内 TC 的变化趋势可以近似作为 1981～2011 年与 2015～2045 年 TC 属性变化的趋势。在以上假设成立的前提下，将表 4-1 的各等级的数据（2026～2045 年与 2006～2025 年两个时段内的登陆 TC 之差）分别除以 20 年，再乘以 30 年，即为相对于 1981～2011 年，2015～2045 年内登陆 TC 个数的增量。

（5）通过对历史观测 TC 进行随机抽样，构造 2015～2045 年的增水数据。根据（4）中的结果（即未来登陆 TC 的增量），利用随机抽样的方式，从（3）中各等级 TC 中抽取对应数目的 TC，加入该等级，构造 2015～2045 年的 TC 数据。若某等级的 TC 增量

表 4-1　CMIP5 数据中 2026～2045 年与 2006～2025 年不同等级登陆 TC 的个数之差（栗晗等，2016）

| 情景 | 模式 | Ⅰ级 | Ⅱ级 | Ⅲ级 | Ⅳ级 | Ⅴ级 |
| --- | --- | --- | --- | --- | --- | --- |
| RCP2.6 | BCC-CSM1-1 | 7 | −2 | −19 | 6 | −4 |
| | BCC-CSM1-1-m | −3 | 7 | 7 | −1 | −2 |
| | CNRM-CM5 | 2 | −14 | −6 | 4 | −1 |
| | EC-EARTH | −6 | −21 | 6 | 8 | 2 |
| | HadGEM2 | 11 | −14 | −5 | 10 | −4 |
| | MRI-CGCM3 | 1 | −11 | 0 | 1 | −4 |
| RCP4.5 | BCC-CSM1-1 | 3 | 12 | 8 | −5 | 4 |
| | BCC-CSM1-1-m | −2 | −13 | −12 | 13 | 0 |
| | CCSM4 | −2 | −6 | 2 | −2 | −6 |
| | CNRM-CM5 | 0 | −15 | −2 | 10 | −3 |
| | EC-EARTH | 1 | −3 | −5 | 11 | 3 |
| | GFDL | −3 | 3 | 0 | −8 | −4 |
| | HadGEM2 | 2 | −11 | 12 | 0 | 0 |
| | MRI-CGCM3 | 0 | 4 | 8 | 7 | 4 |
| RCP8.5 | BCC-CSM1-1 | 4 | −3 | 0 | −1 | −2 |
| | BCC-CSM1-1-m | 3 | 2 | 2 | 2 | 4 |
| | CCSM4 | −1 | −3 | −7 | 7 | 1 |
| | CNRM-CM5 | −2 | −6 | 4 | −2 | 4 |
| | EC-EARTH | −2 | 7 | 1 | −6 | 0 |
| | GFDL | 7 | −5 | −8 | −9 | 4 |
| | HadGEM2 | −3 | 8 | −8 | 1 | −6 |
| | MRI-CGCM3 | 6 | −4 | −2 | 9 | 1 |

表 4-2　1981～2011 年历史登陆 TC 的分级标准和统计个数

| 项目 | Ⅰ级 | Ⅱ级 | Ⅲ级 | Ⅳ级 | Ⅴ级 |
| --- | --- | --- | --- | --- | --- |
| 分级标准/（m/s） | 18～24.4 | 24.4～30.8 | 30.8～37.2 | 37.2～43.6 | 43.6～62 |
| TC 个数 | 29 | 70 | 42 | 30 | 24 |

为正值，则从历史 TC 中随机抽取对应数目的 TC 加入该等级；若增量为负值，则从历史 TC 中随机去掉对应数目的 TC。

（6）基于（5）中构造的 2015～2045 年各等级的 TC 数据，构造 2015～2045 年的增水数据。对于每次 TC 过程，若在其登陆的前后两天时间内，历史增水数据中各站存在对应的增水过程，则将该站的该次增水过程计入未来增水数据。最终获得各情景、各模式和各站点未来（2015～2045 年）的增水预估数据。

## 3. 历史和未来海平面变化评估

风暴潮灾害涉及水位的变化。在长时间尺度下，海平面的变化也会对风暴潮灾害产生影响。因此，本章也基于 CMIP5 数据对历史和未来的海平面变化进行了评估，具体流程如下。

（1）下载了表 4-1 中所列情景和模式的海平面数据；

（2）提取了历史情形（1981～2011 年，来自于 AVISO 历史卫星观测数据）和未来情景 RCP2.6、RCP4.5 和 RCP8.5 情景（2015～2045 年）下的海平面格点数据；

（3）将格点数据插值到中国沿海 44 站的位置；

（4）对同一情景下的各模式结果进行等权重平均；

（5）使用最小二乘方法计算历史和未来情景下的海平面变化趋势；

（6）将该趋势分别叠加在动力和统计降尺度的增水值上，预估未来的增水变化。

需要说明的是，在（5）中本章使用了最小二乘方法估计了海平面的长期趋势，从而滤掉了海平面的高频变化。这对于统计降尺度的预估结果而言，避免了一些不合理的极大值。

### 4. 风暴潮数值模式结果订正

为了验证风暴潮模拟的可靠性，本章对比分析了多个站点风暴潮增水的观测与模拟值。结果表明，模式能够很好地再现观测风暴增水的日变化特征，以及强风暴潮过程，其与观测的年相关系数在绝大多数站点均可达到 0.5～0.7（样本数为 8760 个）。但是，模拟的增水与观测存在着一定的系统性偏差，主要表现为模拟的增水季节变化和高频振荡的振幅均明显强于观测，尤其是上海以南的站点。由图 4-3 可以看出，北方站点（龙口）的模拟与观测比较一致，其差异明显小于南方站点，但模拟结果在冬春季较观测偏低，且日变化振幅偏大；在南方站点（厦门），模拟与观测在夏季 6～8 月较为一致，其他季节差异较大，其季节变化振幅在春冬季较观测偏高可达 50cm 以上，且日变化振幅也明显偏大。

为订正系统偏差，本章将风暴潮增水的时间序列分解为低频和高频两部分，分别用季节变化趋势（Trend）和残差（Residuals）来表示，即

$$\text{Surge} = \text{Trend} + \text{Residuals} \tag{4-2}$$

式中，Trend 为多次滑动平均；Residuals 为原始序列与 Trend 之差。通过多次实验结果的比较，最终使用的滑动窗口宽度为 169（约为 7 天），连续进行 5 次滑动平均得到 Trend，以及 Residuals。

模式结果与观测的低频部分的差异用两者之间的差值（Delta）来表示，即

$$\text{Delta} = \text{Trend}_{\text{Mod}} - \text{Trend}_{\text{Obs}} \tag{4-3}$$

式中，$\text{Trend}_{\text{Mod}}$ 和 $\text{Trend}_{\text{Obs}}$ 分别为模拟和观测数据的 Trend。模式结果与观测的高频部分的差异用两者标准差的比值（Scale）来表示，即

$$\text{Scale} = \frac{\text{STD}_{\text{Mod.Residuals}}}{\text{STD}_{\text{Obs.Residuals}}} \tag{4-4}$$

式中，$\text{STD}_{\text{Mod.Residuals}}$ 和 $\text{STD}_{\text{Obs.Residuals}}$ 分别为模拟和观测结果高频部分的标准差。由此，可用式（4-5）来订正模拟结果：

$$\text{Mod}_{\text{New}} = (\text{Mod} - \text{Delta})/\text{Scale} \tag{4-5}$$

式中，Mod 和 $\text{Mod}_{\text{New}}$ 分别为订正前和订正后的模拟值。

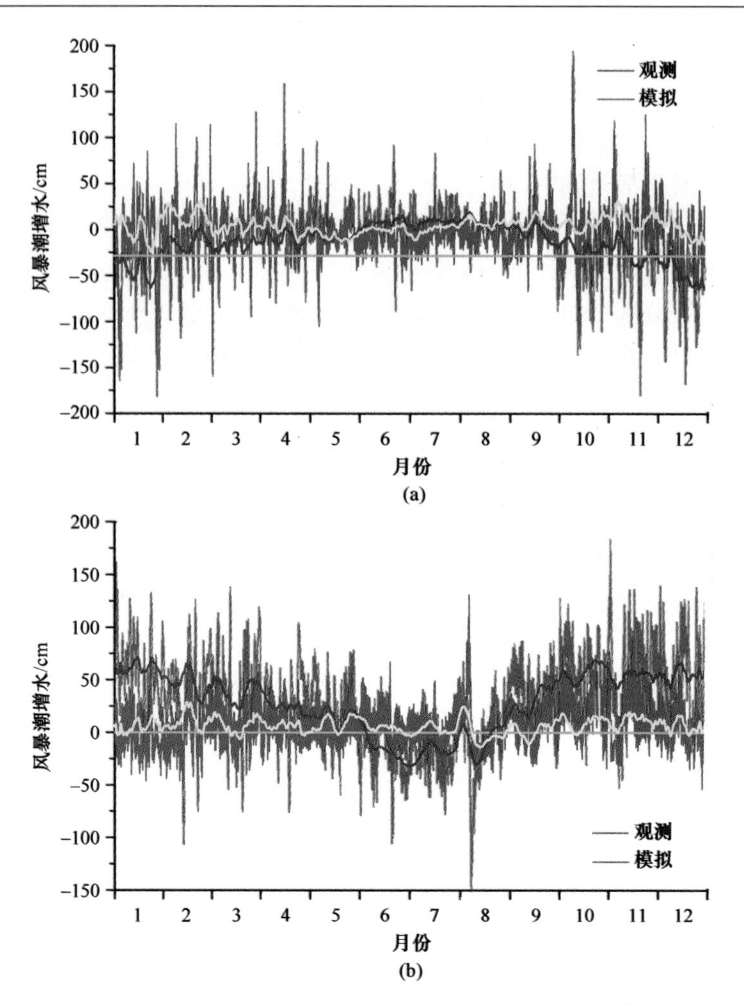


图 4-3　龙口站（2003 年）和厦门站（2009 年）观测与模拟的逐小时风暴潮增水的对比

（a）龙口站；（b）厦门站

黄色线和蓝色线分别为观测和模拟的滑动平均

利用 11 个观测站数据，根据上述方法，本节对 44 个站模拟值进行了订正，得到与观测更为接近的风暴潮增水数据集。如图 4-4 所示，第 9 个站点（羊角沟站）与第 5 个站点（黄骅站；有观测数据）的变化趋势非常一致，两者相关系数大于 0.99，所以可以用黄骅站的观测资料来订正羊角沟站的模拟结果；第 28 站点、29 站点、31 站点、32 站点、33 站点、34 站点与第 30 站点（汕尾站；有观测数据）的变化趋势类似，其相关系数均大于 0.99，因此，这些站点的模拟结果均可用汕尾站的观测来进行修正。

订正后的模式结果的季节变化趋势、高频振荡的振幅与观测更为一致，有效地降低了由于地形精度、模型分辨率、气象条件等引入的模式误差。从图 4-5 显示的所有站位的月最大风暴增水值的对比也可以看出，订正后的模拟结果有了显著的提高，其逐月最大增水值更接近于观测，这为下一步评估提供更为准确的数据基础。

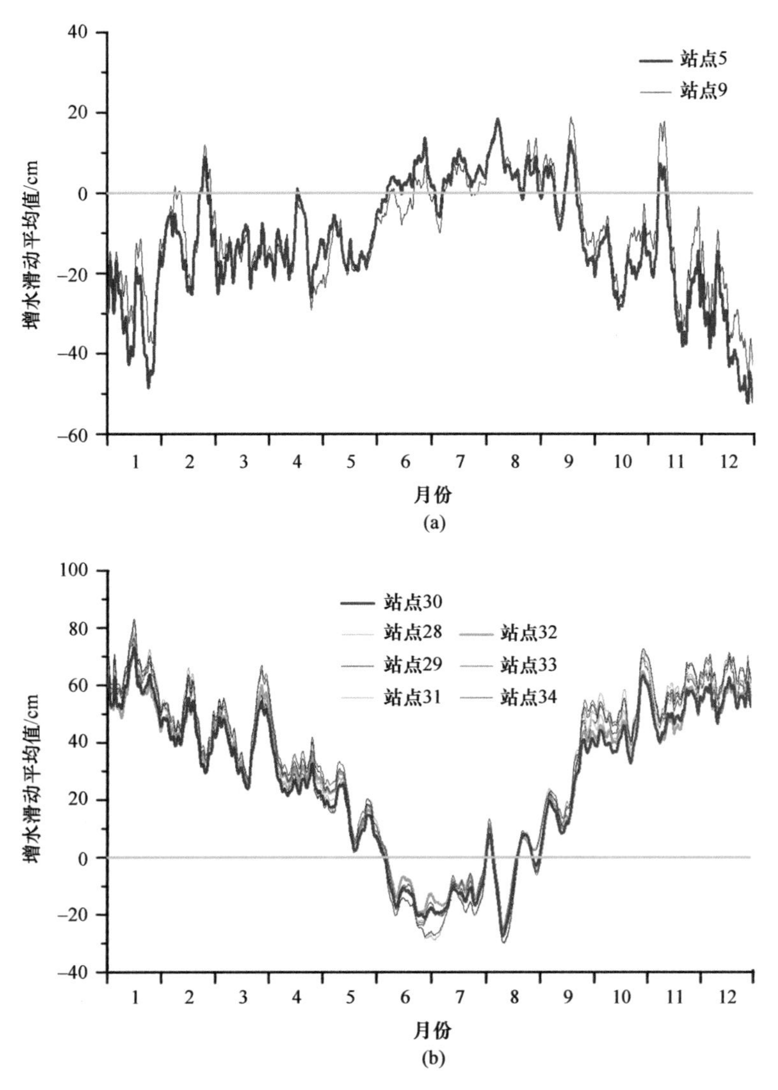


图 4-4　站点风暴潮多年平均季节变化趋势（站点编号见图 4-2）

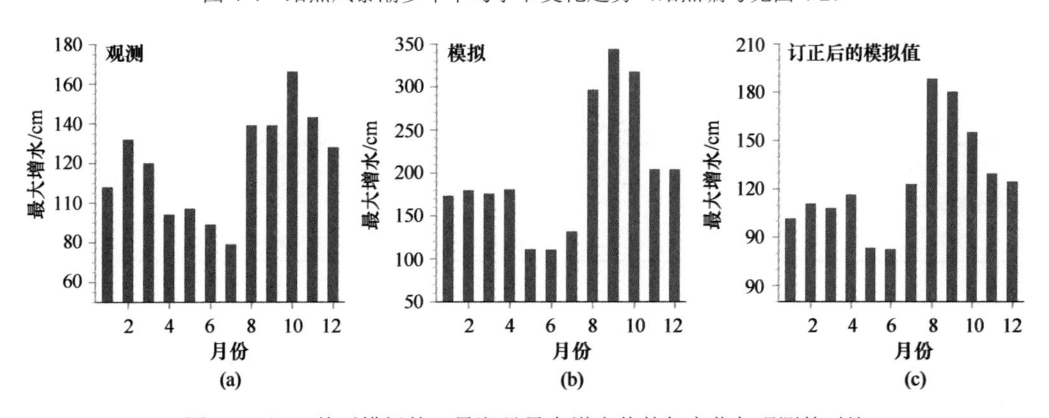


图 4-5　订正前后模拟的风暴潮月最大增水值的年变化与观测的对比

（a）、（b）、（c）分别是观测、模拟及订正后的模拟值

### 4.2.3 风暴潮的分析方法

对风暴潮强度和频次进行分析，需要用到一些定量化的指标。本章参考了于福江等（2015）关于风暴潮增水等级、超警戒等级、损失等级和灾度等级的划分标准。在日常业务预报中，这些等级划分标准也经常被用到。本章使用这些指标来衡量某次或某站的风暴潮强度及成灾属性。

1）风暴潮增水等级

本章对风暴潮的自然属性，即风暴增水等级进行标准划分。按照研究区域内标准验潮站风暴潮增水的大小划分本站增水等级，即依据增水大小分为：特大、大、较大、中等和一般 5 个级别，分别对应 I 级、II 级、III级、IV级、V 级 5 个级别。具体划分如表 4-3 所示。

表 4-3 风暴增水等级划分标准

| 项目 | I 级（特大） | II 级（大） | III级（较大） | IV级（中等） | V 级（一般） |
| --- | --- | --- | --- | --- | --- |
| 增水值/cm | ≥251 | 201～250 | 151～200 | 101～150 | 50～100 |

2）风暴潮超警戒等级

对于风暴潮的成灾属性，本节使用了风暴潮超警戒等级，即按照研究区域内标准验潮站的最高潮位超过当地警戒潮位值的大小将风暴潮超警戒等级分为：特大、严重、较重和一般 4 个级别，分别对应 I 级、II 级、III级、IV级 4 个级别。具体划分标准如表 4-4 所示。

表 4-4 风暴潮超警戒等级划分标准

| 项目 | I 级（特大） | II 级（严重） | III级（较重） | IV级（一般） |
| --- | --- | --- | --- | --- |
| 超警戒潮位/cm | ≥151 | 81～150 | 31～80 | 0～30 |

3）风暴潮损失等级

风暴潮灾情等是按照死亡（失踪）人数和经济损失进行划分，主要分为特大、严重、较重和一般 4 个级别，分别对应 I 级、II 级、III级、IV级 4 个级别，如表 4-5 所示。

表 4-5 风暴潮灾情等级划分标准

| 项目 | I 级（特大） | II 级（严重） | III级（较重） | IV级（一般） |
| --- | --- | --- | --- | --- |
| 死亡（失踪）人口/人 | >100 | 31～100 | 10～30 | <10 |
| 经济损失/亿元 | >50 | 20～50 | 10～20 | <10 |

4）风暴潮灾度等级

灾度等级需要综合考虑风暴潮强度等级和风暴潮超警戒等级。风暴潮灾度（$D_g$）的计算公式为

$$D_g = 0.4 \times S_g + 0.6 \times H_g \tag{4-6}$$

式中，$S_g$ 为风暴潮增水指数；$H_g$ 为风暴潮超警戒指数。

某次风暴潮过程增水指数是通过各标准站出现的风暴潮增水等级按照增水指数公式计算而得，用各确定的标准站的风暴潮增水等级乘以该等级的权重系数并累加，得出本次过程的增水指数值，依据此值进行等级划分。

$$S_g = 20\times S_1 + 16\times S_2 + 12\times S_3 + 8\times S_4 + 4\times S_5 \tag{4-7}$$

式中，$S_1 \sim S_5$ 分别为Ⅰ～Ⅴ级增水等级；$S_g$ 的等级划分标准见表 4-6。

**表 4-6　风暴增水指数等级划分标准**

| 项目 | Ⅰ级 | Ⅱ级 | Ⅲ级 | Ⅳ级 |
|---|---|---|---|---|
| 增水指数 | ≥61 | 41～60 | 21～40 | 0～20 |

风暴潮超警戒指数是通过一次风暴潮过程中各标准站出现的风暴潮超警戒级别来计算的，用各站出现的风暴潮超警戒等级（特大、严重、较重、一般）分别乘以各自的权重系数，得出本次风暴潮过程的超警戒指数，依据此值进行等级划分。$H_g$ 的计算公式如下：

$$H_g = 20\times W_1 + 15\times W_2 + 10\times W_3 + 5\times W_4 \tag{4-8}$$

式中，$W_1 \sim W_4$ 分别为Ⅰ～Ⅳ级（由强至弱）超警戒水位次数。$H_g$ 的等级划分标准见表 4-7。

**表 4-7　风暴潮超警戒指数等级划分标准**

| 项目 | Ⅰ级 | Ⅱ级 | Ⅲ级 | Ⅳ级 |
|---|---|---|---|---|
| 超警戒指数 | ≥61 | 41～60 | 21～40 | 0～20 |

依据上述 $S_g$ 和 $H_g$ 的等级计算代入式（4-7）得到 $D_g$，依据 $D_g$ 大小进行等级划分，见表 4-8。

**表 4-8　单次风暴潮灾害灾度等级**

| 项目 | Ⅰ级 | Ⅱ级 | Ⅲ级 | Ⅳ级 |
|---|---|---|---|---|
| 灾度指数 | ≥106 | 71～105 | 36～70 | 0～35 |

根据式（4-6）～式（4-8）便可计算得到研究区域内所有站点的风暴潮灾度 $D_g$。然而，不同站点不同等级的风暴潮增水发生频次不同，以及各站点的警戒潮位也不相同，所以为了方便对比所有站点风暴潮灾害程度，本节将 $D_g$ 进行归一化处理，即将其值线性尺度化到[0，1]范围内。最后，将各站的归一化灾度 $D_g$ 进行等级划分，如表 4-9 所示。

**表 4-9　归一化风暴潮灾度的等级划分标准**

| 项目 | Ⅰ级 | Ⅱ级 | Ⅲ级 | Ⅳ级 |
|---|---|---|---|---|
| 归一化灾度 | 0.75～1 | 0.5～0.75 | 0.25～0.5 | 0～0.25 |

### 4.2.4 气候与非气候因素对风暴潮灾害损失的影响

为了研究风暴潮等自然灾害与各类损失的关系，以及非气候因素对风暴潮各类损失的贡献，本节使用了双积累曲线法和Mann-Kendall检验法。两种方法简介如下。

#### 1. 双积累曲线法

双积累曲线法（double mass curve，DMC）是检验两个变量间关系一致性及其变化的常用方法（冉大川等，1996；穆兴民等，2010）。所谓DMC法就是在直角坐标系中绘制同期内一个变量的连续积累值与另一个变量连续积累值的关系线，它可以用于两个变量一致性的检验、缺测值的插补或资料校正，以及研究变量的趋势性变化、突变点和强度的分析。在相同时段内只要给定的数据成正比，那么一个变量的积累值与另一个变量的积累值在直角坐标上就可以表示为一条直线，其斜率为两个变量对应点的比例常数。如果双积累曲线的斜率发生突变，则意味着两个变量之间的比例常数发生了改变或者其对应累积值的比可能根本就不是常数。若两个变量累积值的直线斜率的确发生了改变，那么斜率发生突变点所对应的年份就是两个变量累积关系出现突变的时间。

#### 2. Mann-Kendall 检验法

在时间序列趋势分析中，Mann-Kendall检验法（M-K法）是世界气象组织推荐并已广泛使用的非参数检验方法，最初由Mann和Kendall提出（Mann，1945；Kendall，1970），许多学者不断应用M-K方法来分析降水、径流、气温和水质等要素时间序列的趋势变化（康淑媛等，2009）。M-K法是一种非参数统计检验方法，又称无分布检验，其优点是不需要样本遵从一定的分布，也不受少数异常值的干扰，可以较为有效地检测序列的变化趋势，并能大体确定突变发生的位置。M-K法检测范围宽，客观性强，定量化程度高，适用于水文、气象等非正态分布的数据。

本章通过DMC方法和M-K方法分析了历史上我国沿海洋灾害及其造成的各类损失的变化趋势，并找到其发生突变的时间，再结合海洋灾害的变化趋势将其分段分析，将突变点之前的时间段作为基准期，之后的时间段作为研究期。假定基准期的损失变化完全是由自然灾害本身引起的，而发生突变后的研究期则是由自然和非自然（如人类活动）因素共同影响的结果。利用基准期的数据建立各类损失与海洋灾害的关系，再用该关系式计算出研究期的各类损失，即为研究期内由自然变化引起的可能损失；然后，用研究期内实际损失减去自然变化引起的可能损失，所得结果便为非自然因素造成的损失。因此，这种方法可以分离气候与非气候因素对各类损失的影响。

### 4.2.5 风暴潮灾害风险评估方法

自然灾害风险（Risk）是自然灾害对人类生命、财产等破坏的可能性，其主要取决于致灾因子、脆弱性和暴露性 3 个因素。联合国定义的风险是由自然或人为因素导致的致灾因子和脆弱性之间的关系，表现为所导致损害结果的可能性或人口伤亡、财产损失和经济活动波动的期望损失 UN/ISDR（2004），可以用式（4-9）来表示：

$$R(\text{Risk}) = H(\text{Hazard}) \times V(\text{Vulnerability}) \tag{4-9}$$

由式（4-9）可知，风险评估是致灾因子危险性（Hazard）与承灾体脆弱性（Vulnerability）的综合评估。本章便采用此式对我国沿海风暴潮进行灾害风险评估。

### 1. 风暴潮致灾因子危险性评价

风暴潮灾害危险程度受风暴增水和天文潮的共同作用，当天文潮高潮位叠加最大风暴增水时危险性最高。在海岸线沿岸，规律的涨潮落潮不会对沿岸造成威胁。因此，风暴潮灾害危险性主要由风暴潮发生频次、强度所决定。另外，风暴潮增水超过当地水位警戒线的高度也决定着风暴潮灾害危险性的程度。因此，本章利用风暴潮灾度 $D_g$ 来表征风暴潮致灾因子危险性。该因子由风暴潮增水指数和超警戒指数组成，既考虑了风暴潮频次和强度，又考虑了超警戒水位的频次和强度，这与致灾因子危险性相符合。

### 2. 承灾体的脆弱性评价

承灾体就是各类致灾因子作用的对象，是人类及其活动所在的社会与各种资源的集合。灾情包括人员伤亡及造成的心理影响、直接经济损失和间接经济损失、建筑物破坏、生态环境及资源破坏等。脆弱性是衡量承灾体易遭受损害的程度，是灾害损失估算和风险评估的重要环节，是致灾因子与灾情联系的桥梁。承灾体的脆弱性可认为是自然或物理脆弱性，是海岸带遭遇危险事件前存在的状态，它是动态变化的，利于海岸带系统脆弱性的动态评估。

风暴潮灾害的影响主要体现在对人口、社会经济、农业、湿地以及主要城市造成的损害，同时人们在应对风暴潮灾害中也发挥着重要的能动作用，如修建防潮堤、进行灾害预报预警及提前疏散群众等防灾减灾措施。本节参照高义等（2013）中使用的海岸带脆弱性指数构建方法评价方案，以沿海区县级行政区划为基本单元，选取社会经济、土地利用、生态环境和抗灾能力等指标类型，用于综合评价海岸带风暴潮灾害脆弱性（coastal vulnerability index，CVI），具体计算公式为

$$\text{CVI} = A \times L \times E / K \tag{4-10}$$

式中，$A$ 为社会经济指标；$L$ 为土地利用指标；$E$ 为生态环境指标；$K$ 为承灾体的承灾能力指数［详细介绍请参考高义等（2013）］。

最终，将得到的风暴潮灾度（$D_g$）和脆弱性（CVI）分别进行归一化处理，得到风暴潮致灾因子危险性指数（$H$）和脆弱性指数（$V$），再根据式（4-9）计算出风险指数（$R$），对 $R$ 进行归一化后便是风暴潮风险评估结果。

# 4.3 1981～2011年中国风暴潮灾情概况

## 4.3.1 风暴潮历史变化趋势

本章采用数值模拟的方法，重建了1981～2011年中国沿海风暴潮的历史资料序列，并从该数据中提取了31年间重点区域代表性潮位站风暴潮历史资料序列。利用该资料，分析了在气候变化背景下，风暴潮的时空变化特征。这里需要特别说明的是，数值模拟结果在每次风暴潮过程中，受到地形描述精细程度、气象强迫场精度等影响，不能完全与观测数据一一对应，但可较好描述长期统计特征，并与现有可获取观测数据得到的长期统计特征接近，因此，可用于风暴潮增水的变化趋势研究。

### 1. 风暴潮增水的时间分布特征

本章从1981～2011年沿海各站逐时的增水数据中提取了增水值≥50cm的历次增水过程，然后依据上述增水的等级划分标准，统计了各级增水的月际、年际变化特征及长期的变化趋势，统计了历次增水最大值的月际、年际变化特征及长期的变化趋势。为了分析增水的空间分布特征，本章也分析了沿海各省内站点各等级风暴潮增水发生次数及最大值。由于本部分是为调查经济损失与风暴潮增水分布规律的关系，而目前台湾地区的经济损失资料缺失，所以本章的讨论将不包含台湾地区。

图4-6显示了1981～2011年间沿海44站各等级风暴潮增水的发生次数的月际分布特征。对于最强级别的增水：Ⅰ级、Ⅱ级增水均主要发生在7～9月（约10次），这主要是与TC相联系的，而其他月份的发生频次较低。Ⅲ级增水的频次在7～9月较大，峰值出现在8月（约50次），另外在11月有一个小的峰值。对于中等和一般级别的增水：Ⅳ级、Ⅴ级月累计增水频次分别约为100次和3000次，并且表现为冬强夏弱的特征，与我国冬季风相联系。图4-6（a）为增水值大于等于50cm增水过程的累计发生次数，即Ⅰ～Ⅴ级增水累计次数的总和。总体而言，50cm及以上的风暴潮增水也呈现冬强夏弱的特征，2月、3月、10月、11月和12月增水发生的频次较高，而5～9月频次较低。如前所言，Ⅳ级～Ⅴ级增水主要是温带气旋所致，所以冬半年发生频次较高，同时由于Ⅳ级、Ⅴ级增水频次较高（如Ⅴ级增水累计频次的量级为$10^3$次），50cm及以上的风暴潮增水主要反映的是Ⅳ级、Ⅴ级增水的“信号”，所以50cm及以上的增水也呈现冬强夏弱的特征。

图4-7为1981～2011年，各级风暴潮增水逐年的累计次数和趋势变化。其中，模拟得到Ⅰ级、Ⅱ级增水次数较少，随机性较大，此处不予分析。Ⅲ级增水累计频次在2000年之前较多，2000年后明显减少，到2010年前后，显著增加。类似的，Ⅳ级增水2000年之前较多，2000～2008年减少，2009年之后明显增多；Ⅴ级增水在2000年之前变化不显著，但在2000年之后减少，2009年之后呈增多的趋势。对于31年的总体趋势而言，Ⅰ级增水频次呈现减少的趋势，Ⅱ级增水频次变化不显著，Ⅲ～Ⅴ级增水均呈增加趋势，尤其以Ⅴ级增水最为显著，为每年增加约13次。

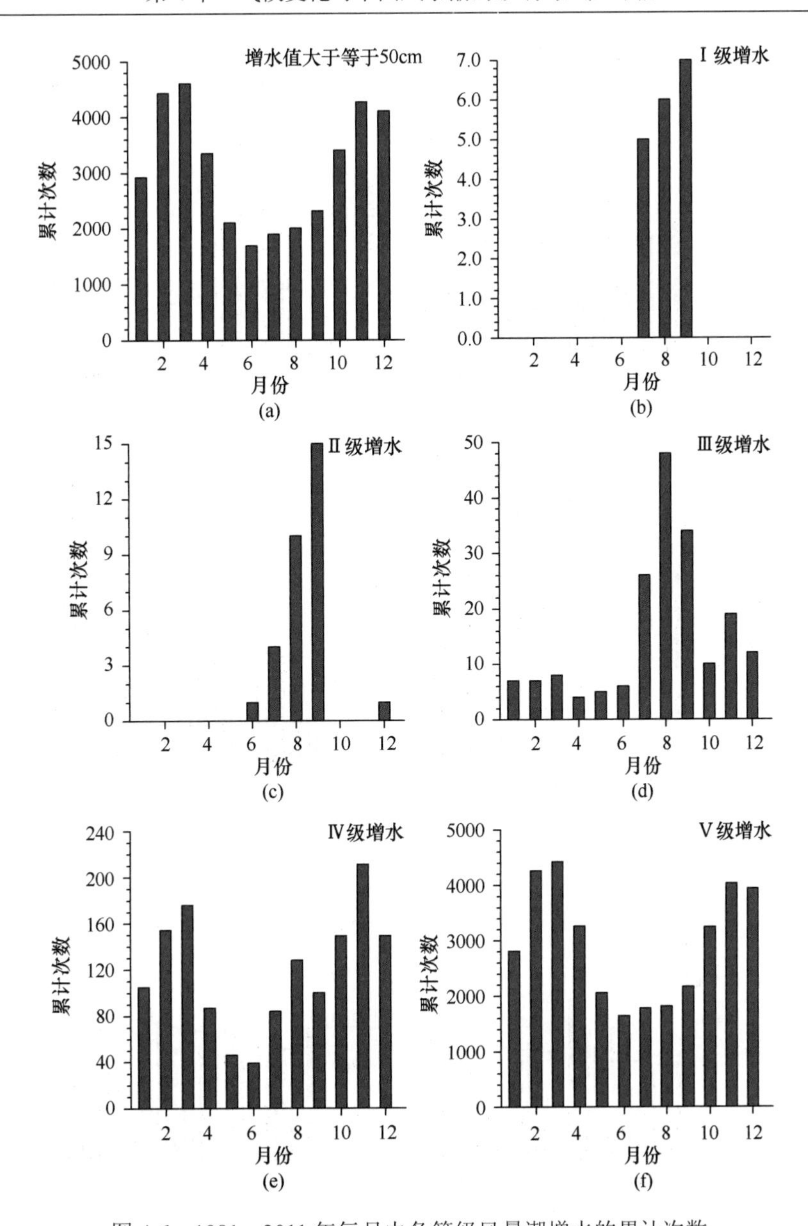


图 4-6　1981～2011 年每月内各等级风暴潮增水的累计次数

（a）表示各级风暴潮增水（增水值大于等于 50cm）累计次数的总和；（b）～（f）分别表示各级增水的累计次数

图 4-8 显示了 1981～2011 年每月内的最大增水值。最大增水主要发生在 7～9 月内，均在 3m 以上，其中 8 月最大，超过 5m，这主要与 TC 集中在夏季有关；其他季节较小，约在 2m 左右。从年际变化来看（图 4-9），1981～1991 年，最大增水值较大；1992～2011 年，最大增水值有减小的趋势。总体而言，风暴潮最大增水值随时间呈现逐渐减小的趋势。

## 2. 风暴潮灾度的时空变化特征

灾度包含了风暴潮增水和超警戒两个指标，既考虑了风暴潮强度、频次的影响，又考虑了当地沿海对风暴潮的防护能力，它综合反映了某站受风暴潮成灾作用影响的程

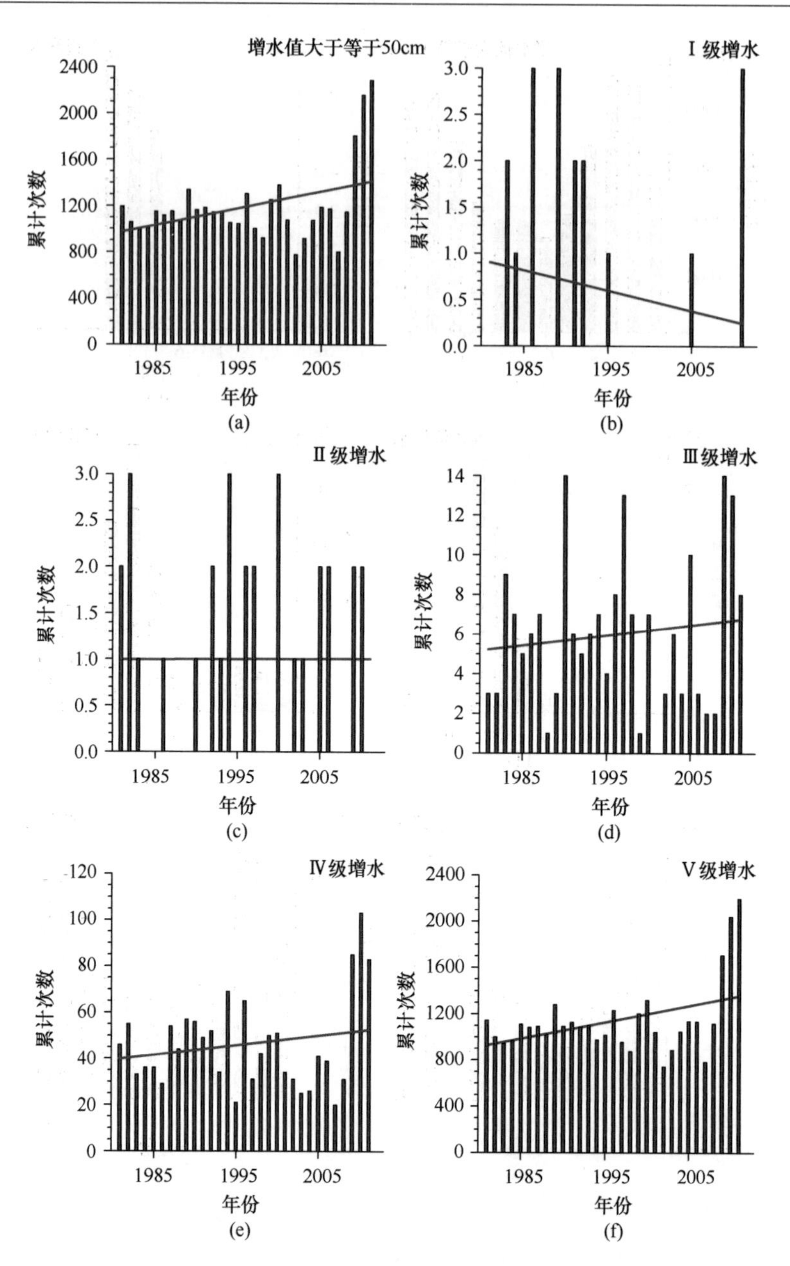


图 4-7 每年内各级风暴潮增水的累计次数及变化趋势

（a）表示各级风暴潮增水（增水值大于等于 50cm）累计次数的总和；（b）～（f）分别表示各级增水的累计次数

度。如前所述，本节内容所采用的灾度为归一化灾度。图 4-10 给出了沿海 43 站（去掉了灯笼山站）的灾度指数。风暴潮灾度大值主要发生在渤海湾和莱州湾（这两个地区是北方沿岸风暴潮灾度危险性最高的区域，主要是温带风暴潮的作用，以Ⅲ级灾度为主）、长江口（多为Ⅲ级）、杭州湾（为Ⅱ级、Ⅲ级）、浙江南部和福建北部（多为Ⅲ级）、珠江口（Ⅰ级）和雷州半岛东岸（多为Ⅱ级、Ⅲ级），而辽宁、山东、广西和海南均呈较弱的Ⅳ级，尤其是辽宁沿岸其值均小于 0.05。全国 43 个站点中三灶站风暴潮危险性最高，其次是南渡站和乍浦站，说明这几个地方沿岸需要加强风暴潮防护措施。

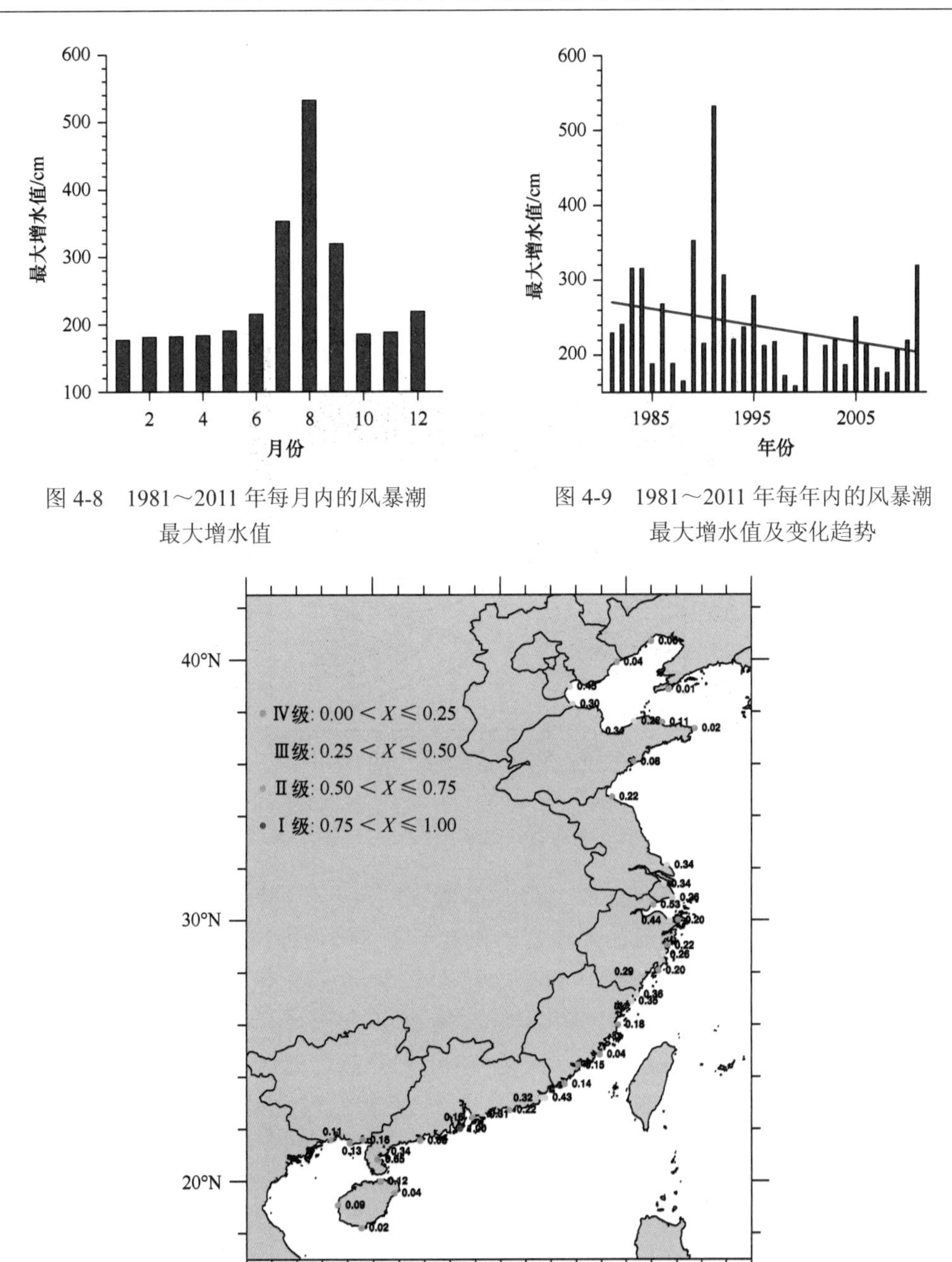


图 4-8　1981～2011 年每月内的风暴潮最大增水值

图 4-9　1981～2011 年每年内的风暴潮最大增水值及变化趋势

图 4-10　沿海 43 站的风暴潮灾度特征

参照灾度计算方法，还可估算各省灾度的逐月分布。具体方法为：①分别统计每月内各省累计发生的各级风暴潮次数；②将该累计次数对各省的站点数求平均；③按照第 4.2.3 节中的式（4-6）、式（4-7）和式（4-8）将各级风暴潮平均次数做加权求和；④将③中的数据尺度化到[0，1]内。图 4-11 显示了各省风暴潮灾度的月际分布。从中可以发现，对于上海以北的沿海区域，天津市的灾度最高，而山东、河北和辽宁的灾度较小。对于上海以南各地，广东的风暴潮灾度最为严重，福建、广西、浙江和上海次之，海南最小。对月际的分布而言，1～4 月、9～12 月，灾度较大，而 5～8 月灾度较小，这与前文中统计的风暴潮增水总频次的结果一致，其原因可能是冬半年冷空气活动频繁，导致风暴潮次数远远超过夏季 TC 造成的风暴潮。11 个省份中，广东和天津的风暴潮灾度季节变化最为显著，但不同的是在广东的夏季 6～8 月灾度存在着一个明显的次峰值，而天津没有。

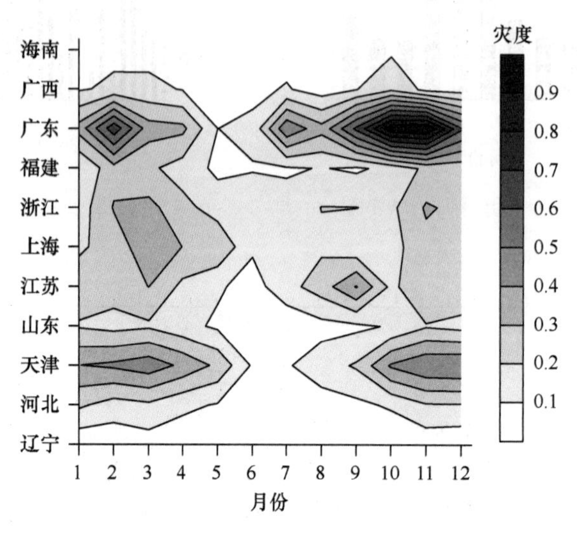


图 4-11 沿海各省风暴潮灾度的月际分布

图 4-12 给出了我国沿海地区的逐年风暴潮灾度及其长期变化趋势。可以看出，我国沿海风暴潮灾度呈现出明显的年际变化和多年际变化趋势。1981～1987 年风暴潮灾度较轻，多数年份灾度为Ⅳ级；1988～1992 年风暴潮灾度较大，多为Ⅱ级；1993 年后风暴潮灾度明显减轻，均为Ⅲ级、Ⅳ级；从 2009 年开始风暴潮灾度又明显加重，2009 年和 2011 年分别为Ⅱ级和Ⅰ级。近 30 年来我国沿海风暴潮灾度表现为两个明显的峰值：1990 年前后和 2010 年前后，但其整体上表现为弱的增强趋势，斜率为 0.0022 级/a。

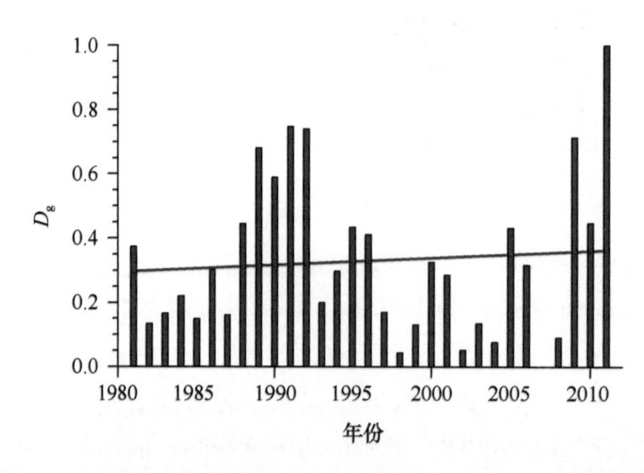


图 4-12 我国沿海风暴潮灾度的逐年变化及其长期变化趋势

### 4.3.2　风暴潮灾害损失评估

利用风暴潮直接经济损失、受灾人口和死亡人口三类损失与经济密度和人口密度两个社会因素作为研究对象，可对风暴潮灾害损失进行研究，如分析各种灾害损失的历史变化趋势、自然因素和人为因素对其影响，以及它们与风暴潮强度、频次的关系。

#### 1. 风暴潮灾害损失的变化特征

图 4-13 给出了 1949～2012 年中国沿海各等级台风风暴潮增水频次（观测数据）与各类灾害损失的时间序列。由图可看出，Ⅰ级（最强等级）台风风暴潮频次很少，且其变化趋势不明显；Ⅱ级、Ⅲ级、Ⅳ级台风风暴潮频次呈明显增加趋势，其每 10 年增长率分别为 0.51 次、1.36 次和 1.54 次，且均通过 $\alpha = 0.001$ 的信度检验。

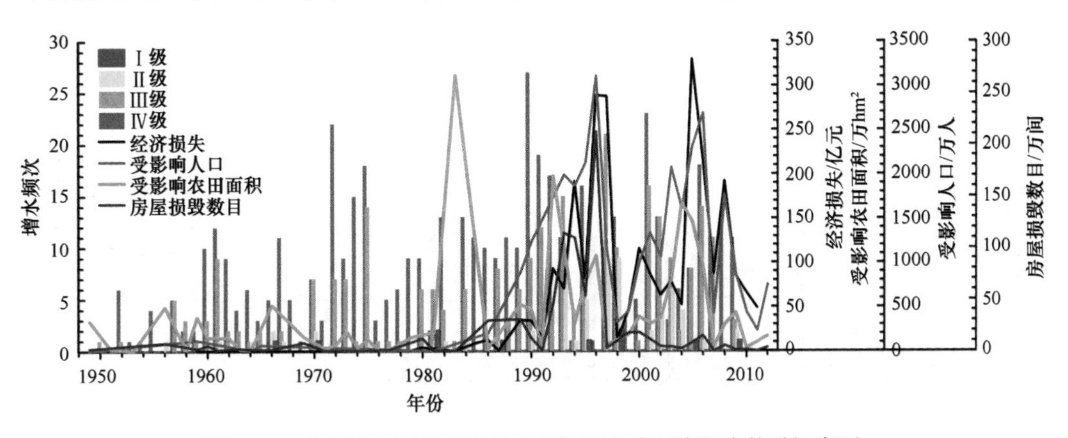


图 4-13　各等级台风风暴潮增水频次和各类经济损失的时间序列

图 4-14 给出了 1981～2012 年中国沿海各等级风暴潮增水频次与各类灾害损失的时间序列。由图可看出，Ⅰ级（最强等级）风暴潮增水频次呈减少趋势，但趋势不明显；Ⅱ级、Ⅲ级、Ⅳ级风暴潮均呈增加趋势，其每 10 年增长率分别为 3.49 次、8.58 次、38.18 次和 87.02 次，Ⅳ级增长最为显著，通过了 $\alpha < 0.001$ 的显著性检验。

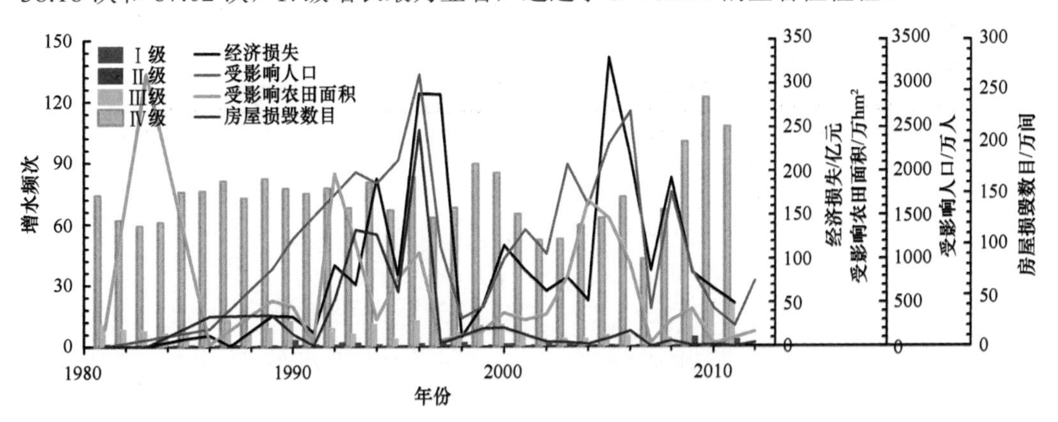


图 4-14　各等级风暴潮增水频次和各类经济损失的时间序列

1981～2012 年，各类灾害损失变化趋势相近，均在 90 年代以前损失较少，而 90 年代后随着沿海经济快速增长而明显增加，呈双峰型，峰值分别出现在 1992～1996 年和 2003～2009 年，而在 1998～2002 年变化较平稳。

## 2. 风暴潮和非气候因素对灾害损失的影响

1）风暴潮和非气候因素对超警戒水位的影响

由图 4-15 可看出，Ⅰ～Ⅲ级风暴潮超警戒水位发生频次总和与Ⅰ～Ⅳ级风暴增水频次总和的变化趋势非常一致，两者相关系数达 0.583，通过 $\alpha = 0.001$ 的信度检验。由 M-K 检验曲线可知，超警戒水位发生频次在 2000 年以前一直处于增长趋势，且在 1985～1997 年间增长较为显著，2000 年后呈下降趋势，但不显著。风暴潮增水频次的变化与其相近超警戒水位频次的统计量 UF 和 UB 线相交于 2000 年前后，说明此时为突变点。另外，利用双积累曲线法对突变点进行检验（图 4-16），也可发现转折点出现在 2000 年前后。因此，此处将 1981～1999 年选为基准期，2000～2011 年为研究期进行对比分析。

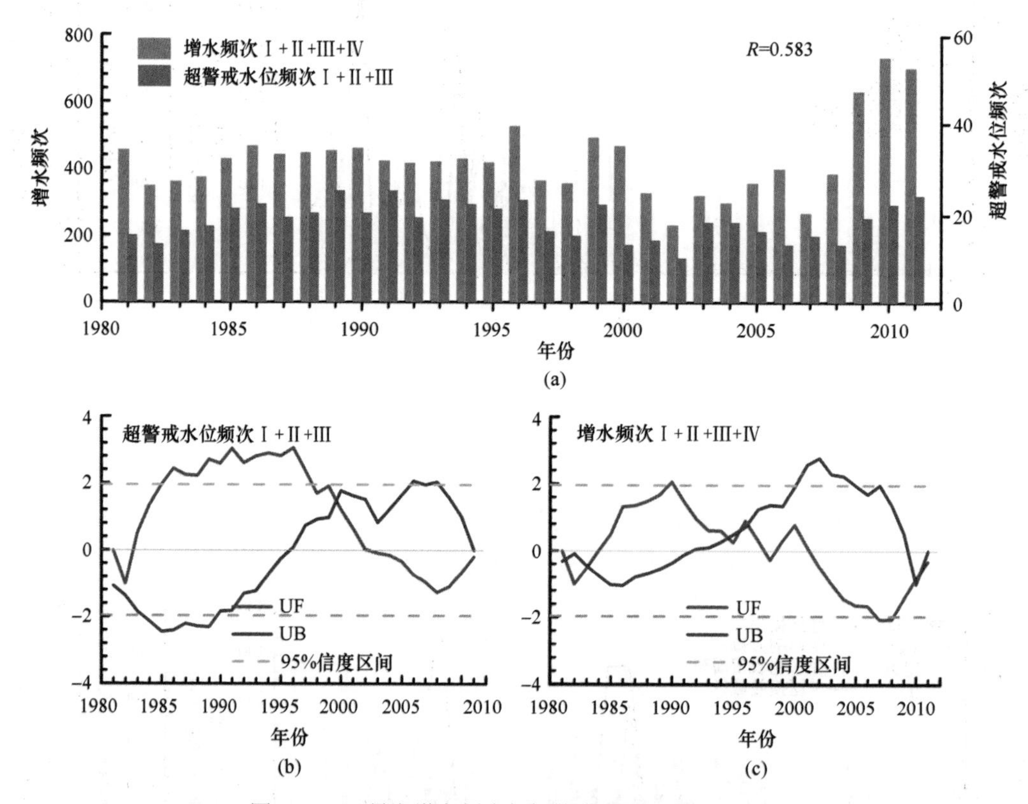


图 4-15 风暴潮增水频次与超警戒水位频次对比分析

（a）Ⅰ～Ⅳ级风暴潮增水频次总和（红色）与Ⅰ～Ⅲ级超警戒水位频次总和（蓝色）的变化趋势；（b）Ⅰ～Ⅲ级超警戒水位频次总和的 M-K 检验曲线；（c）Ⅰ～Ⅳ级风暴潮增水频次总和的 M-K 检验曲线

利用最小二乘法对基准期的超警戒水位频次与风暴潮增水频次进行线性回归得：$Y = 0.0399X + 2.2477$，$R = 0.517$，通过 $\alpha = 0.02$ 的信度检验。据回归方程计算出研究期的超警戒水位频次并与基准期进行对比，结果见表 4-10。2000～2011 年年平均风暴潮

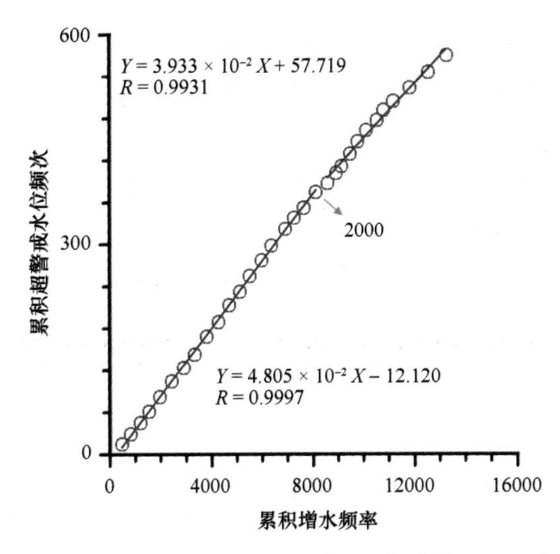


图 4-16　风暴潮增水频次与超警戒水位频次的双积累曲线图

**表 4-10　Ⅰ～Ⅳ级风暴潮增水频次总和与非气候因素对Ⅰ～Ⅲ级超警戒水位发生频次总和的影响**

| 时间段 | 年平均风暴潮增水频次 | 超警戒水位频次 | | 风暴潮因素 | | | 非自然因素 | |
|---|---|---|---|---|---|---|---|---|
| | | 实测值 | 回归值 | 变化量 | 影响量 | 占比/% | 影响量 | 占比/% |
| 1981～1999 年 | 426. 53 | 19. 68 | 19.27 | | | | | |
| 2000～2011 年 | 427. 67 | 16. 25 | 19.31 | –3.43 | –0.37 | 10.85 | –3.06 | 89.15 |

增水频次较 1981～1999 年平均年增长 1.14 次，其对超警戒水位频次影响为–0.37 次，占总变化量（–3.43 次）的 10.85%；剩余部分归因于非气候因素影响，其影响量约为–3.06 次，贡献率为 89.15 %。这说明 2000 年以后沿海防风暴潮设施（海堤、防洪堤等）的建设使得发生超警戒水位的频次明显减少。

2）风暴潮和非气候因素对直接经济损失的影响

为了更准确地分析风暴潮对经济损失的影响，本小节利用风暴潮灾度来分析其对经济损失的影响。风暴潮灾度综合考虑了所有等级风暴潮增水频次和所有等级的超警戒水位频次，是一个综合指标，能够更好地反映了风暴潮灾害程度。图 4-17 给出了我国沿海地区风暴潮灾度和风暴潮直接经济损失的变化趋势，及其 M-K 检验曲线。可看出，1981～2011 年间风暴潮灾度和经济损失整体上都呈明显的增长趋势，其每 10 年增长速率分别为 0.18 和 43.10 亿元，且分别通过 $\alpha < 0.001$ 和 $\alpha = 0.02$ 的显著性检验。

由经济损失的 M-K 曲线更加清楚地看出，从 80 年代至今风暴潮直接经济损失整体上呈增长趋势，尤其是从 20 世纪 90 年代初期开始增长显著（UF > 1.96），这在很大程度上是由于沿海地区经济发展迅速，在相同的灾害水平下，使得损失明显增加。从风暴潮灾害的 M-K 曲线可看出，1980～1985 年灾度呈下降趋势，但变化趋势不显著；1985 年以后灾害整体上呈增加趋势，且在 1989～1996 年增长显著，1986～2003 年灾害有所下降，但变化比较平稳，而 2004 年以后呈显著性增长趋势。经济损失的 M-K 检验曲线显示，UF 与 UB 交点出现在 1988～1989 年，说明此时经济损失发生了突变。选取 1981～1988 年作为基准期，1989～2003 年作为研究期，对基准期的经济损失与风暴潮

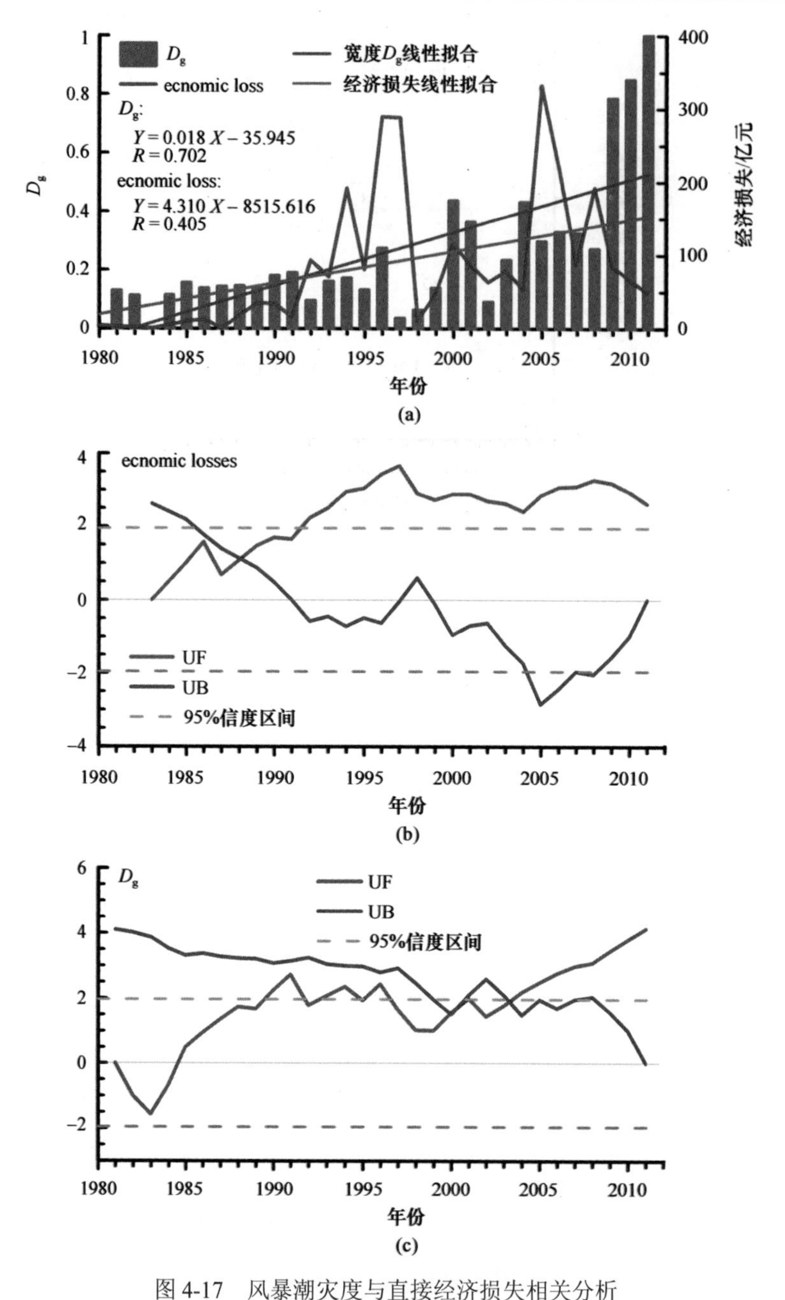


图 4-17 风暴潮灾度与直接经济损失相关分析

（a）沿海地区风暴潮灾度（$D_g$）和风暴潮直接经济损失（economic losses）的时间序列；（b）风暴潮灾度的 M-K 检验曲线；（c）风暴潮直接经济损失的 M-K 检验曲线

灾度进行线性回归得：$Y = 48.954X + 0.336$，$R = 0.5663$。与回归方程计算的研究期经济损失比较得出，1990～2011 年年平均风暴潮经济损失为 112.05 亿元，约为基准期（1981～1989 年）的 20 倍，这主要是沿海地区经济飞速发展的结果。研究期的年平均灾度约 0.30，大于基准期，致使经济损失也明显大于基准期，其导致经济损失的变化量约为 9.54 亿元，占总变化量的 8.97%。将风暴潮灾害对经济损失的贡献分离后，结果显示由非气候因素（如人类活动）引起的风暴潮经济损失年平均增加量约为 96.87 亿元，贡献率约占 91.03%（表 4-11）。

**表 4-11　风暴潮灾度和非气候因素对沿海地区风暴潮经济损失的影响**

| 时间段 | 平均灾度 | 经济损失/亿元 | | 风暴潮灾度因素 | | | 非气候因素 | |
|---|---|---|---|---|---|---|---|---|
| | | 实测值 | 回归值 | 变化量 | 影响量 | 占比/% | 影响量 | 占比/% |
| 1981～1989 年 | 0.12 | 5.64 | 6.02 | — | — | — | — | — |
| 1990～2011 年 | 0.30 | 112.05 | 15.18 | 106.42 | 9.54 | 8.97 | 96.87 | 91.03 |

## 3. 风暴潮灾害损失评估模型

1）风暴潮直接经济损失评估模型

一般来讲，风暴潮直接经济损失主要受风暴潮发生频次和强度的直接影响，风暴潮发生频次越多、强度越大所造成的直接经济损失就越多。本节使用较大（Ⅲ级）、大（Ⅱ级）和特大（Ⅰ级）风暴潮增水的总频次来表示强风暴潮频次。另外，风暴潮直接经济损失还与沿海地区经济水平有着密切的关系，经济水平越高风暴潮灾害直接经济损失也就越大，因此此处用经济密度（即 GDP/面积）来表征经济水平。根据 31 年统计数据建立风暴潮直接经济损失与强风暴潮总频次、沿海经济密度的数学模型为

$$\log(z)=\frac{p_1+p_2x+p_3x^2+p_4x^3+p_5y+p_6y^2+p_7xy}{1+p_8x+p_9x^2+p_{10}y+p_{11}y^2} \tag{4-11}$$

式中，$z$ 为直接经济损失（亿美元）；$x$ 为强风暴潮总频次；$y$ 为沿海地区经济密度（亿美元/km$^2$）。利用 1stOpt 统计软件，采用 Levenberg-Marquardt 方法及通用全局化法，对观测和统计数据进行计算，得出式（4-11）的系数。经过多次计算，得到最优估计结果（即残差平方和最小且相关系数最大）时的系数。值得注意的时，在对式（4-11）进行拟合之前，本章对经济密度（$x$）和风暴潮频次（$y$）进行了归一化处理，这里采用的是最大值最小值标准化法，使其处于[0，1]内，即

$$X_{\text{new}_i}=\frac{x_i-x_{\min}}{x_{\max}-x_{\min}} \tag{4-12}$$

而对经济损失（$z$）取对数，即等式左边的 log（$z$）。该评估模型的最优估计参数和计算结果分别见表 4-12 和图 4-18。

**表 4-12　经济损失模型最优估计参数**

| 参数值 | | 参数值 | | 参数值 | | 统计值 | |
|---|---|---|---|---|---|---|---|
| $P_1$ | 0.72451 | $P_5$ | 0.55935 | $P_9$ | 7.67762 | $R$ | 0.95714 |
| $P_2$ | −3.47551 | $P_6$ | −0.45302 | $P_{10}$ | −0.41690 | DC | 0.91612 |
| $P_3$ | 0.40626 | $P_7$ | −1.70221 | $P_{11}$ | −0.84284 | SSE | 0.22566 |
| $P_4$ | 6.38885 | $P_8$ | −5.94386 | | | $F$ | 218.42286 |

风暴潮强度是影响经济损失的重要指标，以上用了强风暴潮发生频次来体现，接下来用风暴潮灾度（$D_g$）来表征风暴潮的危险性，它既考虑了风暴潮的强度和频次，也考

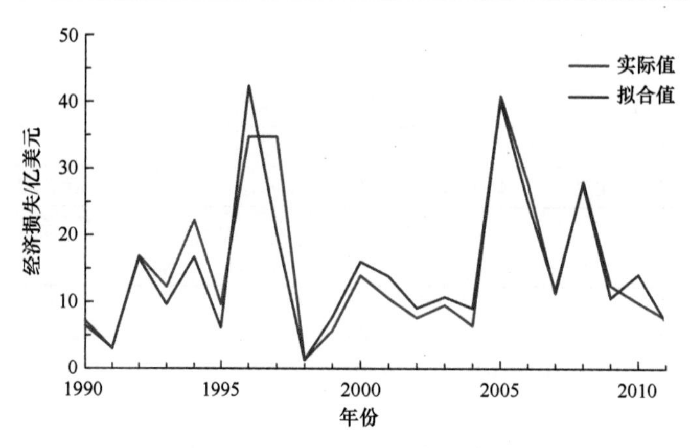


图 4-18 观测与计算的直接经济损失对比

虑了风暴潮增水是否超过当地的警戒线。同样利用观测及经济统计数据对式（4-11）进行计算，得出最优估计参数与计算结果如表 4-13 和图 4-19 所示。由图 4-18 和图 4-19 可看出，用强风暴潮频次和经济密度，或是用风暴潮灾度和经济密度都能够用式（4-11）较好的计算出风暴潮直接经济损失。

**表 4-13 经济损失模型最优估计参数**

| 参数值 | | 参数值 | | 参数值 | | 统计值 | |
|---|---|---|---|---|---|---|---|
| $P_1$ | 1.15392 | $P_5$ | −11.51778 | $P_9$ | 52.56022 | $R$ | 0.93560 |
| $P_2$ | −17.29098 | $P_6$ | 39.58903 | $P_{10}$ | −11.20593 | DC | 0.87534 |
| $P_3$ | 64.51119 | $P_7$ | −7.11082 | $P_{11}$ | 31.24655 | SSE | 0.33535 |
| $P_4$ | −12.09793 | $P_8$ | −14.79338 | | | $F$ | 140.43860 |

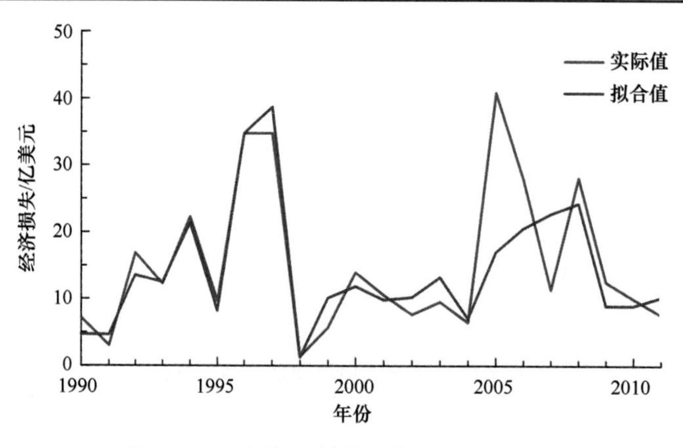


图 4-19 观测与计算的直接经济损失对比

2）风暴潮受灾人口评估模型

风暴潮受灾人口主要与风暴潮强度和发生频次有着直接的关系。这里同样用 Ⅰ～Ⅲ 级风暴潮频次和风暴潮灾度来表征风暴潮因子。另外，风暴潮的影响范围和该地区的人口总量同样影响着受灾人口数量，这里用人口密度（总人口/总面积，人/km$^2$）来表征。根据观测数据，建立风暴潮受灾人口和强风暴潮频次及人口密度的关系，形式同式（4-11），但式左侧 log（$z$）换成 $z$/10 000，即将观测的受灾人口除以 10 000 进行归一化，将其转换为 [0，1]内；$x$ 为 I～III 级风暴潮总频次；$y$ 为人口密度。计算时 $x$ 和 $y$ 都进行最大值最小值标准化处理。通过计算得到最优估计参数见表 4-14，计算结果见图 4-20 中的 Fit_$S$。

**表 4-14　受灾人口模型最优估计参数**

| 参数值 | | 参数值 | | 参数值 | | 统计值 | |
|---|---|---|---|---|---|---|---|
| $P_1$ | 0.19644 | $P_5$ | –0.79077 | $P_9$ | 0.21229 | $R$ | 0.91494 |
| $P_2$ | –0.24761 | $P_6$ | 0.68676 | $P_{10}$ | –4.51616 | DC | 0.83712 |
| $P_3$ | 0.43143 | $P_7$ | 0.23062 | $P_{11}$ | 4.21807 | SSE | 0.02133 |
| $P_4$ | –0.49633 | $P_8$ | –0.48955 | | | $F$ | 92.50811 |

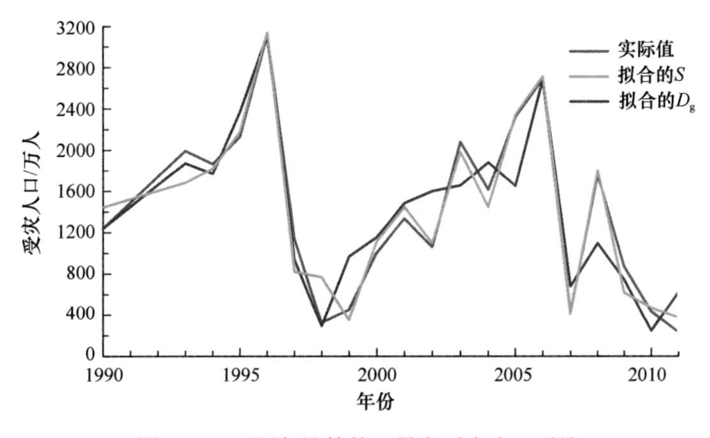


图 4-20　观测与计算的风暴潮受灾人口对比

同样，此处利用观测数据对风暴潮受灾人口和风暴潮灾度及人口密度建立数据模型：

$$z=\frac{p_1+p_2x+p_3x^2+p_4x^3+p_5y+p_6y^2+p_7y^3+p_8xy}{1+p_9x+p_{10}x^2+p_{11}y+p_{12}y^2} \tag{4-13}$$

式中，$z$ 单位为万人（受灾人口/10 000）。多次计算后的最优参数见表 4-15，计算结果如图 4-20 中的 Fit_$D_g$ 所示。从中可见，风暴潮受灾人口可以较好的用风暴潮灾度及人口密度来解释，说明风暴潮受灾人口受到风暴潮灾度和人口密度的显著影响。

**表 4-15　受灾人口模型最优估计参数**

| 参数值 | | 参数值 | | 参数值 | | 统计值 | |
|---|---|---|---|---|---|---|---|
| $P_1$ | 0.11711 | $P_5$ | –0.63721 | $P_9$ | 5.84781 | $R$ | 0.97644 |
| $P_2$ | 0.96649 | $P_6$ | 0.00599 | $P_{10}$ | –15.05529 | DC | 0.95343 |
| $P_3$ | –1.93083 | $P_7$ | 0.83517 | $P_{11}$ | –7.24242 | SSE | 0.00610 |
| $P_4$ | 1.12604 | $P_8$ | –0.80651 | | | $F$ | 368.50990 |

### 4.3.3　风暴潮灾害风险综合评估

风暴潮灾害风险是风暴潮致灾因子和脆弱性相互作用的结果，因此本节对风暴潮致灾因子、脆弱性和风暴潮灾害风险进行了详细评估。

首先，本节对风暴潮致灾因子本身的空间分布特征进行分析。图 4-21 给出了 1981～2011 年我国沿海各等级风暴潮累计发生频次的空间分布特征。可以看出，Ⅰ级（特大）和Ⅱ级（大）风暴潮发生次数较少，主要发生在杭州湾、珠江口和雷州半岛；Ⅲ级（较大）风暴潮发生的空间范围较Ⅰ级、Ⅱ级明显增加，渤海湾和莱州湾成为Ⅲ级风暴潮高发区，31 年间累计发生频次约为 20 次；Ⅳ级风暴潮发生区域的分布特征与Ⅲ级相似，

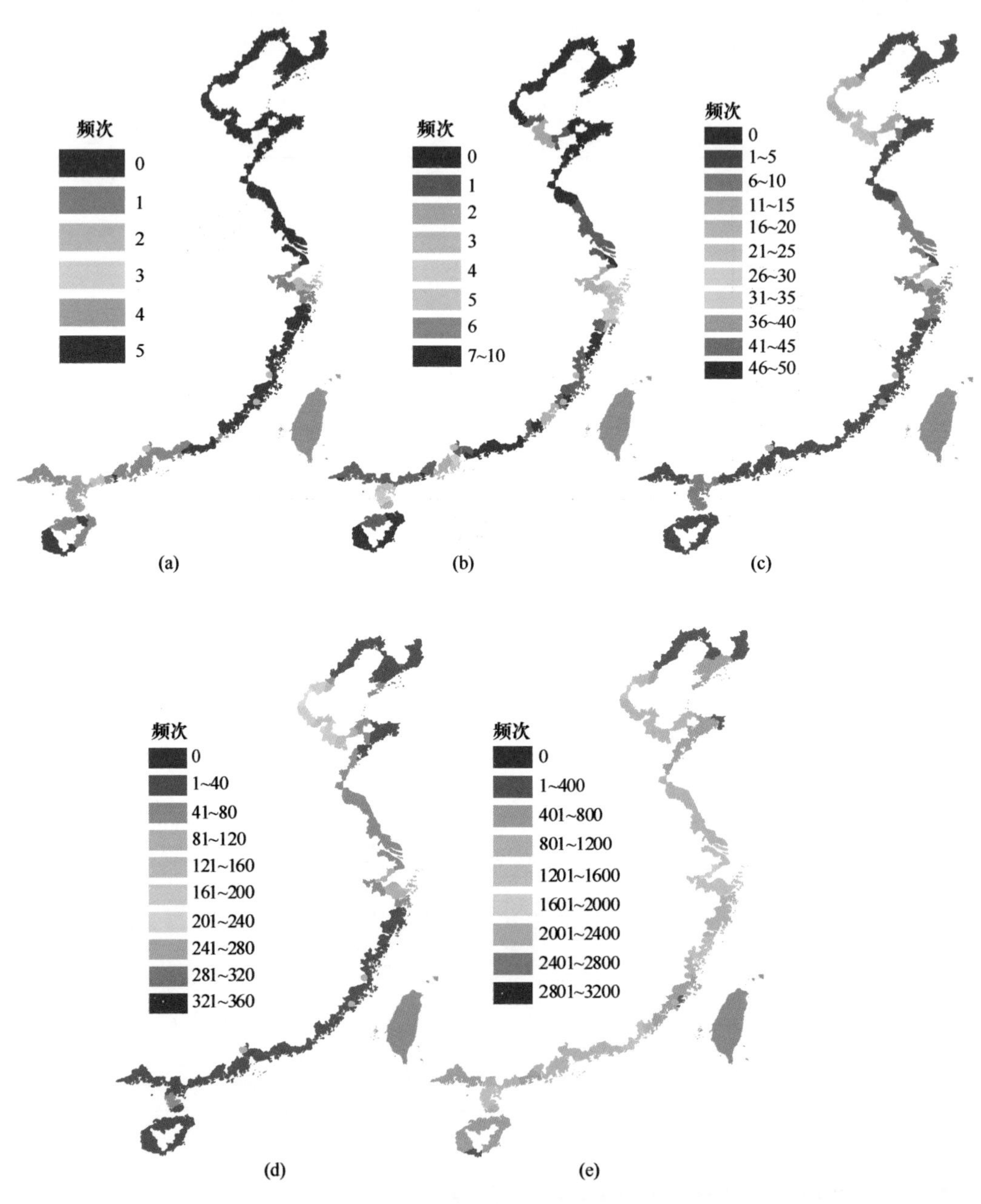


图 4-21 我国沿海各等级风暴潮发生频次的空间分布图

（a）～（e）分别对应Ⅰ～Ⅴ级增水

但其频次明显增多，发生频次最高区域也位于渤海湾和莱州湾，约 100～200 次；V 级风暴潮遍布整个海岸线，31 年间累计发生频次最小区域为辽宁沿岸、山东半岛南部海岸、广西和海南沿岸，约 60～300 次，而其他大部区域在 500 次以上。

图 4-22 给出了 1981～2011 年间我国沿岸风暴潮最大增水的空间分布。可以看出，雷州半岛东岸和珠江口附近的风暴潮最大增水值最大，分别为 400～530cm 和 300～400cm；其次是深圳沿岸和杭州湾南部沿岸，约 250～300cm；莱州湾、江苏南部、杭州湾和浙江北部以及广东西海岸风暴潮最大增水一般在 200～250cm 之间；辽宁沿岸、河北北部、山东半岛、福建中部以及海南大部分沿岸区域风暴潮最大增水值较小，均在 150cm 以下。

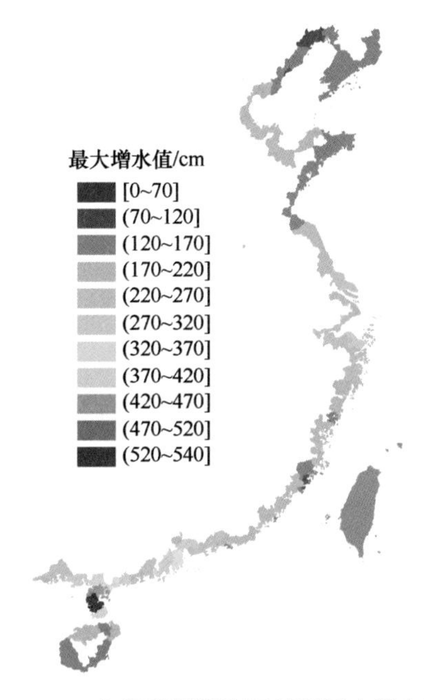


图 4-22　1981～2011 年间我国沿海风暴潮最大增水值的空间分布

本节对风暴潮致灾因子的危险性(即风暴潮灾度)、脆弱性和风险进行了综合评价。图 4-23 给出了我国沿岸地区风暴潮危险性（hazard）、脆弱性（vulnerability）和风险（risk）的综合评估结果。由此图可看出，渤海湾、莱州湾、杭州湾、浙江和福建交接处、珠江口和雷州半岛这些区域的风暴潮危险性较高，尤其是珠江口和雷州半岛东岸，这与 I 级、II 级风暴潮在这两个区域发生频次最多，且最大风暴潮增水的空间分布特征相一致。脆弱性的空间分布图显示，辽东半岛的大连市、渤海沿岸的天津市、江苏省的如东县、浙江南部至福建北部沿岸各区县、广东汕头市和雷州市、广西防城港市，以及海南文昌市等沿海区域的风暴潮脆弱性等级较高，表明这些区域在风暴潮过程中易受到破坏和损失。在风暴潮危险性和沿岸脆弱性的共同作用下，我国沿海风暴潮风险结构显示为，珠江口附近、渤海湾和雷州半岛东岸为高风险区，且其风险明显高于其他沿岸地区；其次是莱州湾、江苏北部、上海、杭州湾南部，以及广东大部分沿岸；而其他地区沿海风险值较低，均为低风险区。风暴潮风险度的空间分布格局与风暴潮危险性

（即风暴潮灾度）的分布特征具有很好的一致性。

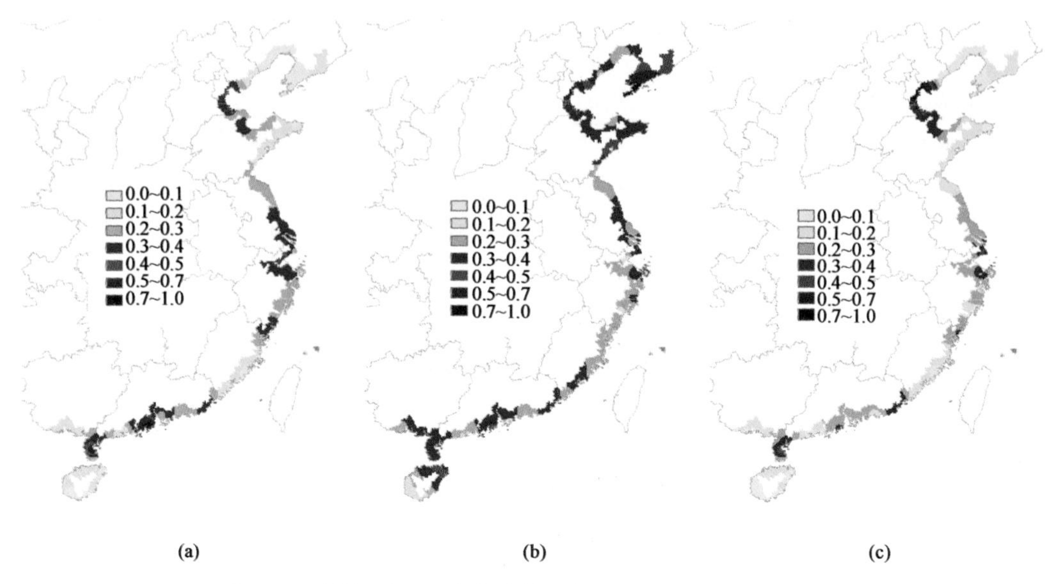


图 4-23　我国沿岸风暴潮危险性、脆弱性和风险综合评估结果

（a）危险性；（b）脆弱性；（c）综合评估结果

## 4.4　2015～2045 年中国风暴潮灾情预估

2000 年发布的《排放情景特别报告》（以下简称 SRES）中，IPCC 定义了多种排放情景。在对未来气候变化进行预估分析时，这些排放情景得到了广泛的应用。但 SRES 情景没有考虑应对气候变化的各种政策对未来排放的影响。因此，为了协调不同科学研究机构和团队的相关研究工作，强化排放情景在研究和应对气候变化的中的参考作用，并在更大范围内研究潜在气候变化和不确定性，IPCC 决定为第五次评估报告发展以稳定浓度为特征的新情景：典型浓度路径（以下简称 RCP；Moss et al.，2010）。RCP 情景将气候、大气和碳循环预估与排放和社会经济情景有机结合起来，有助于气候变化对研究区影响、适应和脆弱性以及减排的相关分析。

RCP 有 4 种排放情景，分别为 RCP2.6、RCP4.5、RCP6.0 和 RCP8.5。其中，RCP8.5 为 $CO_2$ 排放参考范围第九十百分位数的高端路径，其辐射强迫高于 SRES 中的高排放（A2）情景和化石燃料密集型（A1F1）情景。RCP8.5 情景下，整个 21 世纪内，$CO_2$ 浓度将一直升高。在 2100 年左右，其辐射强迫将达到 8.5W/m$^2$，二氧化碳相当浓度达 1300 $CO_{2\text{-eq}}$。RCP4.5 为中间稳定路径，在该排放情景下，温室气体排放、浓度和辐射强迫将在 2040 年达到目标水平，在 2070 年趋于稳定，2100 年后其辐射强迫将稳定在 4.5W/m$^2$ 左右，二氧化碳相当浓度约为 650 $CO_{2\text{-eq}}$。RCP4.5 排放情景的时间变化与中国未来经济发展趋势较为一致，适合中国国情，符合政府对未来经济发展、应对气候变化的政策措施。RCP2.6 是最为理想的情况，即路径的形式为先升后降，最后达到稳定，辐射强迫在 2100 年时小于 3W/m$^2$，二氧化碳相当浓度为 490 $CO_{2\text{-eq}}$。

国际耦合模式比较计划第五阶段（CMIP5）基于耦合模式，以 RCP 情景为基础，开展了不同排放情景下，气候响应及未来预估的系列试验。本节正是基于 CMIP5 未来气候预估试验数据，开展风暴潮的未来预估工作。

### 4.4.1　历史和未来情景下海平面的变化

对于未来风暴潮长期趋势的预估，海平面的变化是不可忽视的因素。本节从 CMIP5 的数据集中提取了历史情形（1981～2011 年）和未来情景 RCP2.6、RCP4.5 和 RCP8.5（2015～2045 年）下海平面变化数据，通过插值获得了历史和未来中国沿海 44 站的海平面位置，使用最小二乘法估算了海平面变化的趋势。

历史情形下海平面的变化趋势如图 4-24（a）所示。总体而言，中国沿海 44 站多数呈现升高的趋势，平均速率约为 3mm/a。海平面上升较快的区域集中在黄海、渤海沿岸各站，江苏、广东和福建的海平面变化较小。最大值为 6.16mm/a，出现在山东的青岛站。最小值为–0.48mm/a，出现在上海的芦潮港站。

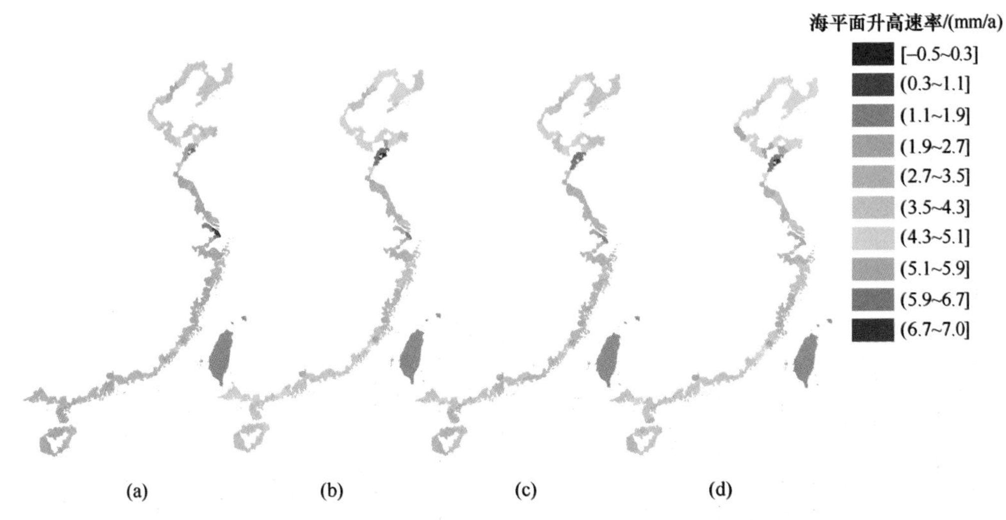


图 4-24　历史情形（1981～2011 年）和 RCP2.6、RCP4.5 及 RCP8.5 情景（2015～2045 年）下，沿海 44 站海平面的上升趋势

（a）历史情形（1981～2011 年）；（b）RCP2.6；（c）RCP4.5；（d）RCP8.5

RCP2.6 情景下，2015～2045 年海平面变化预估结果如图 4-24（b）所示。全部站点的海平面均呈现上升的趋势。海平面上升较快的区域集中在黄海、渤海沿岸各站和广西沿岸各站。海平面上升最快的速率为 6.73mm/a，出现在山东的青岛站；最小值为 0.43mm/a，出现在上海的芦潮港站。

RCP4.5 情景下，2015～2045 年的海平面变化趋势预估结果如图 4-24（c）所示。在该情景下，中国沿海 44 站的海平面均呈现上升的趋势，其大值区集中在黄海、渤海沿岸各站和广西、海南沿岸各站。最大的上升趋势为 6.49mm/a，出现在山东青岛站。最小值为 0.25mm/a，出现在上海的芦潮港站。

RCP8.5 情景下，2015～2045 年的海平面变化趋势预估结果如图 4-24（d）所示。中国沿海的海平面都呈现出上升的趋势。上升最为显著的区域集中在黄海、渤海沿海各站。上升速率的最大值为 7.00mm/a，出现在山东的青岛站。最小值为 0.67mm/a，出现在上海的芦潮港站。

### 4.4.2 基于统计降尺度方法的未来风暴潮预估

本节使用了统计降尺度的方法，通过对比历史和 CMIP5 数据中 TC 强度和个数的变化，对历史增水数据进行随机抽样，构造了未来 2015～2045 年 3 种情景（RCP2.6、RCP4.5 和 RCP8.5）下的风暴潮增水。同时，由于海平面变化对风暴潮增水有着持续、稳定的影响，因此在重构的数据中，也叠加了海平面变化的贡献。

#### 1. 未来增水频次的预估

历史及未来情景下，风暴潮的累计发生频次如图 4-25 所示。总体而言，I～III 级增水未来 31 年内均呈现了增加的趋势。对于 I 级风暴潮增水［图 4-25（a）］，在历史情形（1981～2011 年）下，累计发生 18 次；但在未来的 2015～2045 年 RCP2.6、RCP4.5 和 RCP8.5 情景下，I 级风暴潮增水可以分别达到 19 次、21 次和 20 次。对于Ⅱ级风暴潮增水［图 4-25（b）］，历史情形下共发生 31 次，而在 RCP2.6、RCP4.5 和 RCP8.5 情景下，可以分别达到 42 次、45 次和 43 次。［图 4-25（c）］给出了Ⅲ级风暴潮增水的情况。对于历史情形，其增水次数为 186 次，而在 3 种不同 RCP 情景下，依次可以达到 222 次、226 次和 228 次。

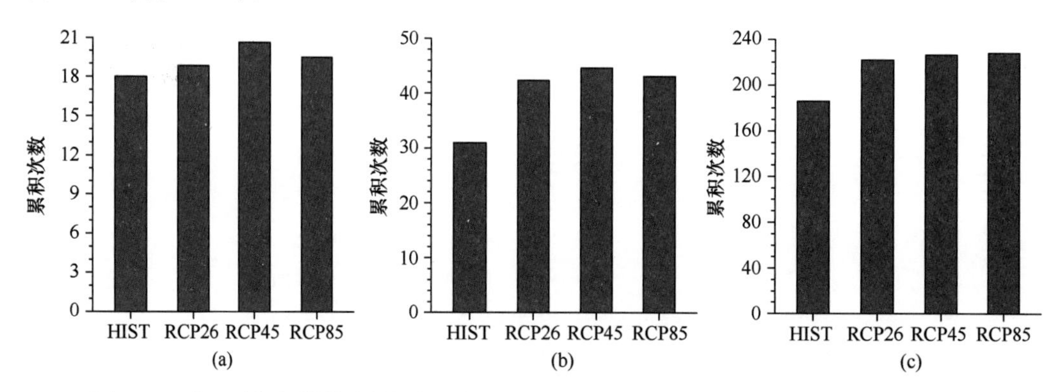


图 4-25 基于随机抽样构建数据统计的 I 级、Ⅱ级、Ⅲ级风暴潮增水在历史（HIST）和 3 种不同情景下（RCP26、RCP45、RCP85）的累计次数

（a）I 级；（b）Ⅱ级；（c）Ⅲ级

I 级风暴潮增水累计发生频次的空间分布如图 4-26 所示。需要说明的是，此处重构的增水数据主要考虑了台风的影响，而这些影响往往局限于中国东南沿海，因此下文对于空间分布的分析，仅给出了江苏及其以南区域的结果。RCP2.6 情景下 I 级风暴潮增水单站累计次数最多可以达到 4 次，分别出现在杭州湾附近的镇海站、雷州半岛的湛江站和南渡站。其他一些站点也存在 1 次 I 级增水。相对于历史情形，镇海站增加了 1 次。其他站均与历史情形相同。

图 4-26（c）给出了 RCP4.5 情景下的情形。在该情景下，Ⅰ级增水累计频次的最大值出现在雷州半岛的湛江站和南渡两个测站，均达到了 5 次，次大值出现在杭州湾的镇海站，为 3 次，沿海其他一些测站也发生了 1 次Ⅰ级风暴潮增水。与历史情形相比，湛江站和南渡站均增加了 1 次Ⅰ级增水，其他测站没有变化。

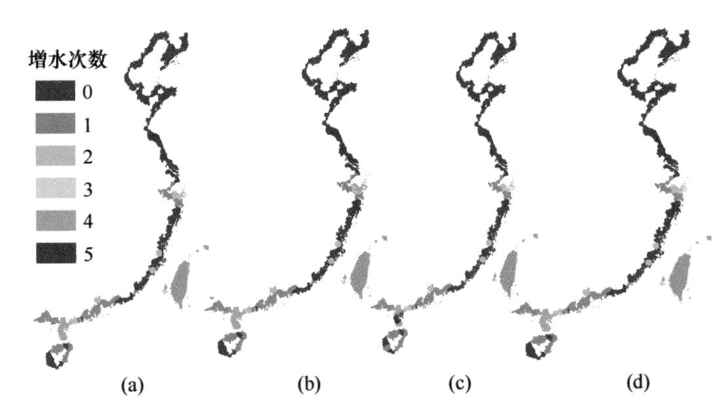


图 4-26　历史情形（1981～2011 年）和 RCP2.6、RCP4.5 及 RCP8.5 情景（2015～2045 年）下，基于随机抽样构建数据统计的Ⅰ级风暴潮增水次数的空间分布

（a）历史情形（1981～2011 年）；（b）RCP2.6；（c）RCP4.5；（d）RCP8.5

RCP8.5 情景的结果如图 4-26（d）所示。Ⅰ级风暴潮增水累计频次的最大值为 4 次，分别出现在雷州半岛的湛江和南渡两个测站，次大值为 3 次，出现在杭州湾的镇海站。另外，在福建至广东沿海省份的测站中也存在一些站点出现 1 次Ⅰ级风暴潮增水。

对于Ⅱ级风暴潮增水，结果如图 4-27 所示。在 RCP2.6 情景下［图 4-27（b）］，Ⅱ级风暴潮增水累计频次的大值区集中在长江口、杭州湾、雷州半岛附近的测站。最大值出现在雷州半岛的南渡站，为 7 次；次大值为 5 次，分别出现在镇海站和海门站。与历史情形相比，RCP2.6 情景下南渡站增加最为显著（3 次），而其他一些站点也增加了 1 次。

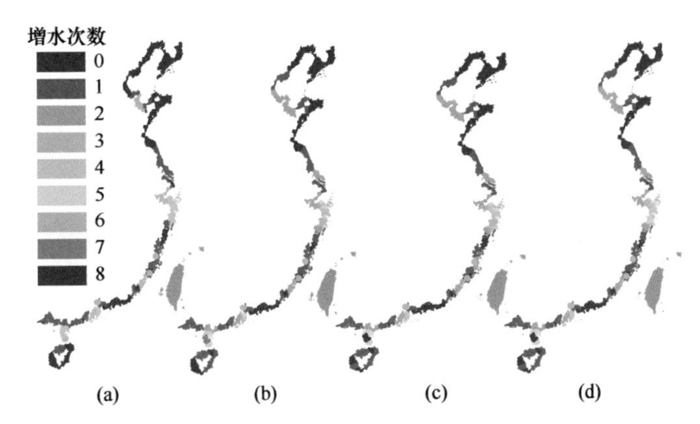


图 4-27　历史情形（1981～2011 年）和 RCP2.6、RCP4.5 及 RCP8.5 情景（2015～2045 年）下，基于随机抽样构建数据统计的Ⅱ级风暴潮增水次数的空间分布

（a）历史情形（1981～2011 年）；（b）RCP2.6；（c）RCP4.5；（d）RCP8.5

图 4-27（c）给出了 RCP4.5 情景下Ⅱ级风暴潮增水累计频次的空间分布。在该情景下，Ⅱ级风暴潮增水次数的最大值为 8 次，出现在南渡站；同时杭州湾的镇海站、浙江

省沿海的健跳站、海门站，以及广东的灯笼山站的发生频次也达到了 4～6 次。与历史相比，RCP4.5 情景下南渡站的Ⅱ级增水增加了 4 次，海门站增加了 2 次，其他一些站点增加了 1 次。

RCP8.5 情景的结果如图 4-27（d）所示。该情景下，Ⅱ级风暴潮增水累计频次的大值区也集中在杭州湾、雷州半岛。最大值仍然位于雷州半岛的南渡站，达到了 8 次。另外，杭州湾的镇海站，以及浙江的健跳站和海门站，广东的灯笼山站均有 4～5 次以上的Ⅱ级风暴潮增水。与历史情形相比，该情景下Ⅱ级风暴潮增水累计频次的增多主要发生在雷州半岛的南渡站和浙江北部的测站。

图 4-28 为Ⅲ级风暴潮增水累计频次的空间分布。RCP2.6 情景下［图 4-28（b）］，Ⅲ级增水累计频次的大值区主要位于杭州湾，如乍浦站和镇海站，分别达到了 17 次和 20 次。雷州半岛的累计频次也较高，如湛江站和南渡两站分别为 9 和 7 次。另外，吕泗站、吴淞站、海门站、健跳站、汕头站、灯笼山站和赤湾站也存在 5～7 次的Ⅲ级增水。与历史相比，Ⅲ级风暴潮增水次数的增加主要集中在杭州湾的镇海站和乍浦站，分别为 9 次和 2 次。

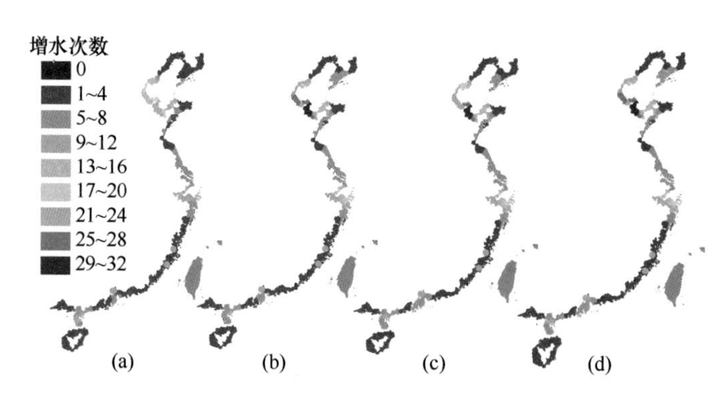


图 4-28 历史情形（1981～2011 年）和 RCP2.6、RCP4.5 及 RCP8.5 情景（2015～2045 年）下，基于随机抽样构建数据统计的 III 级风暴潮增水次数的空间分布

（a）历史情形（1981～2011 年）；（b）RCP2.6；（c）RCP4.5；（d）RCP8.5

图 4-28（c）给出了 RCP4.5 情景下的情形。与 RCP2.6 情景下的类似，大值区也主要位于杭州湾地区，如乍浦站和镇海站分别为 17 次和 20 次。另外，雷州半岛的湛江站和南渡站也有 10 次和 8 次的Ⅲ级增水。

图 4-28（d）给出了 RCP8.5 情景下的情形。在该情景下，Ⅲ级风暴潮增水累计频次依然集中于杭州湾和长江口各测站，其中镇海站和乍浦站分别达到了 19 次和 17 次。另外，雷州半岛的湛江站和南渡也分别达到了 10 次和 7 次。相较于历史，镇海站在该情景下增多最为显著，为 8 次，其他一些测站也增加或减少了 1 次或 2 次。

## 2. 未来风暴潮的危险性预估

未来情景下，风暴潮增水的危险性如图 4-29 所示。RCP2.6 情景下，江苏及以南区域在未来 31 年内风暴潮危险性最高的区域位于杭州湾，其中乍浦和镇海两站的危险性系数分别为 0.62 和 0.95。广东南部的湛江和南渡两站危险性系数也达到了 0.48 和 0.65。

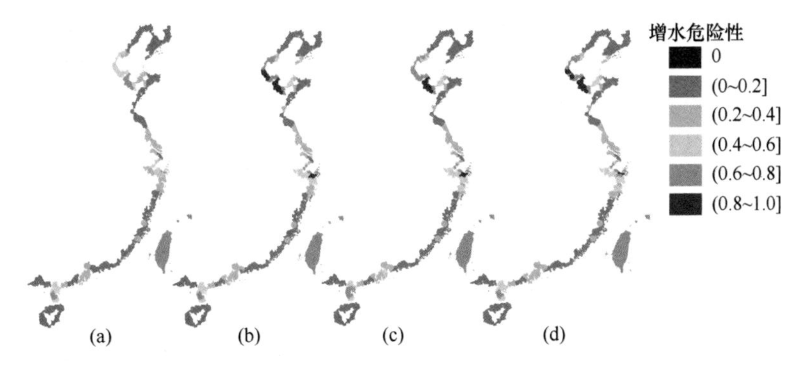


图 4-29　历史情形（1981～2011 年）和 RCP2.6、RCP4.5 及 RCP8.5 情景（2015～2045 年）下，风暴潮增水的危险性

（a）历史情形（1981～2011 年）；（b）RCP2.6；（c）RCP4.5；（d）RCP8.5

相比于历史情形，杭州湾的镇海站增加了 0.29。其他各站相比于历史情形，危险性系数变化不大。

相比于 RCP2.6 情景，RCP4.5 和 RCP8.5 情景下危险性系数类似但有所增大。两种情景下，危险性最高的区域仍然位于杭州湾的镇海站和乍浦站，雷州半岛的南渡站和湛江站的危险性系数也较高。相对于历史情形，RCP4.5 和 RCP8.5 情景的危险性系数均呈现增加的趋势，其中以杭州湾的镇海站最为显著。

### 4.4.3　基于动力降尺度方法的未来风暴潮预估

本节基于数值模式，通过动力降尺度方法对未来风暴潮变化进行了预估。具体而言，本节使用 WRF 模式，将 CMIP5 数据集中 BCC-CSM1.1 模式的 RCP4.5 和 RCP8.5 情景预估数据进行动力降尺度（由于数据完整性原因，RCP2.6 情景未能开展），生成时空高分辨率强迫场，再利用风暴潮模式，生成未来情景下的风暴潮增水数据（含海平面变化趋势），结果如下文所示。

#### 1. 未来增水频次的预估

总体而言，未来 31 年内，中国沿海风暴潮发生的总频次呈现显著增加的趋势（图 4-30）。各级增水总和由历史情形下的 37 070 次，在 RCP4.5 和 RCP8.5 情景下分别增加为 61 693 次和 59 709 次。对于 I 级增水，历史情形下累计发生了 18 次，而在 RCP4.5 和 RCP8.5 情景下分别增加为 26 次、30 次；II 级增水由历史情形下的 31 次，分别增加为 66 次和 73 次；III级增水由历史情形下的 186 次，分别增加为 294 次和 297 次；IV级增水由历史情形下的 1428 次，分别增加为 2159 次和 2209 次；V 级增水则由历史情形下的 35 425 次，分别增加为 59 174 和 57 130 次。总体而言，I～IV级增水的累计频次随着温室气体排放的增多，呈现增加的趋势；但 V 级增水频次却在 RCP4.5 情景下增加最多，RCP8.5 情景下随着温室气体排放的增加反而减少。

RCP4.5 情景下，沿海 44 站风暴潮增水（增水大于等于 50cm，即 I～V 级增水频

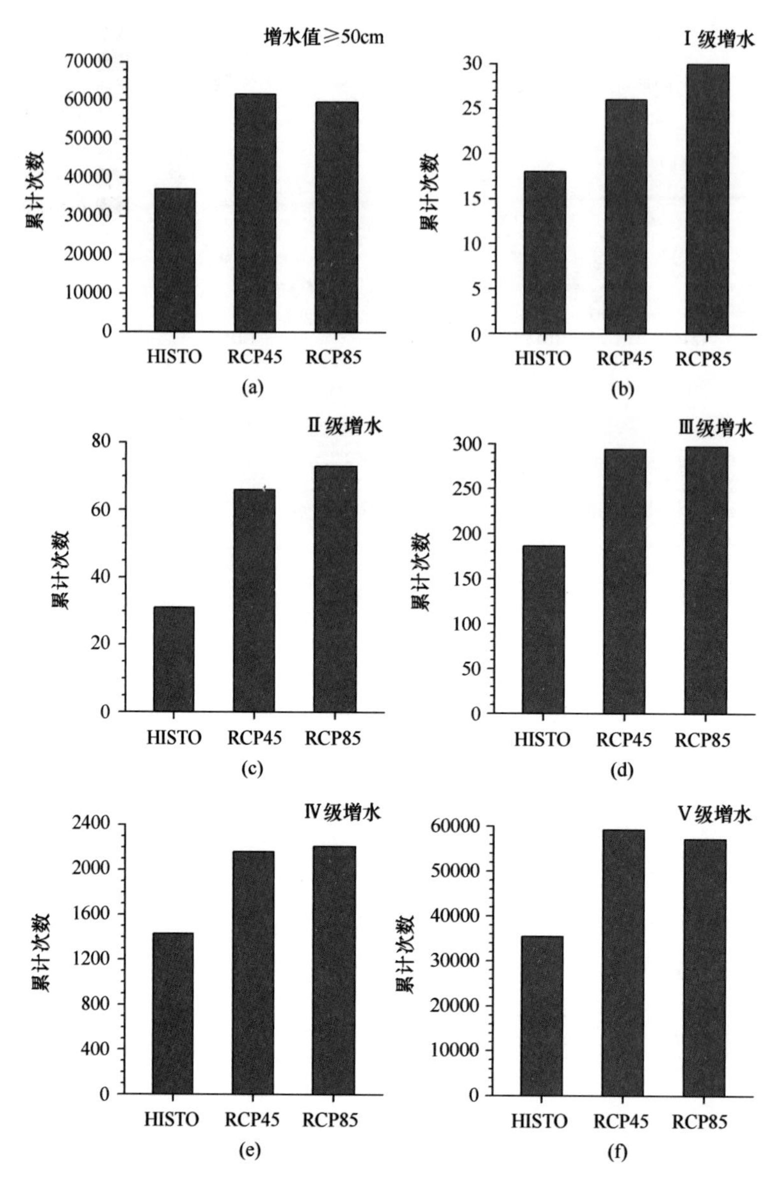


图 4-30 历史情形［1981～2011 年，(HISTO)］和 RCP4.5、RCP8.5 情景（2015～2045 年）下，基于动力降尺度构建数据统计的Ⅰ～Ⅴ级风暴潮增水累计频次［(b)～(f)］及各级增水总频次（a）

（a）各级增水总频次；（b）Ⅰ级；（c）Ⅱ级；（d）Ⅲ级；（e）Ⅳ级；（f）Ⅴ级

次总和）总频次的空间分布如图 4-31（b）所示。总频次最大可以达到 3080 次，出现在广东省的汕头站。除此之外，广东省的其他测站，如南渡站（2535 次）、盐田站（2265 次）和湛江站（2164 次）也出现了较高的增水频次；天津塘沽站增水频次较高，达到了 2726 次；乍浦站也达到了 2614 次。相对于历史情形，多数站点（芦潮港站除外）在 RCP4.5 情景下的增水频次呈现了增加的趋势。其中石头埠站增加最为显著，为 1838 次；汕头站、塘沽站、南渡站和盐田站增加也较显著，分别增加了 1373 次、1143 次、1076 次和 1035 次。

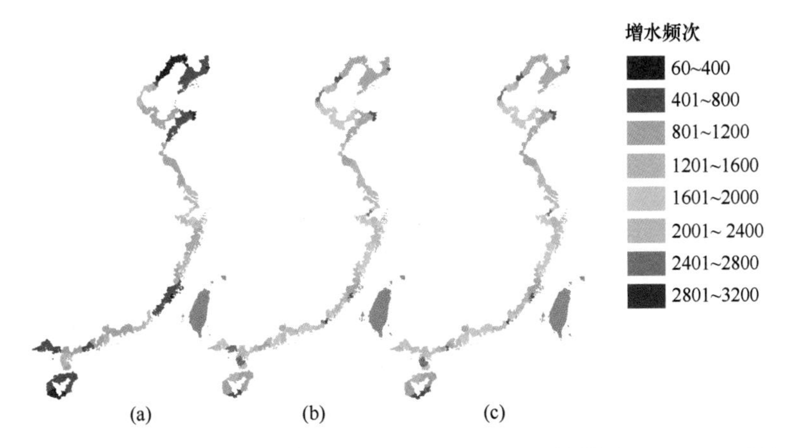


图 4-31　历史情形（1981～2011 年）和 RCP4.5 及 RCP8.5 情景（2015～2045 年）下，基于动力降尺度构建数据统计的 I ～ V 级风暴潮增水频次总和的空间分布
（a）历史情形（1981～2011 年）；（b）RCP4.5；（c）RCP8.5

图 4-31（c）为 RCP8.5 情景下的情形。累计频次的最大值出现在汕头站，为 3118 次。另外，塘沽站、乍浦站、南渡站和石头埠站也较高，分别达到了 2676 次、2547 次、2533 次和 2311 次。相对于历史情形，各站（除芦潮港站外）的累计频次均呈现增加的趋势。最大值位于石头埠站，该站相对于历史情形增加了 1689 次。另外塘沽站和南渡站增加的频次也较多，分别达到了 1093 次和 1074 次。

图 4-32 为 3 种情景下，I 级风暴潮增水的累计频次。RCP4.5 情景下［图 4-32（b）］，乍浦站和镇海站的累计发生频次最高，均为 5 次。南渡站和湛江站分别出现了 3 次和 2 次的 I 级风暴潮增水。另外，其他几个测站也出现了 1 次 I 级增水。相对于历史情形，RCP4.5 情景下，多数测站的增水频次没有变化；少数测站呈现增多的趋势，如乍浦站增加了 4 次，镇海站增加了 2 次；也有少数测站呈现减少的趋势，如湛江站和南渡站分别减少了 2 次和 1 次。

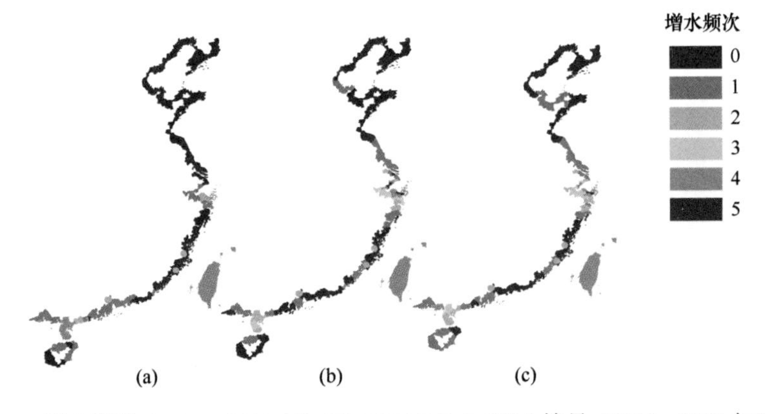


图 4-32　历史情形（1981～2011 年）和 RCP4.5 及 RCP8.5 情景（2015～2045 年）下，基于动力降尺度构建数据统计的风暴潮 I 级增水次数的空间分布
（a）历史情形（1981～2011 年）；（b）RCP4.5；（c）RCP8.5

相对于 RCP4.5 情景，RCP8.5 情景下［图 4-32（c）］Ⅰ级增水呈明显增多的趋势。最大值依然出现在杭州湾的镇海站，为 5 次。另外乍浦站和石头埠站也出现了 4 次Ⅰ级增水。相对于历史情形，乍浦站、石头埠站、镇海站和海门站分别增加了 3 次、3 次、2 次和 2 次Ⅰ级增水，其他少数测站也存在增加或减少 1 次Ⅰ级增水的情形。

图 4-33 为 3 种情景下，Ⅱ级风暴潮增水的累计发生频次。在 RCP4.5 情景下［图 4-33（b）］，Ⅱ级增水累计频次的最大值为 6 次，发生在羊角沟站。另外镇海站、南渡站、定海站、健跳站、塘沽站、石头埠站、乍浦等站也发生了 3～5 次Ⅱ级增水。相对于历史情形，多数站点的Ⅱ级增水呈现了增多的趋势。羊角沟和定海站的增加最为显著，均为 4 次；塘沽站、吴淞站和盐田站也增加了 3 次。一些测站的Ⅱ级增水呈现了减少的趋势，如海门站减少了 3 次。

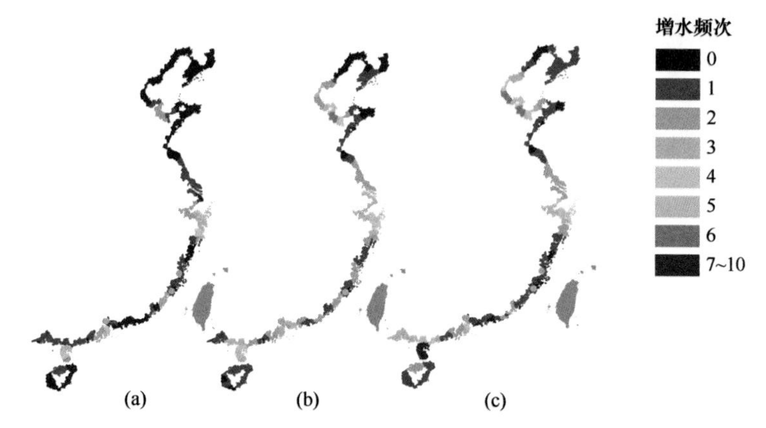


图 4-33 历史情形（1981～2011 年）和 RCP4.5 及 RCP8.5 情景（2015～2045 年）下，基于动力降尺度构建数据统计的风暴潮Ⅱ级增水次数的空间分布

（a）历史情形（1981～2011 年）；（b）RCP4.5；（c）RCP8.5

相对于 RCP4.5 情景，RCP8.5 情景［图 4-33（c）］下的Ⅱ级增水频次呈现了更为明显的增加趋势。从图中可以看到，RCP8.5 情景下Ⅱ级增水累计频次的最大值可以达到 10 次，位于南渡站。另外，羊角沟站、黄骅站、镇海站和湛江站也累计发生 5～6 次Ⅱ级风暴潮增水。相对于历史情形，黄骅站和南渡测站均增加了 6 次Ⅱ级风暴潮增水，而羊角沟站、定海站、塘沽站、湛江站、北海站和防城港站也增加了 3～4 次。

图 4-34 显示了Ⅲ级风暴潮增水累计频次的空间分布。RCP4.5 情景下，Ⅲ级风暴潮增水累计频次可达 38 次，出现在莱州湾的羊角沟站，同时与其临近的塘沽站和黄骅站也达到了 35 次，龙口站达到了 17 次。另外，上海及杭州湾的测站可发生 9～11 次，南渡站和湛江站可分别发生 13 次和 10 次。相对于历史情形，RCP4.5 情景下，渤海湾和莱州湾的Ⅲ级增水频次增加最多，如黄骅站、塘沽站和羊角沟分别增加了 21 次、18 次和 14 次。另外汕头站增加 7 次。有些测站也呈现减少的趋势，如乍浦站减少了 5 次。

图 4-34（c）给出了 RCP8.5 情景下的情形。Ⅲ级风暴潮增水累计发生频次的大值区依然集中在莱州湾和渤海湾内，如羊角沟站、塘沽站、黄骅站和龙口站四站分别达到了 47 次、38 次、30 次和 14 次。另外，杭州湾内的乍浦站和镇海站分别达到了 12 次和 15 次，雷州半岛的湛江站和南渡站分别达到了 13 次和 8 次。相比于历史情形，RCP8.5

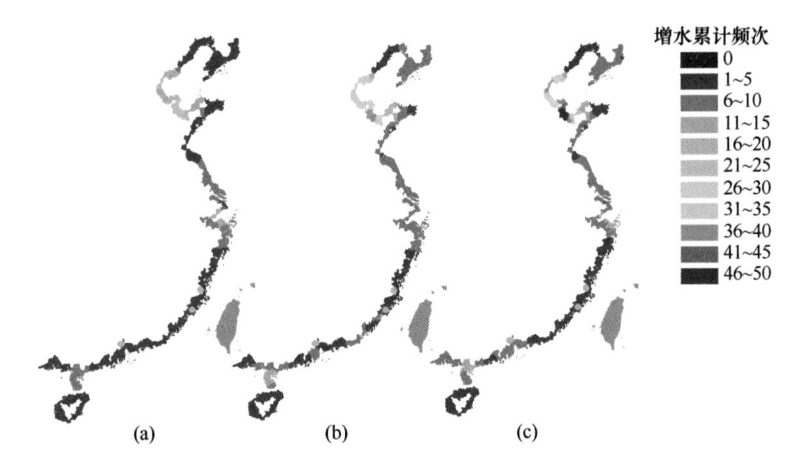


图 4-34　历史情形（1981～2011 年）和 RCP4.5 及 RCP8.5 情景（2015～2045 年）下，基于动力降尺度构建数据统计的风暴潮Ⅲ级增水累计频次的空间分布

（a）历史情形（1981～2011 年）；（b）RCP4.5；（c）RCP8.5

情景下多数站点的Ⅲ级增水累计频次呈现增加的趋势，其最大值位于莱州湾和渤海湾，如塘沽站、黄骅站和羊角沟站分别增加了 21 次、16 次和 23 次。另外，广西的防城港站、北海站和石头埠三站分别增加了 4 次、8 次和 4 次。

## 2. 未来增水极值的预估

图 4-35 给出了各情景下，沿海 44 站风暴潮最大增水的空间分布。大值区集中在上海和浙江沿岸各站，约为 200～360cm。其中乍浦站最大增水达到了 360cm，健跳站达到了 357cm。另外，雷州半岛的南渡站也达到了 330cm。相对于历史情形，多数站点的最大增水呈现了增加的趋势，但是广东盐田站至南渡站，以及广西的石头埠站，均呈现了减少的趋势。

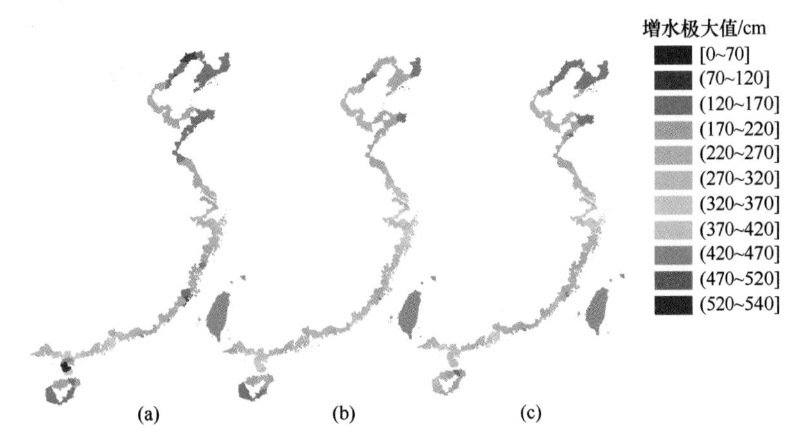


图 4-35　历史情形（1981～2011 年）和 RCP4.5 及 RCP8.5 情景（2015～2045 年）下，基于动力降尺度构建数据统计的风暴潮增水极大值的空间分布

（a）历史情形（1981～2011 年）；（b）RCP4.5；（c）RCP8.5

RCP8.5 情景与 RCP4.5 类似，增水最大值集中在上海及杭州湾沿岸各站，但强度增强，最大值介于 200～400cm。最大值为 392cm，出现在定海站。另外，广东南部沿海各站最大增水值也较大，如灯笼山站达到了 365cm，而南渡站为 307cm。相比于历史情形，RCP8.5 情景下多数站点的最大增水呈现增加的趋势，但是广东南部各站呈现了减小的趋势。

就全国而言，历史情形下，沿海各站的最大增水为 531cm，而在 RCP4.5 和 RCP8.5 情景下，最大增水值分别为 360cm 和 392cm（没有给出）。结合上述频次分析可以发现，虽然未来风暴潮Ⅰ～Ⅲ级增水呈现增加的趋势，但是增水极大值却呈现减小的趋势。

### 3. 未来风暴潮的危险性分析

未来 31 年内，风暴潮的危险性系数如图 4-36 所示。在 RCP4.5 情景下，风暴潮危险性最高的区域集中于广东省，其中汕头站达到了 1，其附近的海门站和盐田站也均在 0.7 以上；南部的湛江站和南渡站危险性系数则分别达到了 0.7 和 0.83。渤海南部各站的危险性也较高，其中塘沽站达到了 0.98，黄骅站、羊角沟站和龙口站三站的危险性系数处于 0.6～0.7 之间。杭州湾内的乍浦站和镇海站危险性较高，其危险性系数分别为 0.86 和 0.57。相比于历史情形，中国沿海各站的危险性系数均呈现上升的趋势，其中以广东和渤海南部沿岸各站最为显著。

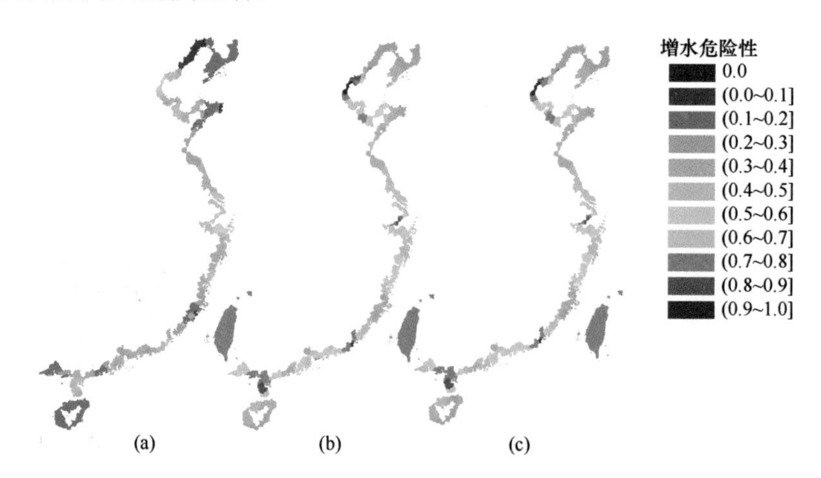


图 4-36 历史情形［1981～2011 年，(a)］和 RCP4.5（b）及 RCP8.5（c）情景（2015～2045 年）下，基于动力降尺度数据计算的风暴潮增水危险性

相对于 RCP4.5 情景而言，RCP8.5 情景下的风暴潮危险性类似，但有所减弱。危险性系数的最大值位于海门站，为 1，其附近的海门站和盐田站分别为 0.68 和 0.67；南部的南渡站和湛江站分别为 0.83 和 0.7。乍浦站和镇海站危险性较高，其危险性系数分别为 0.85 和 0.56。渤海南部四站危险性也较高，塘沽站、黄骅站、羊角沟站和龙口站的系数分别为 0.96、0.59、0.73 和 0.6。

## 4.5　结　　论

风暴潮灾害是对我国影响最为严重的海洋灾害之一，开展历史风暴潮灾害的评估和对未来风暴潮进行预估研究，对我国经济建设和人民生命财产安全具有非常重要的意义。本章利用动力和统计相结合的方式，重构了历史风暴潮数据，并对过去 30 年中国沿海 44 站的风暴潮灾害进行了系统评估。另外，本章也基于 CMIP5 的数据，对未来 30 年中国沿海 44 站的风暴潮的频次和强度进行了预估。本章的工作可以为我国防灾减灾工作提供参考。

## 参 考 文 献

冯士筰. 1998. 风暴潮的研究进展.世界科技研究与发展, 20(4): 44-47.

高义, 王辉, 刘桂梅. 2013. 基于 CVISS 的风暴潮灾害脆弱性评估研究. 海洋预报, 30(6): 1-6.

侯京明, 于福江, 原野, 等. 2011. 影响我国的重大台风风暴潮时空分布. 海洋通报, 30(5): 535-539.

康淑媛, 张勃, 柳景峰, 等. 2009. 基于 Mann-Kendall 法的张掖市降水量时空分布规律分析. 资源科学, 31(3): 501-508.

乐肯堂. 1998. 我国风暴潮灾害风险评估方法的基本问题.海洋预报, 15(3): 38-44.

栗晗, 凌铁军, 祖子清, 等. 2016. CMIP5 模式对登陆中国热带气旋活动的模拟和预估. 海洋预报, 33(6): 10-21.

穆兴民, 张秀勤, 高鹏, 等. 2010. 双累积曲线方法理论及在水文气象领域应用中应注意的问题. 水文, 30(4): 47-51.

冉大川, 刘斌, 付良勇, 等. 1996. 双累积曲线计算水土保持减水减沙效益方法探讨. 人民黄河, (6): 24-25.

石先武, 谭骏, 国志兴, 等. 2013. 风暴潮灾害风险评估研究综述. 地球科学进展, 28(8): 866-874.

孙佳, 左军成, 黄琳, 等. 2013. 东海沿岸台风及风暴潮灾害特征及成因. 河海大学学报(自然科学版), 41(5): 461-465.

王国栋, 康建成, 闫国东. 2010. 沿海城市风暴潮灾害风险评估研究述评. 灾害学, 25(3): 114-118.

王喜年. 2005. 关于温带风暴潮. 海洋预报, S1: 17-23.

吴少华, 王喜年, 戴明瑞, 等. 2002. 渤海风暴潮概况及温带风暴潮数值模拟. 海洋学报, 24(3): 28-34.

谢丽, 张振克. 2010. 近 20 年中国沿海风暴潮强度、时空分布与灾害损失. 海洋通报, 29(6): 690-696.

许启望, 谭树东. 1998. 风暴潮灾害经济损失评估方法研究. 海洋通报, 17(1): 1-12.

杨桂山. 2000. 中国沿海风暴潮灾害的历史变化及未来趋向. 自然灾害学报, 9(3): 23-30.

叶琳, 于福江. 2002. 我国风暴潮灾的长期变化与预测. 海洋预报, 19(1): 89-96.

叶雯, 刘美南, 陈晓宏. 2004. 基于模式识别的台风风暴潮灾情等级评估模型研究. 海洋通报, 23(4): 65-70.

于福江, 董剑希, 李涛, 等. 2015. 风暴潮对我国沿海影响与评价. 北京: 海洋出版社.

IPCC. 2013. 决策者摘要. 见: Stocker T F, 秦大河, Plattner G-K, 政府间气候变化专门委员会第五次评估报告第一工作组报告—气候变化 2013: 自然科学基础等. 英国剑桥和美国纽约: 剑桥大学出版社: 1-27.

Kendall M G. 1970. Rank Correlation Methods. 2nd Ed. New York: Hafner.

Mann H B. 1945. Nonparametric tests against trend. Econometrica, 13(3): 245-259.

Moss R H, Edmonds J A, Hibbard K A, et al. 2010. The next generation of scenarios for climate change research and assessment. Nature, 463(7282): 747-756.

UN/ISDR. 2004. Living with Risk: A Global Review of Disaster Reduction Initiatives 2004 Version. United Nations Publication.

# 第 5 章　气候变化对中国海浪的影响与风险评估

## 5.1　引　　言

中国海位于欧亚大陆东南岸，与太平洋相通，冬季受从西伯利亚、蒙古高原等地南下的寒潮、冷空气影响，春秋季受温带气旋影响，夏季受台风影响。因此，我国海域是世界上海浪灾害最频繁的地区之一（许富祥和余宙文，1998）。灾害性海浪对海上航行的船舶、海洋资源开发、渔业生产等多种海上活动及沿岸和近海水产养殖、旅游观光、海上运输、港口码头、防波堤等工程造成严重损害。

我国的海浪理论研究工作开展较早，成果颇丰（管长龙，2000；张书文等，2000；冯芒等，2004；杨永增等，2005；袁业立等，2013；管长龙等，2014）。限于观测资料的长度，对海浪灾害的长期变化趋势的研究较少。许富祥（1996）利用观测的海浪资料，统计了 1966～1990 年我国沿海海浪的时空分布特征发现，我国沿海灾害性海浪的发生频次具有明显的季节和年际变化特征。许富祥（1996）利用观测数据，分析了台湾海峡及其临近海域灾害性海浪的分布特征，发现东海灾害性海浪平均每年出现 11.46 次，台湾海峡为 7.29 次，台湾以东洋面及巴士海峡为 10.11 次。张薇等（2012）利用渤海沿岸的 10 个观测站近 40 年的海浪观测数据，分析了渤海灾害性海浪的时空分布特征，其结果表明，对于渤海灾害性海浪，冬季时多发生于渤海海峡和莱州湾，一般强度较强，而夏季时则多发于辽东湾和渤海湾，强度较弱。

观测资料的缺乏是海浪长期变化研究的主要障碍之一，而数值海浪模式可以基于气象和海洋强迫场重构过去长时间尺度的海浪数据，这也成为海浪长期变化趋势研究的可行途径。我国的海浪数值模式研究始于 20 世纪 80 年代，文圣常等在“七五”、“八五”和“九五”期间发展了基于文氏谱的混合型海浪模式——WENM 模式，并已应用到国家海洋部门的业务化预报中。袁业立等（1992a，1992b）以 WAM 模式为基础，建立了考虑波流相互作用的 LAGFD-WAM 模式。国家海洋环境预报中心在“十五”期间，以国际上第三代海浪数值预报模式 WAM 和 SWAN 为基础，建立了西北太平洋和中国近海的海浪业务化数值预报系统。在“十一五”科技攻关课题的支撑下，建立了海水浴场、港口等小区域高分辨率的近岸浪预报模式。利用国家海洋环境预报中心的海浪业务预报模式，本章重构了历史海浪数据，并分析了沿海各省海浪的长期变化趋势。

栗晗等（2016）基于 CMIP5 数据的研究表明，相对于历史情形，在 RCP2.6 和 RCP8.5

---

本章编写者：祖子清，高志一，周倩

情景下，较弱的登陆热带气旋频次有减少的趋势，较强的登陆热带气旋则略微增加。损失较为严重的海浪往往与热带气旋相伴而生。那么，在未来强热带气旋频次将会发生变化的前提下，未来的海浪是否会发生变化呢？本章也会讨论这个问题。

# 5.2　影响与风险评估方法

本章首先利用 WRF 模式重构了 1982～2011 年的气象场数据，并以此驱动海浪模式，重构该时段内中国沿海的海浪数据。对于未来海浪的情景预估，基于 CMIP5 中的台风预估数据，对历史台风进行随机抽样，构造了未来的海浪数据。另外，本章也考虑了海平面上升因素的影响。

## 5.2.1　历史海浪数据的重构与分析

对于历史气象强迫场的重构，本章采用了与第 4 章类似的方法，即利用 WRF 模式作为动力模型，对 NCEP 的 CFSR 数据进行动力降尺度运算，重构了 1982～2011 年历史海气界面上的气象场高时频数据。WRF 模式的具体设置详见第 4 章。

对于历史海浪数据的重构，本章选用了国家海洋环境预报中心改进的浅水海浪模式 SWAN。该模式经过多年业务化应用，对近岸浪的模拟与预报具有较好的能力。模式基于 WaveWatch III V3.14 版，采用了浅水方案，波浪参数化方案则采用 WAM 默认值。该模式采用嵌套网格，其中粗网格的分辨率 0.5°×0.5°，计算范围 100°E～165°E，0～50°N；细网格的分辨率 0.1°×0.1°，计算范围 105°E～130°E，15°N～45°N（图 5-1）。方向谱方向分辨率为 10°，频率，其中最低频率、最高频率分别对应波长约 5m 和 900m；计算时间步长为 900 秒。另外，该模式在细网格计算中耦合了海冰运算的子程序，其中冰区信息来自于渤海及黄海北部近 30 年的海冰重构资料，如浮冰密集度等。模拟时段为 1982 年 1 月 1 日 0 时～2011 年 12 月 31 日 23 时，输出结果为逐小时的有效波高、涌浪波高、周期和波向等要素。

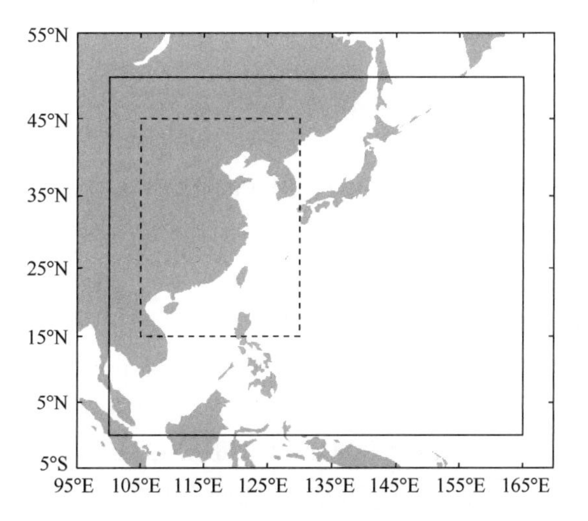


图 5-1　海浪模式计算区域

实线区域为粗网格区域；虚线区域为细网格区域

本章利用浮标和海洋站的观测资料和卫星沿轨风速遥感资料，对模拟得到的海浪进行了验证，通过绘制过程曲线及散点图等，检验了模拟与观测的偏差。结果表明，得到的海浪模拟结果比较可靠。

为了分析各省的有效波高特征，首先依次将各省的海岸线向外扩展1°（图5-2），然后利用Arcgis提取了外扩海域内格点（分辨率为0.1°）的经纬度，并由此生成各省外扩海域的省级区划文件，用以标识各省海域的范围。基于该区划文件，制作了1982～2011年我国沿海各省海浪的时空统计数据集，并依此分别分析了有效浪高大于等于4m、6m和9m的海浪过程的时空分布特征，如月际、年际和各省的发生频次及持续时间等。

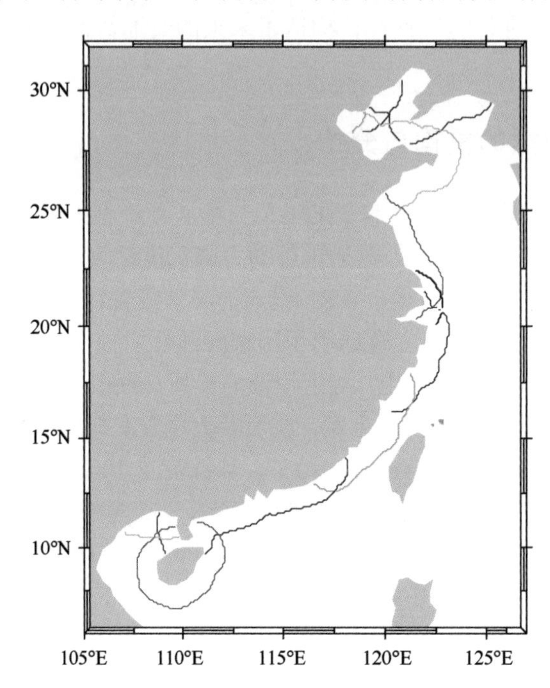


图5-2 统计各省海浪特征时使用的地理范围

由于底图中的海岸线分辨率较低，因此某些范围并未延伸至陆地

### 5.2.2 未来海浪数据的重构与分析

灾害性海浪（有效浪高大于等于 4m）形成的必要条件之一是海面持续且较强的动量输入，因此，灾害性海浪往往与持续较长时间的强风场（如热带气旋，以下简称TC）相伴而生。类似于第4章未来风暴潮的预估方法，本章利用CMIP5中未来TC的变化趋势，对未来30年的海浪变化进行了预估，具体方法如下：①在CMIP5数据的各情景、各模式中，分别统计2026～2045年和2006～2025年两个时段内，TC强度和频次之差。假设TC的长期变化趋势是平稳的，因此两个时段内TC属性的变化可以用来表征1982～2045年的趋势。②计算相对于1982～2011年，2016～2045年内TC的强度和频次变化量（具体结果详见第4章，此处不再赘述）。③诊断历史观测数据中1982～2011年内TC的强度和频次。④通过对历史观测TC进行随机抽样，构造2016～2045年的TC。

⑤利用重构 TC 与历史海浪数据的关系，构造 2016～2045 年的海浪数据。

需要特殊说明的是，为了便于衡量未来灾害性海浪的变化趋势，本节将其与上述历史重构数据进行对比。历史重构数据在这里对应“历史情形”，以区别于 CMIP5 情景试验中的“历史情景”。

### 5.2.3　未来海平面数据的重构

相关研究指出，中国海是全球海平面上升速度最快的区域之一。海平面的快速上升必然会影响到海浪的统计特征。因此，在对未来海浪的预估研究中，本章也考虑了海平面上升的因素。对未来海平面的预估与第 4 章中介绍的方法类似，此处不再赘述。与第 4 章不同的是，本章将未来海平面的预估数据插值到沿海各省的外围海域（图 5-2），统计了沿海各省的海平面变化。将海平面的预估数据叠加到历史海浪数据（有效浪高）上，最终得到了 2016～2045 年的海浪数据。

### 5.2.4　海浪的灾害性分析方法

本章也计算了沿海各省海浪的危险性系数。海浪危险性系数的定义参考了《我国近海海洋综合调查与评价》报告（2011），即对灾害性海浪的频次进行加权求和，然后再做归一化处理。具体而言，对沿海各省有效浪高分别大于等于 4m、6m 和 9m 的海浪累计发生频次进行加权求和，权重分别为 0.05、0.2 和 0.75。然后对各省的求和结果进行归一化运算，得到位于[0，1]之间的危险性系数。为了便于比较历史模拟和未来预估的海浪危险性，本章对历史情形和未来预估的危险性系数统一进行归一化处理。

## 5.3　过去 30 年中国海浪灾情概况

### 5.3.1　历史灾害性海浪的发生频次

本节基于上述重建的过去 30 年（1982～2011 年）中国沿海各省海浪的历史资料序列，统计了海浪的分布特征及变化趋势。

#### 1. 有效浪高大于等于 4m 的灾害性海浪过程的分布特征

通过分析 1982～2011 年沿海各省大于等于 4m 的灾害性海浪过程的累计发生次数和累计持续天数发现，4m 及以上海浪的发生频次呈南强北弱的结构。辽宁、天津、河北、山东的发生频次较低，江苏及以南各省开始增多。浙江、福建、广东和海南发生的频次最多、累计持续天数也最长。广西的灾害性海浪的发生频次较低且持续天数较短，这可能是因为广西位于北部湾内，不易形成灾害性海浪。

除了空间上呈现“南强北弱”的结构之外，灾害性海浪在时间上主要集中在下半年的 7～11 月，尤以 9 月和 10 月最强。图 5-3 显示了灾害性海浪发生频次最高的 4 个省：

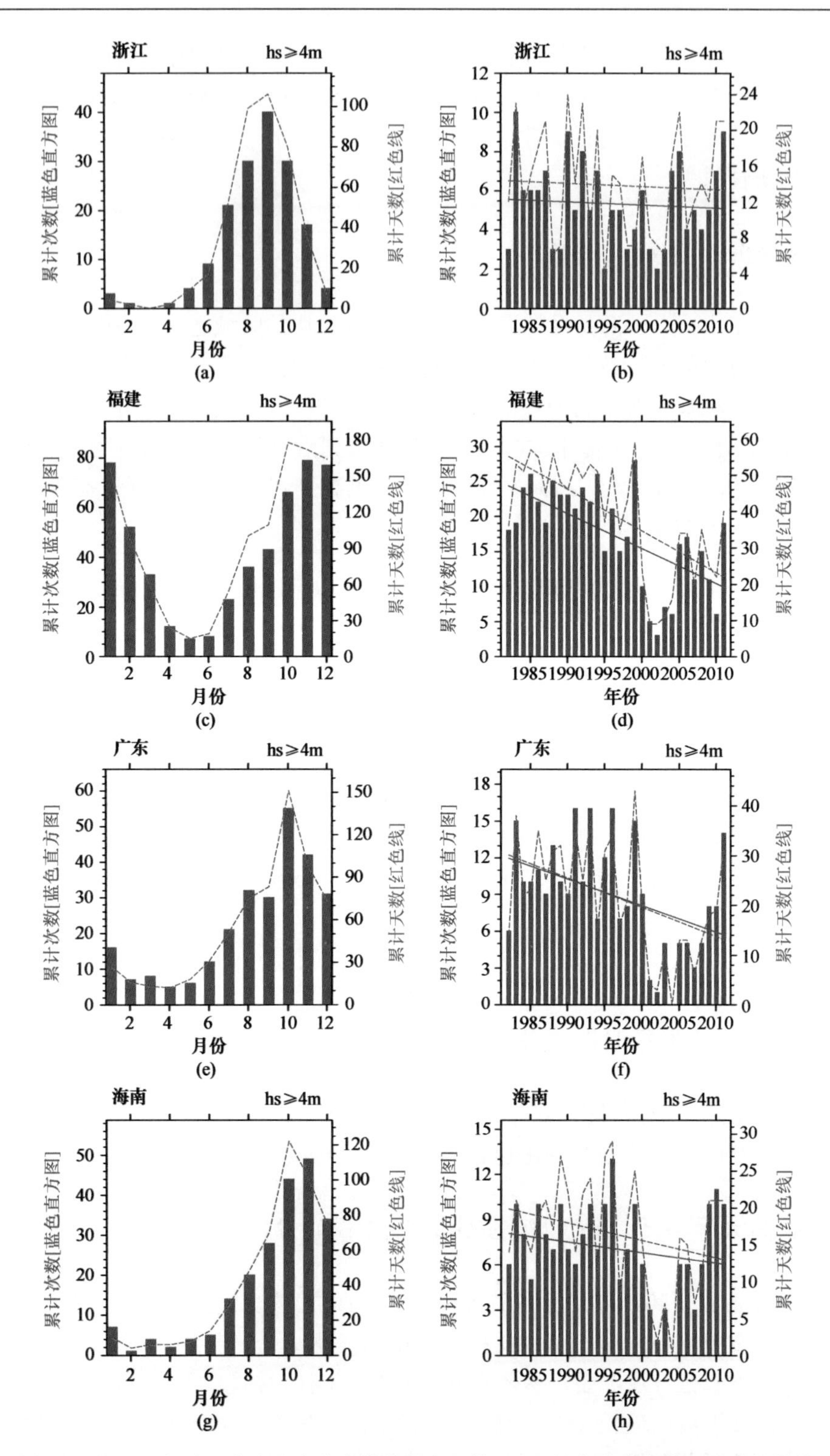


图 5-3 浙江、福建、广东和海南有效浪高大于等于 4m 的海浪分布特征和变化趋势

(a)、(c)、(e)、(g) 每月内有效浪高大于等于 4m 的海浪过程的累计次数（直方图）和累计持续天数（红色线）；(b)、(d)、(f)、(h) 每年内的最大浪高大于等于 4m 的海浪过程的累计次数（直方图）及趋势（蓝色线）和累计持续天数（红色折线）及趋势（红色直线）；hs 为有效浪高

浙江、福建、广东和海南的情形。从中可以发现，该等级海浪过程每月几乎都会发生，但主要集中在下半年。福建 11 月的发生频次最高，30 年内累计发生了 79 次，累计持续约 160 天。其他省份 30 年内单月累计最高频次大致处于 40～60 次，累计持续约 100～150 天。一个有意思的现象是，福建累计次数和持续天数［图 5-3（c）］的最大值发生在 11 月、12 月和 1 月，相比于其他省 9 月和 10 月较晚。最小值出现在 4～6 月，相比于其他省 2～4 月也较晚。这可能与台湾海峡的盛行风向有关系，需要进一步研究。

图 5-3 右侧分图（b）、（d）、（f）、（h）为东南沿海四省 4m 及以上灾害性海浪的逐年累计发生次数和累计持续天数。从中可以发现，累计发生次数和持续天数具有明显的年际变化特征。例如，福建在 2001～2004 年发生的灾害性海浪的次数较少，持续天数较短。另外，本节使用最小二乘法计算了累计次数和持续天数的趋势。图 5-3 右侧的四幅分图显示了发生频次和累计持续天数的年际变化。平均而言，四省灾害性海浪的发生次数和持续时间均呈减弱的趋势。其中福建的趋势最为明显，斜率为–0.50 次/a 和–1.14d/a，即 30 年内，灾害性海浪的发生次数和持续天数累计减少了 15 次和 34.2 天。另外，从图中也可以发现，福建、广东和海南三省在 2000 年之后均呈现突变式减弱的特征，然后在 5～10 年之内逐渐增强。这种减弱的特征是造成 30 年间灾害性海浪呈减弱趋势的主要原因。至于这种突变式减弱的成因，有待进一步分析。

### 2. 有效浪高大于等于 6m 的灾害性海浪过程的分布特征

通过对有效浪高大于等于 6m 的灾害性海浪过程的发生频次和累计持续天数进行分析发现，相比于 4m 及以上的情形，此处的累计发生次数和持续天数显著减少。该等级的灾害性海浪依然主要发生在浙江、福建、广东和海南。位于广东和海南之间的广西仅在 6 月发生了一次，这很可能是因为广西位于北部湾内，不易形成该等级的海浪。辽宁、河北、天津没有大于等于 6m 的海浪发生。另外，山东、江苏和上海发生的次数也比较少。图 5-4 左侧分图列出了浙江、福建、广东和海南该等级灾害性海浪特征的月际变化。不同于大于等于 4m 的海浪，大于等于 6m 的海浪的最高累计频次和最大累计天数均集中在 8～10 月，而 12 月、1 月和 2 月没有大于等于 6m 的海浪发生。这种月际分布特征很可能是和台风紧密联系的，需要在之后的工作中进一步研究这个问题。

大于等于 6m 的灾害性海浪发生次数和累计持续天数也呈现了较强的年际变化。为了更直观地反映其年际变化特征，本节挑选了发生次数较多的浙江、福建、广东和海南，绘制了其年际变化的直方图［图 5-4 右侧分图（b）、（d）、（f）、（h）］。从中可以清楚发现，大于等于 6m 的海浪存在显著的年际变化。另外，对浙江、广东和海南三省而言，其累计发生次数和累计持续天数也呈现了明显的年代际变化。例如，浙江在 1990～2005 年，发生次数偏少，广东和海南在 2000 年之后发生的次数偏少（这可能与大于等于 4m 的海浪于 2000 年之后的突变减少相联系）。大于等于 6m 的海浪的发生次数和累计持续时间也显示了不同的变化趋势：浙江和福建为增加的趋势，但斜率较小；广东和海南为减少的趋势，斜率大约为 0.1，即每年减少 0.1 次大于等于 6m 的海浪，减少 0.1 天的持续时间。

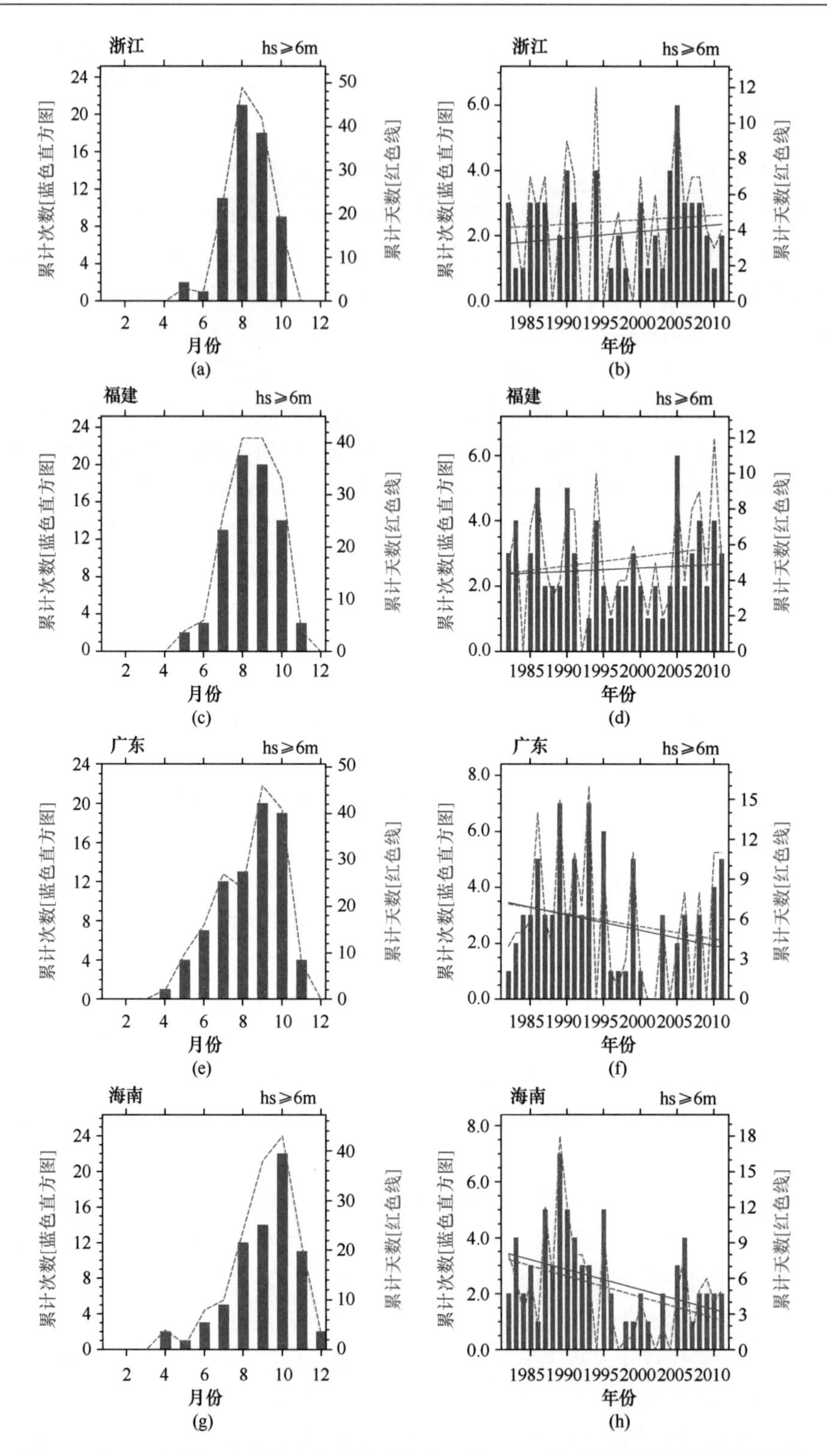


图 5-4 浙江、福建、广东和海南有效浪高大于等于 6m 的海浪分布特征和变化趋势

(a)、(c)、(e)、(g) 每月内有效浪高大于等于 6m 的海浪过程的累计次数（直方图）和天数（红色线）；(b)、(d)、(f)、(h) 每年内的最大浪高大于等于 6m 的海浪过程的累计次数（直方图）和趋势（蓝色线）及天数（红色折线）和趋势（红色直线）

### 3. 有效浪高大于等于9m的灾害性海浪过程的分布特征

1982～2011年，通过对各月内有效浪高大于等于9m的灾害性海浪过程的发生频次和累计持续天数分析发现，除了江苏和上海于9月各发生一次大于等于9m的海浪过程之外，所有其他的海浪过程均发生在浙江、福建、广东和海南。结合图5-5左侧分图（a）、（c）、（e）、（g）不难发现，大于等于9m的海浪的发生次数和持续时间均大幅减小。发生次数最多的月份为浙江省的8月，仅11次，累计持续时间为20天。发生的月份更加集中，为8～10月，12月至翌年3月没有9m及以上的海浪发生。

该等级的海浪依然呈现了年际和年代际的变化。其中对于年代际变化而言，福建1990年前后和2000～2005年，没有发生大于等于9m的海浪，为偏少的位相，其余年份为偏多的位相；广东1995～2005年没有发生大于等于9m的海浪，为偏少的位相；海南1993～2004年没有发生大于等于9m的海浪，为偏少的位相。另外，对于30年的趋势而言，福建的发生次数和累计持续时间呈增大的趋势；广东和海南两省的发生次数和累计持续时间均呈减少的趋势；但是浙江的发生次数呈增加趋势，而累计持续时间呈减小趋势，可以从中推断，浙江大于等于9m的海浪的平均持续时间呈缩短的趋势。

## 5.3.2 历史灾害性海浪的极值分布特征

本小节分别统计了1982～2011年，各月内和各年内浪高的最大值。由于持续时间较长的单次海浪过程其浪高往往较低，而不是灾害性海浪，因此，本章统计了浪高大于等于4m单次海浪持续时间的最大值。

本小节仅挑选灾害性海浪较为严重的浙江、福建、广东和海南对每月内各省的有效浪高的最大值和4m及以上单次海浪过程的最大持续时间进行分析。图5-6左侧分图（a）、（c）、（e）、（g）显示了每月内四省的有效浪高的最大值。可以发现，最大值集中在8月、9月出现。其中浙江、广东和海南的有效浪高最大值均超过了15m，而福建的为13m左右。4m及以上单次海浪过程持续时间的最大值集中在11月和12月，而在4～6月持续时间较短，这可能是因为11月和12月的风向和风力较为稳定，形成了海上持续时间较长的波浪过程。

同样的，本小节挑选浙江、福建、广东和海南为例，分析每年内各省的有效浪高的最大值和4m及以上单次海浪过程的最大持续时间。图5-6右侧分图（b）、（d）、（f）、（h）显示了四省的有效浪高最大值和4m及以上单次海浪过程的最大持续时间。同样可以看到较为明显的年际变化。除此之外，有效浪高的最大值也显示了年代际及30年的趋势变化。例如，浙江于1990～2000年，最大值较小，2005年之后较大；广东和海南2000年之后较小，2000年之前较大。对于趋势而言，广东和海南的最大值呈现了减小的趋势，而福建和浙江显示了增大的趋势。对于4m及以上单次海浪过程的最大持续时间而言，浙江、广东和海南呈现缩短的趋势，而福建呈现延长的趋势。

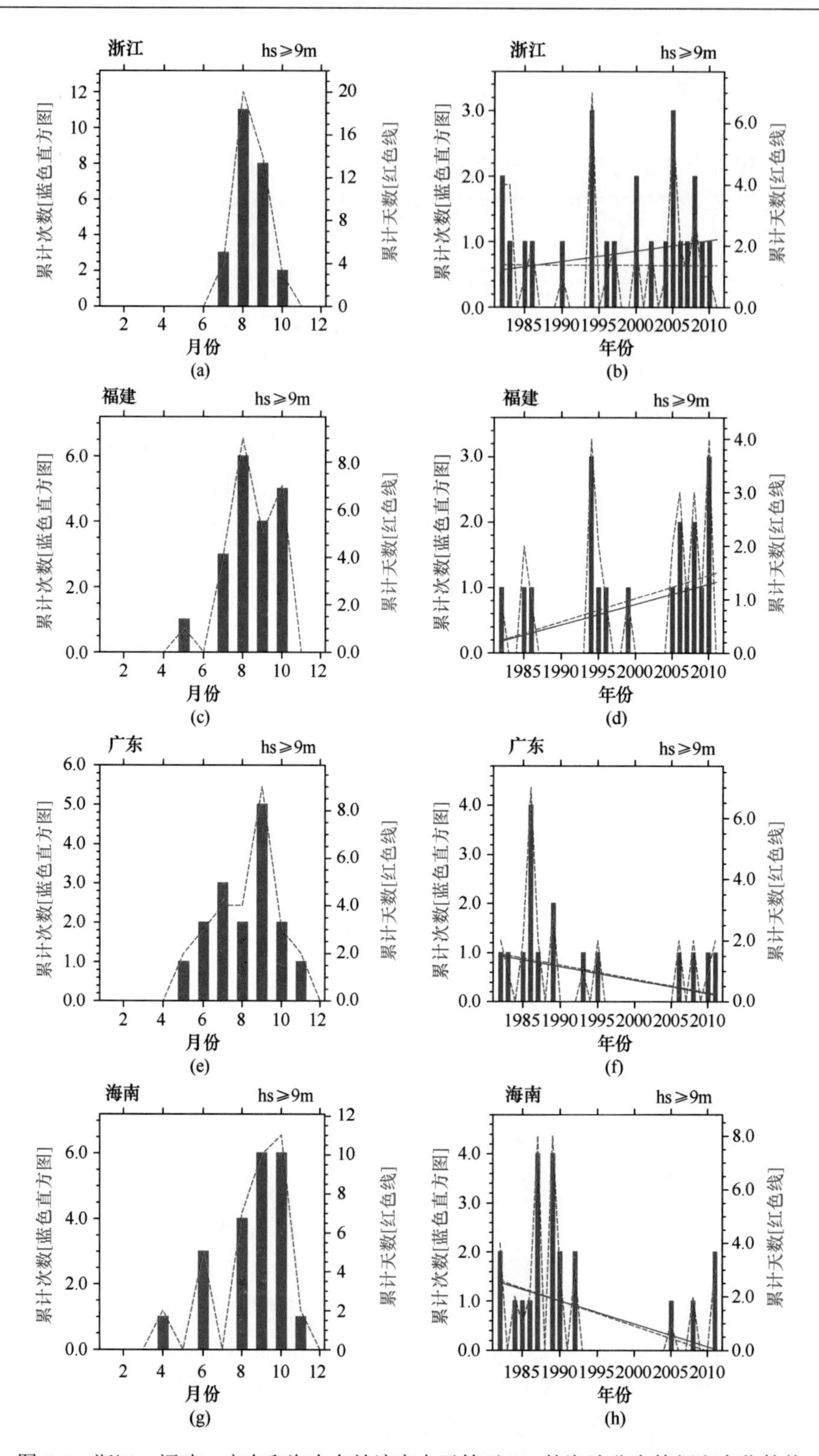


图 5-5 浙江、福建、广东和海南有效浪高大于等于 9m 的海浪分布特征和变化趋势

(a)、(c)、(e)、(g) 每月内有效浪高大于等于 9m 的海浪过程的累计次数（直方图）和天数（红色线）；(b)、(d)、(f)、(h) 每年内的最大浪高大于等于 9m 的海浪过程的累计次数（直方图）和趋势（蓝色线）及天数（红色折线）和趋势（红色直线）

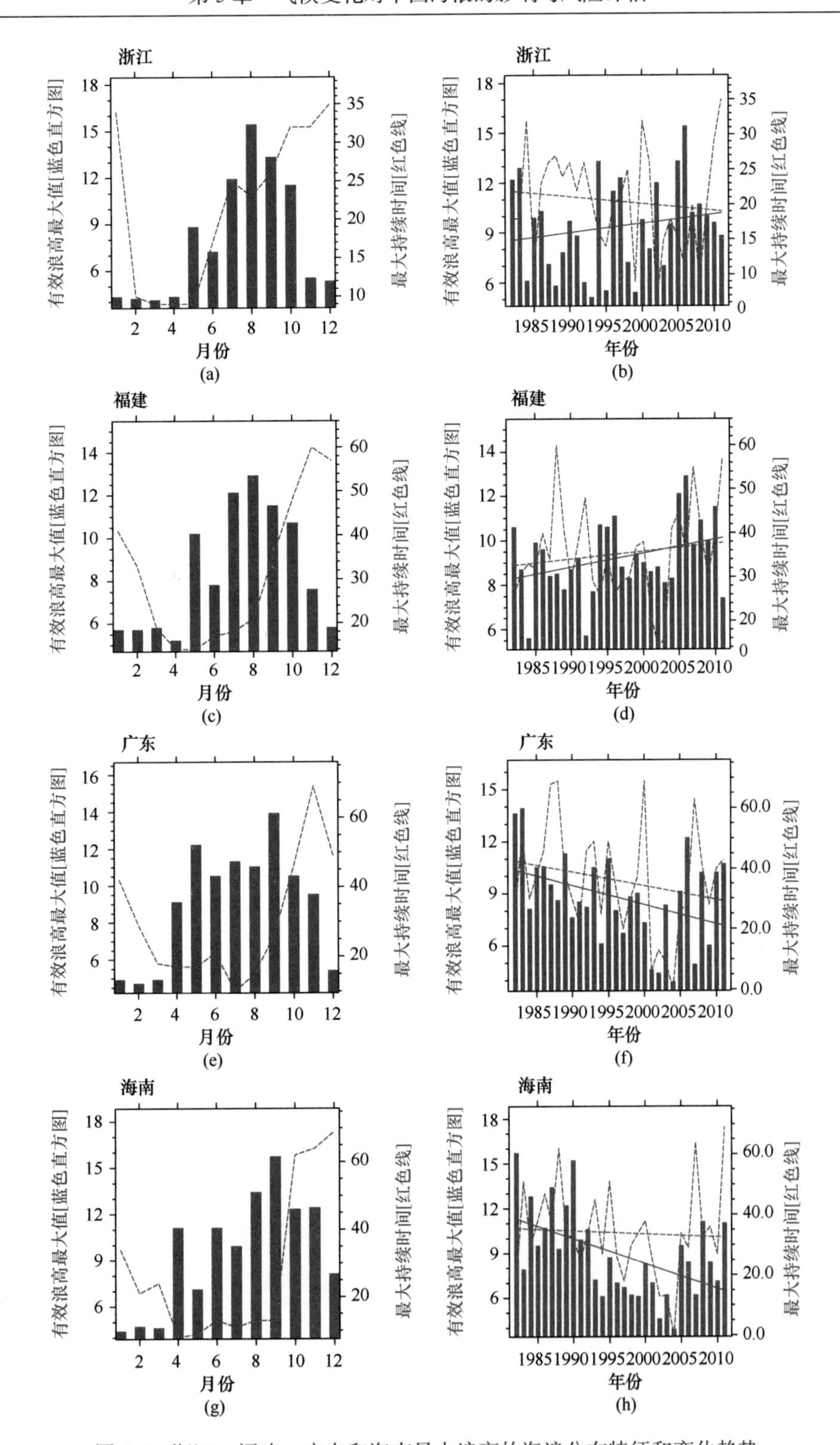


图 5-6　浙江、福建、广东和海南最大浪高的海浪分布特征和变化趋势

(a)、(c)、(e)、(g) 每月内的最大浪高（直方图）、每月内的浪高大于等于 4m 的海浪过程持续天数的最大值（红色线）；(b)、(d)、(f)、(h) 每年内的最大浪高（直方图）和趋势（蓝色线）和每年内的浪高大于等于 4m 的海浪过程持续天数的最大值（红色折线）和趋势（红色直线）

## 5.4 未来30年中国近海海浪灾情预估

### 5.4.1 灾害性海浪的时空分布特征

基于历史海浪数据和CMIP5的TC预估结果，本章构造了未来30年（2016～2045年）中国沿海各省的海浪数据。利用该数据，分别统计了有效浪高大于等于4m、6m和9m的海浪的发生频次和持续时间。

#### 1. 有效浪高大于等于4m的海浪过程的分布特征

图5-7为2016～2045年各省大于等于4m海浪的累计发生次数。从中可以发现，在未来排放情景下，浙江、福建、广东和海南的海浪累计发生次数变化较为明显。就浙江而言，相对于历史情形（160次），RCP2.6、RCP4.5和RCP8.5下分别增加3次、6次和5次。广东相对于历史情形（514次），在3种排放情景下依次增加23次、26次和26次。福建相对于历史情形（265次），在3种排放情景下依次增加6次、15次和15次。海南相对于历史情形（212次），在3种排放情景下依次增加1次、7次和6次。广西较为特殊，相对于历史情形（26次），3种排放情景下均减少1次。另外，上海及其以北各地，随着排放的增多，该等级海浪的发生频次变化不明显。平均而言，这些地区累计增加1次大于等于4m的海浪过程。

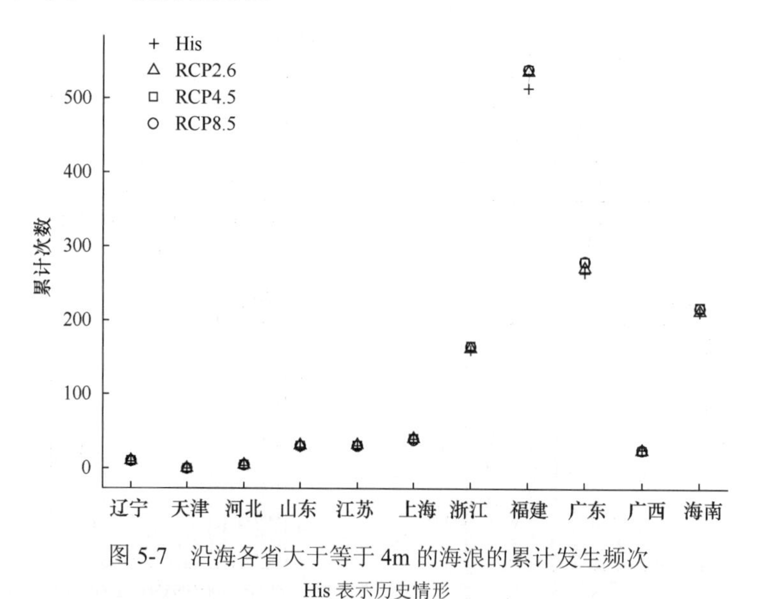


图5-7 沿海各省大于等于4m的海浪的累计发生频次

His表示历史情形

对整个中国沿海而言，3种排放情景下，海浪均呈现增多的趋势（图5-8）。具体而言，过去30年中，中国沿海共发生1290次大于等于4m的海浪过程。未来30年内，在RCP2.6情景下，该等级海浪过程会增加38次；RCP4.5情景下增加58次；RCP8.5情景下会增加53次。从以上结果可以看出，随着排放的增多，该等级海浪并非呈现单调增加的趋势，而是在 RCP4.5 情景下达到最大值。这一现象与第 3 章中未来海冰的预估结果类似。最后需要指出的是，各模式的结果（TC 变化趋势）呈现了较大的离散度。因此，对未来大于等于 4m 海浪累计发生次数的预估的准确性，需要考虑这一因素的影响。

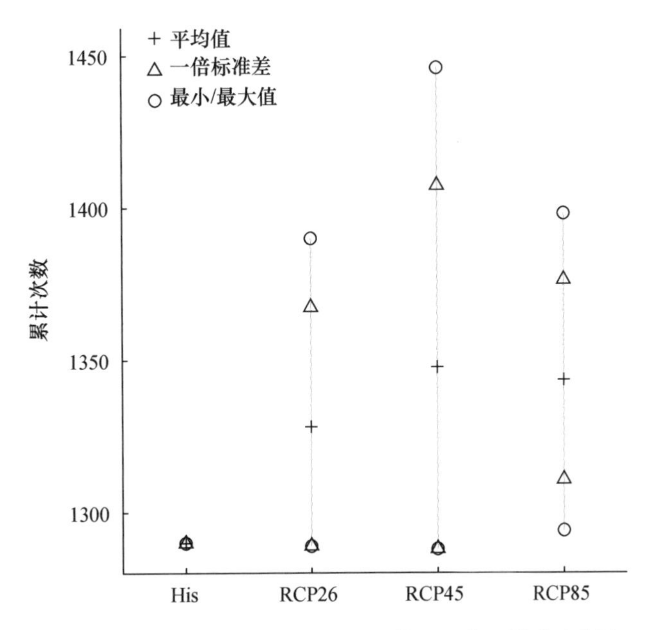


图 5-8　大于等于 4m 的海浪的不同情景下的累计发生频次

His 表示历史情形

在未来情景下，TC 的频次和强度均会发生变化。在构造的海浪数据中，TC 强度的变化会影响到平均单次海浪过程的持续时间。总体而言（图 5-9），几乎全部省市（广东 RCP8.5 情景除外），平均单次海浪过程的持续时间均呈现了延长的特征。其中最为明显

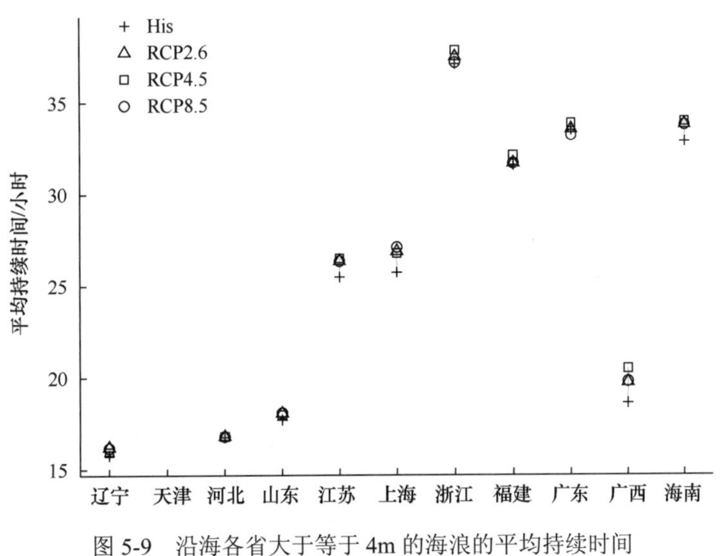


图 5-9　沿海各省大于等于 4m 的海浪的平均持续时间

His 表示历史情形

的是广西，相对于历史情形（18.62 小时），在 RCP2.6、RCP4.5 和 RCP8.5 情景下依次增加 1.12 小时、1.87 小时和 1.18 小时。上海的平均持续时间的变化也较为显著，相对于历史情形（25.75 小时），在 3 种排放情景下依次增加 1.15 小时、1.04 小时和 1.36 小时。对于海南而言，相对于历史情形（32.87 小时），在 3 种排放情景下依次增加了 0.92 小时、1.10 小时和 0.90 小时。

对整个中国沿海而言，3 种排放情景下，该等级海浪的平均持续时间均呈现延长的趋势（图 5-10）。在历史情形下，每次该等级海浪过程平均持续 31.81 小时；而在 3 种排放情景下，依次延长为 31.99 小时、32.35 小时和 31.93 小时。同样需要注意的是，各模式的结果具有较大的离散度，因此，对未来该等级海浪的平均持续时间的预估的准确性，需要考虑这一因素的影响。

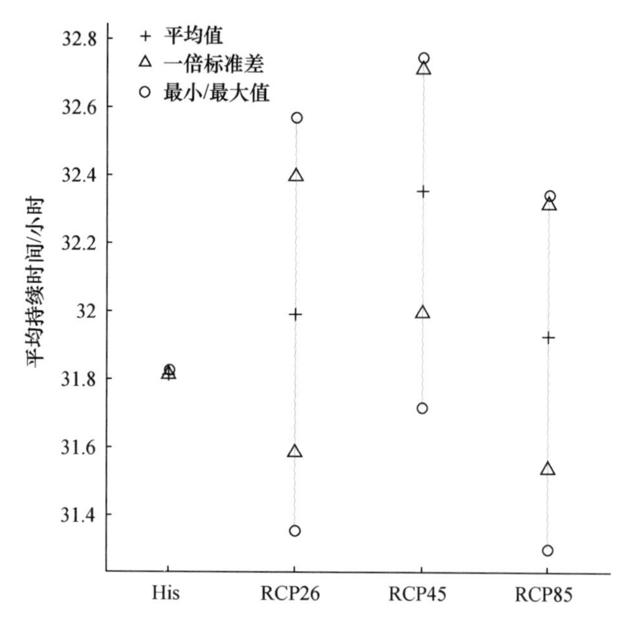


图 5-10　大于等于 4m 的海浪的平均持续时间

His 表示历史情形

## 2. 有效浪高大于等于 6m 的海浪过程的分布特征

对于有效浪高大于等于 6m 的海浪过程，其发生频次远低于大于等于 4m 的海浪过程（图 5-11）。在未来排放情景下，变化较为显著的是福建和广东两省。对福建而言，历史情形下共发生 76 次大于等于 6m 的海浪过程，在 3 种排放情景下依次增加 4 次、8 次和 6 次。对广东而言，历史情形下共发生 80 次该等级海浪过程，在 3 种排放情景下依次增加 2 次、5 次和 2 次。对浙江而言，历史情形下发生 62 次，在 RCP4.5 和 RCP8.5 下均增加 2 次。山东、江苏、上海、广西、海南变化不显著，而辽宁、天津和河北没有该等级海浪出现。

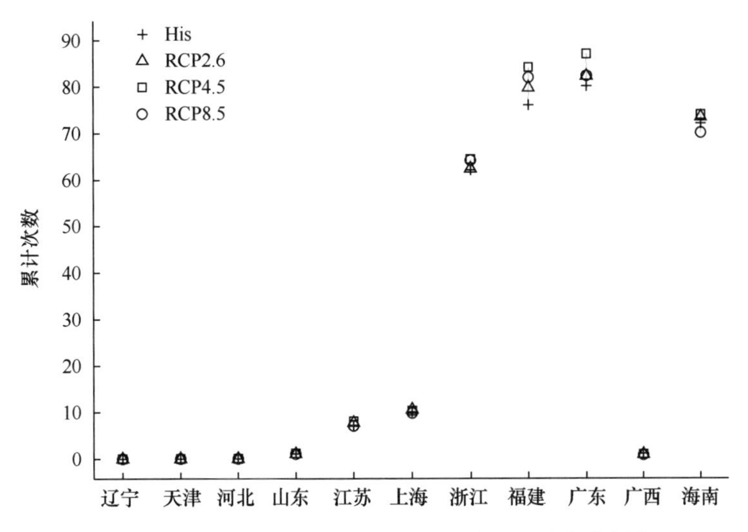


图 5-11　沿海各省大于等于 6m 的海浪的累计发生频次

His 表示历史情形

从图 5-12 可以看出，就整个中国沿海而言，3 种排放情景均呈现增多的趋势。具体而言，历史情形下共发生 309 次该等级海浪过程，而在 3 种排放情景下依次增加为 318 次、330 次和 317 次。与大于等于 4m 的海浪的结果类似，该等级海浪的累计发生次数也未随着排放的增多而单调增多，而是在 RCP4.5 情景下达到最大值。同样需要注意的是，各模式的结果呈现了较大的离散度。因此，对该等级海浪累计发生次数的预估的准确性，需要考虑这一因素的影响。

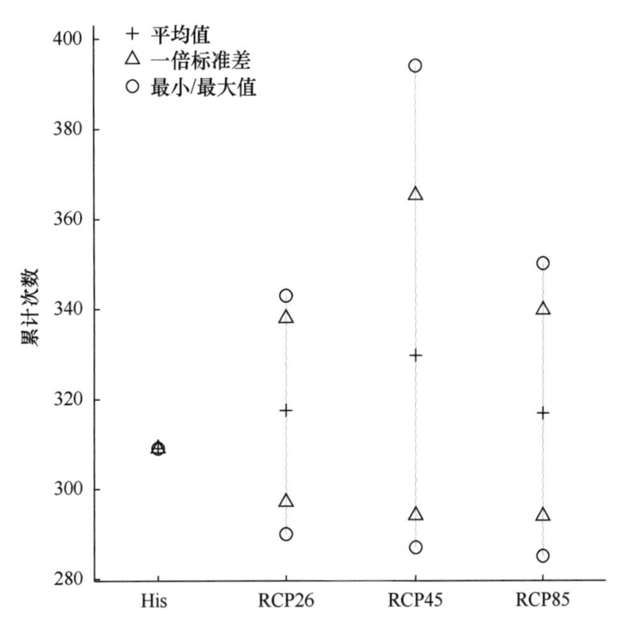


图 5-12　大于等于 6m 的海浪的不同情景下的累计发生频次

His 表示历史情形

对平均单次海浪过程的持续时间而言，最为显著的是山东，由历史情形的下的 8 小时，在 3 种情景下均延长至 11 小时。然而山东该等级海浪的发生频次太低，因此，该结论具有较大的不确定性。对浙江而言，历史情形下单次海浪过程持续 30.47 小时，在 3 种排放情景下依次延长 0.66 小时、延长 0.19 小时和缩短 0.05 小时。对福建而言，相对于历史情形下的 25.80 小时，在 3 种情景下依次缩短 0.33 小时、0.62 小时和 0.91 小时。广东省相对于历史情形，依次延长 0.76 小时、延长 0.17 小时和缩短 0.14 小时（图 5-13）。

就整个中国沿海而言（图 5-14），单次大于等于 6m 的海浪过程的平均持续时间由

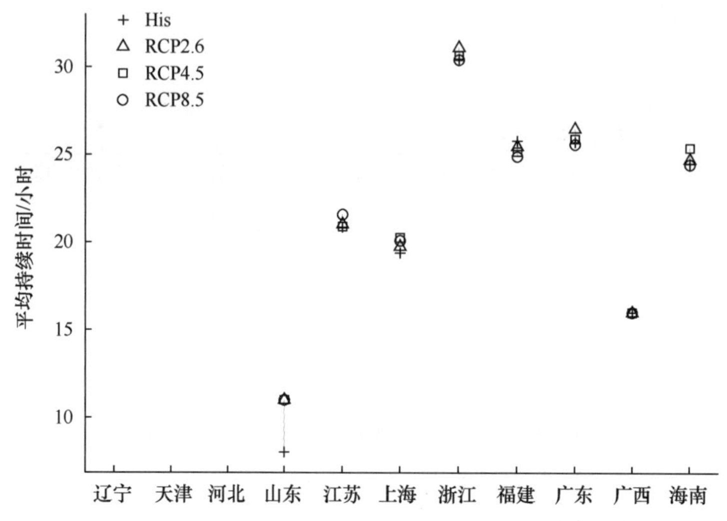


图 5-13　沿海各省大于等于 6m 的海浪的平均持续时间

His 表示历史情形

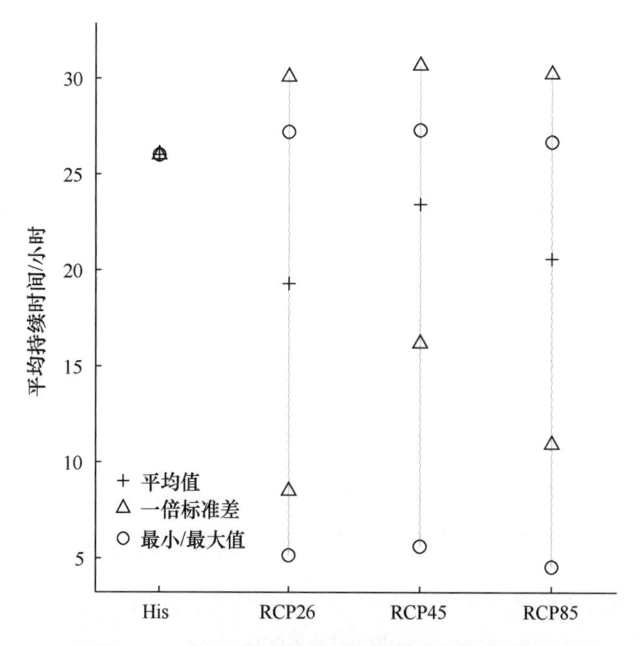


图 5-14　大于等于 6m 的海浪的平均持续时间

His 表示历史情形

历史情形下的 26.01 小时，在 3 种排放情景下，依次缩短为 19.30 小时、23.45 小时和 20.60 小时。同样，各模式的结果呈现了较大的离散度。因此，对未来 6m 及以上海浪平均持续时间预估的准确性，需要考虑这一因素的影响。

### 3. 有效浪高大于等于 9m 的海浪过程的分布特征

沿海各省大于等于 9m 的海浪发生次数较少，仅浙江、福建、广东和海南累计发生 10～30 次左右。因此，下面仅对这四省进行分析。从图 5-15 可以看出，对浙江而言，历史情形下累计发生 24 次，而在 3 种排放情景下依次增加 1 次、2 次和 1 次。福建在历史情形下发生 19 次，而在 3 种排放情景下依次减少 1 次、增加 1 次和 2 次。广东在历史情形下发生 16 次，在 3 种排放情景下依次增加 1 次、1 次和 0 次。海南在历史情形下发生 21 次，而在 3 种排放情景下依次减少 1 次、增加 1 次和减少 1 次。就整个中国沿海而言（图 5-16），历史情形下累计发生 9m 及以上海浪过程 82 次，RCP2.6 情景下减少 0.5 次，RCP4.5 情景下增加 4 次，RCP8.5 情景下增加 1 次。同样，该等级海浪并未随着排放的增多呈现出一致增加或减少的趋势。

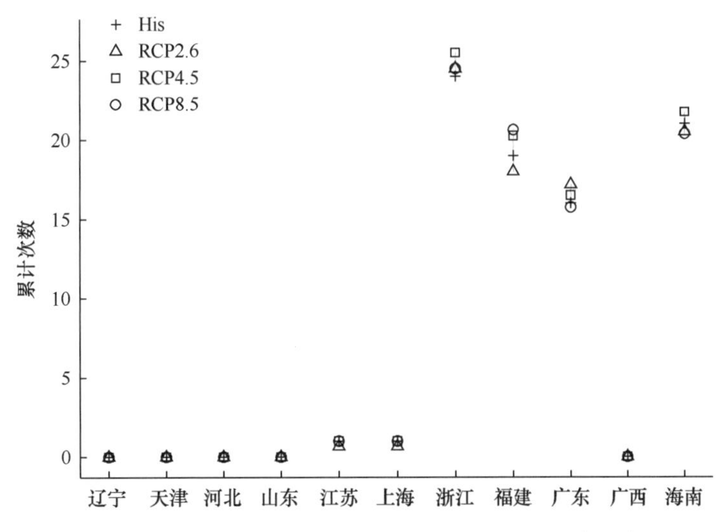


图 5-15　沿海各省大于等于 9m 的海浪的累计发生频次

His 表示历史情形

## 5.4.2　灾害性海浪的危险性分析

图 5-17 显示了历史情形下，沿海各省海浪的危险性系数。位于东南沿海的各省，如浙江、福建、广东和海南，危险性系数均大于 0.6，危险性较高。危险性最高的省份为福建，危险性系数达到了 0.935，这主要与台湾海峡内的大浪区有关系。RCP2.6 情景下，沿海各省的海浪危险性均有所降低。危险性较强的四省（浙江、福建、广东和海南）其海浪危险性均有所减弱，如浙江由 0.651 降到了 0.495，福建由 0.935 降到了 0.715。RCP4.5 情景下海浪的危险性系数最大，危险性最强。对于危险性较高的四省，浙江的

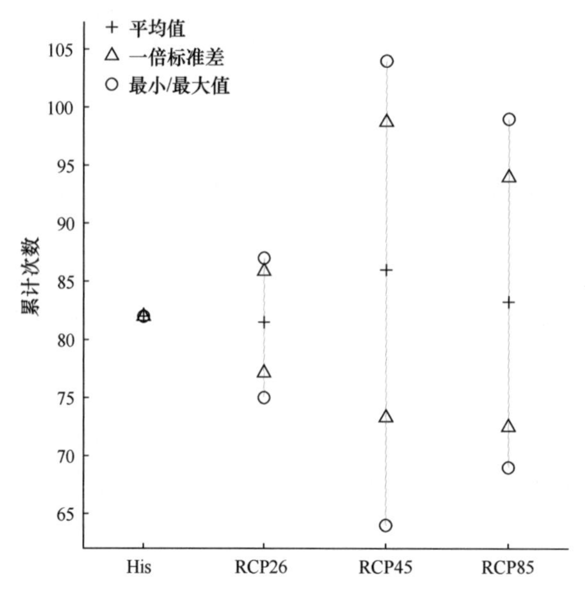


图 5-16　大于等于 9m 的海浪的不同情景下的累计发生频次

His 表示历史情形

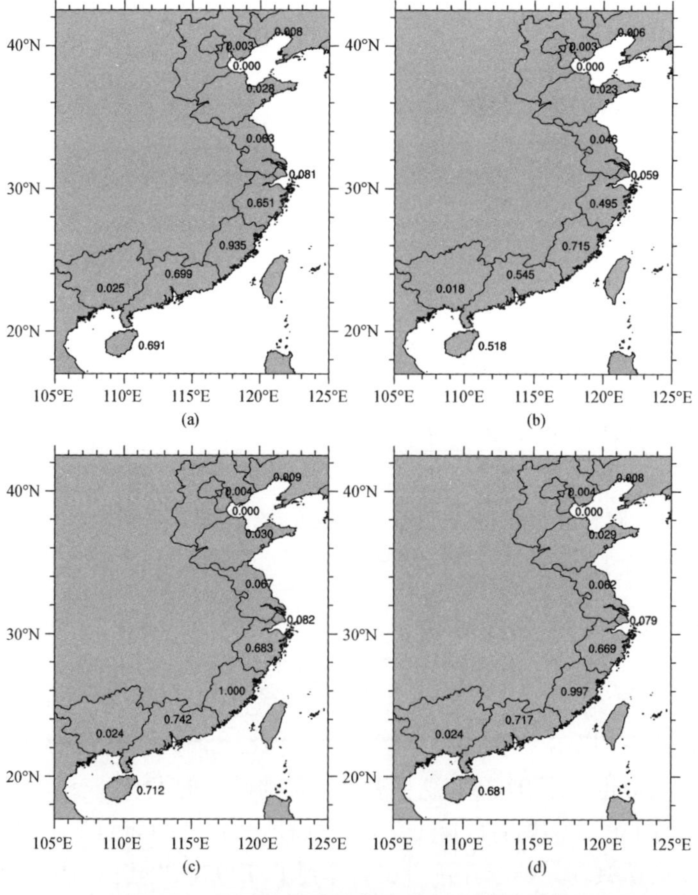


图 5-17　沿海各省灾害性海浪的危险性系数

（a）、（b）、（c）、（d）分别对应历史、RCP2.6、RCP4.5 和 RCP8.5 情景

危险性系数由历史情形下的0.651上升至0.683;福建由历史情形下的0.935上升至1.000,危险性在各情景各省中最强;广东由历史情形下的 0.699 上升至 0.742;海南由历史情形下的 0.691 上升至 0.712。RCP8.5 情景下各省海浪的危险性系数弱于 RCP4.5 情景,但相差不大。从以上分析可以看出,随着排放的增多,沿海各省海浪的危险性并非呈现一致增加或减少的趋势,而是在 RCP2.6 情景下减弱,RCP4.5 情景下增大并达到最大值,RCP8.5 情景下略微减弱。

## 5.5 结　　论

海浪是对我国近海和海岸带区域影响最为严重的海洋灾害之一。本章利用海浪模式重构了历史海浪数据,并对中国沿海各省外围海域历史灾害性海浪进行了趋势分析,并基于海浪和台风的关系,利用 CMIP5 中的台风数据对未来海浪的变化趋势进行了预估。本章的结果对防灾减灾工作具有一定的意义。

## 参考文献

冯芒, 沙文钰, 李岩, 等. 2004. 近海近岸海浪的研究进展. 解放军理工大学学报(自然科学版), 5(6): 70-76.

管长龙. 2000. 我国海浪理论及预报研究的回顾与展望. 青岛海洋大学学报(自然科学版), 30(4): 549-556.

管长龙, 张文清, 朱冬琳, 等. 2014. 上层海洋中浪致混合研究评述——研究进展及存在问题. 中国海洋大学学报(自然科学版), 44(10): 20-24.

栗晗, 凌铁军, 祖子清, 等. 2016. CMIP5 模式对登陆中国热带气旋活动的模拟和预估. 海洋预报, 33(6): 10-21.

许富祥. 1996. 中国近海及其邻近海域灾害性海浪的时空分布. 海洋学报, 18(2): 26-31.

许富祥. 1998. 台湾海峡及其邻近海域灾害性海浪的时空分布. 海洋学研究, 16(3): 26-31.

许富祥, 余宙文. 1998. 中国近海及其邻近海域灾害性海浪监测和预报. 海洋预报, 15(3): 63-68.

杨永增, 乔方利, 赵伟, 等. 2005. 球坐标系下 MASNUM 海浪数值模式的建立及其应用. 海洋学报(中文版), 27(02): 1-7.

袁业立, 潘增弟, 华锋, 等. 1992a. LAGFD—WAM 海浪数值模式——Ⅰ: 基本物理模型. 海洋学报, 14(5): 1-7.

袁业立, 华锋, 潘增弟, 等. 1992b. LAGFD—WAM 海浪数值模式——Ⅱ. 区域性特征线嵌入格式及其应用. 海洋学报, 14(6): 12-24.

袁业立, 乔方利, 尹训强, 等. 2013. 基于二阶矩闭合模式平衡解的海浪生湍流混合系数解析估计. 中国科学: 地球科学, 43(02): 171-180.

张书文, 孙孚, 管长龙. 2000. 高阶非线性海浪波面斜率的联合概率统计分布. 海洋与湖沼, 31(01): 67-70.

张薇, 高山, 闾忠辉, 等. 2012. 渤海灾害性海浪特征分析. 海洋预报, 29(5): 73-77.

# 第 6 章　气候变化对珊瑚礁和湿地的影响与风险评估

## 6.1　引　　言

珊瑚礁是由珊瑚等生物作用产生碳酸钙积累和生物骨壳及其碎屑沉积而成的，其中珊瑚以及少数其他腔肠动物、软体动物和某些藻类对石灰岩的基质的形成起重要作用。珊瑚礁被称为海中热带雨林，是海洋生产力较高、生物多样性最高、生物量最丰富的生态系统，大约有 25 000 种以上的海洋生物以珊瑚礁为栖息所，依赖珊瑚礁生存，或者利用珊瑚礁作为繁殖下一代的场所。据估计，珊瑚礁生态系统每年为人类创造的价值超过 3750 亿美元，有超过 5 亿人的生存依赖于健康珊瑚和珊瑚礁生态系统。亚洲珊瑚礁面积占世界珊瑚礁面积的 40%左右，我国的珊瑚礁面积列世界第 8 位，主要分布于广东、广西、福建、海南、台湾和香港沿岸以及南海诸岛等地。(张乔民等，2005)。世界珊瑚礁调查报告指出，世界上 20%的珊瑚礁被彻底破坏，75%的珊瑚礁正遭受来自诸如全球气候变化等因素的各种威胁。我国的珊瑚礁也同样面临多重因素导致的珊瑚礁生态资源衰退和恶化。有研究表明，中国南海珊瑚礁破坏率高达 90%以上（Burke et al.，2011）。

这些年，越来越多的报道都提到，全球的珊瑚礁正在面临着一个严重的问题——珊瑚白化。据英国《卫报》消息，一份新公布的研究表明，到 2050 年，全球 98%的珊瑚礁将无法在过度酸化的海水环境中继续生存。众所周知，当水体温度过高或者太阳强度过强时，珊瑚会把共生的藻类排到体外，其结果就是珊瑚变成其自身的白色，并且丧失了营养来源。如果水温能及时降低，藻类还能返回珊瑚，从而使珊瑚恢复“本来面目”。

在全球气候变暖的背景下，二氧化碳大量融入海水中，使得海水的酸性增强。因为珊瑚的生长需要固化海洋中的碳酸盐，而海洋酸化的结果会使碳酸盐的固化过程变得更加困难，所以，海洋酸化过程会增加珊瑚生存的压力，进而会使珊瑚白化现象更加严重。而一旦环境变化太过剧烈或者白化持续的时间过长，白化的珊瑚虫会因为不适应新环境或者缺乏营养供给的时间过长而死亡。按照联合国政府间气候变化专门委员会关于温室气体排放的预测，科学家分别研究了 3 种构想，其中最坏的设想是，二氧化碳水平升高到 500 ppm（$1ppm=10^{-6}$）以上，气温升高 3℃，海洋酸度将极大增强，绝大部分珊瑚将死亡。世界资源研究所发布的《珊瑚危机再探》表明，如不加以抑制，到 2030 年，超过 90%的珊瑚礁将遭受威胁，而到 2050 年，几乎所有的珊瑚礁将面临危机（Burke et al.，2011）。在未来 100 年间，如果人类不采取有效保护措施，世界各地的珊瑚礁将会“消

本章编写者：王丹，管博，周国伟

失殆尽”。

海岸带作为全球变化的关键地区，全球气候变化对其影响是多方面的，从不同的尺度上看来，这些影响有着不同的体现。我国拥有 18 000 km 长的大陆海岸线，濒临渤海、黄海、东海和南海，跨越了暖温带、亚热带、热带等多个气候带，不同的地形、水热条件和开发过程在漫长海岸线上造就了丰富的滨海湿地类型。由于滨海湿地所处的特殊地理位置和自然优势，一直是人类高强度的经济活动区，正因如此，海岸带区域兼受气候变化和人类活动双重影响。中国海岸自 20 世纪 50 年代以来全线开展了围海造地工程。至 80 年代末，全国围垦的海岸湿地约 119 万 km$^2$，围垦的湿地 81%改造成农田，19%用于盐业生产。此外，还有 100 万 km$^2$ 以上用于城乡工矿用地。据不完全统计，20 世纪 50 年代以来，全国滨海湿地丧失超过 200 万 km$^2$，相当于滨海湿地总面积的 50%。

滨海湿地退化的影响因素很多且复杂，常常受到不同湿地类型、不同分布以及不同环境等因素的影响，但基本可分为自然因素和人为因素。气候是影响湿地变化的最根本的动力因素，气候变化对湿地生态系统的物质循环、能量循环、湿地生产力、湿地动植物、湿地的面积、分布和功能均会产生重大影响，同时湿地变化又会改变湿地生态系统，进而加快气候变化的速度，其中气温上升和降水变化是影响湿地分布和功能的主要气候变化因素（Clair and Sayer，1997；Talling and Lamoalle，1998）。另外，气候变化带来的人类活动也会增加对湿地的影响。在过去 100 年，由于排水、开垦、基础设施建设和污染，多达 60%的湿地被破坏。全球增温导致海平面上升、滨海湿地面积大幅减少、风暴潮增加、海水侵入滨海湿地，这些都严重影响到湿地的正常功能。咸水和微咸水的滩地、红树林和其他沼泽会在水淹和冲蚀中消失，其他湿地也会变性或向内陆移动。而湿地的减少又会产生生物多样性降低、湿地功能下降等一系列连锁反应。另外，火灾、外来种入侵以及地壳运动等也都是造成滨海湿地变化的自然因素（吕宪国，2004）。

人为干扰对滨海湿地的影响也是巨大的，人类通过各种各样的方式，如农业开垦、城市开发、生物资源过度利用、污染和旅游等影响着湿地生态系统。20 世纪后半叶以来，因港口的开发和城市的扩建，滨海湿地正在加速消亡。我国是人口大国，滨海湿地所承受的城市和人口压力远远大于其他国家，城市、港口的发展和扩建造成了海岸湿地大面积的损失和破坏。由于大面积的烧荒和采割，芦苇湿地面积也正在逐渐减少。由于围垦和砍伐，有 73%的红树林丧失。珊瑚礁因为过度开采也退化严重，海南省约有 80%的珊瑚礁资源已被破坏。随着城市化的快速发展，城市内污水排放量逐年增加，河口湿地成了工业污水、生活污水和农用废水等污染物的容纳区。对于一些旅游区，由于不限制游客数，增加了湿地保护的难度，加之一些游客对湿地景区动植物造成的破坏，直接或间接的造成了湿地生态环境的退化。

## 6.2　气候变化对珊瑚礁的影响

### 6.2.1　世界珊瑚礁和中国珊瑚礁的分布概况

世界珊瑚礁主要分布在南北半球海水表层水温 20℃等温线内，在 30°S 与 30°N 之间（约在南北回归线以内）的热带和亚热带地区（图 6-1）（Achituv and Dubinsky，1990）。中国的珊瑚礁绝大多数分布在南海，在台湾岛及其邻近岛屿沿岸的西太平洋以及东海南部也有分布。中国珊瑚礁数量众多、类型齐全，根据地质构造和海底地貌，可分为大陆架珊瑚礁、大陆坡珊瑚礁和大洋型珊瑚礁三大类；根据地理位置和礁体形态，又可分为岸礁（裾礁）、堡礁、环礁、台礁和礁丘等类型（傅秀梅等，2009）。

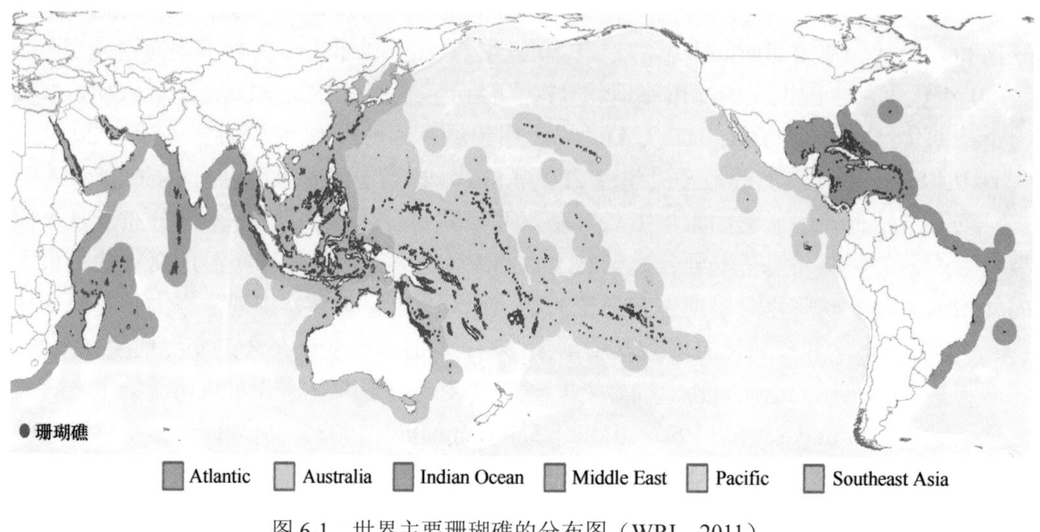


图 6-1 世界主要珊瑚礁的分布图（WRI，2011）

### 6.2.2 导致珊瑚礁白化或者消失的气候因素

珊瑚白化是指当活珊瑚群体受到环境压力时，共生的虫黄藻逃逸、消失，或失去这些藻的色素，则珊瑚群体仅呈现其骨骼的本色，变成苍白或纯白色。除六射珊瑚外，软珊瑚、大蛤类和海绵等与虫黄藻共生的生物都会出现这种脱色现象，称白化或珊瑚白化，当这一现象流行、广泛分布时，称为“事件”（王国忠，2004）。珊瑚白化现象可能是短期的或暂时的（如在 3 个月以内），一旦外界压力减小或消失，珊瑚群体就能恢复其颜色。珊瑚的白化可能是季节性的，珊瑚可以从白化中恢复。珊瑚白化也可能是长期的（如 3～6 个月），如果压力过大或持续时间较长，则珊瑚的白化将导致其死亡。珊瑚白化，随后恢复，这是正常的生态变化过程，但长期、反复、严重的白化会导致珊瑚的死亡。珊瑚礁白化事件经常或周期性地发生，如在印度—太平洋地区，曾于 1983 年、1987 年、1991 年、1995 年、1997 年和 1998 年在各不同海域内发生。特别是 1997 年和 1998 年的珊瑚礁白化事件，具有普遍性和流行性，白化事件自西向东广泛流传，从中东和东非开始，经印度洋和南亚，越过西太平洋、东南亚和东亚，到东太平洋，而后传到加勒比海和大西洋（Wilkinson，1998）。

由气候变暖引起的表层海水温度的增高和海水中溶解 $CO_2$ 浓度的增高是珊瑚礁存在的致命威胁。表层海水温度的升高，将使一部分珊瑚礁礁区达到或接近珊瑚生长的温度阈值，从而造成珊瑚的白化或死亡。表层海水的剧烈降温或是寒流的袭击，同样能造成珊瑚白化事件。最明显的实例是 1983 年和 1984 年，表层海水的低温造成北部湾涠洲岛珊瑚岸礁的大片白化和死亡，并为褐藻类的马尾藻、网胰藻和囊藻等爆发创造条件；1945 年和 1946 年冬季暴风雨的袭击带来的低温造成澎湖列岛大量珊瑚礁的白化和死亡（王国忠，2004）。此外，海水中 $CO_2$ 浓度也会影响珊瑚礁的生存。20 世纪末，科学家们就提出，海水中溶解碳酸盐的总量对珊瑚礁生长造成新的更大的威胁。因为，海水中溶解 $CO_2$ 增加，溶解碳酸盐降低，珊瑚等造礁生物的骨骼生长受到抑制，从而难以经受其他压力的侵袭。科学家 Langdon 计算出，如果以后 70 年里 $CO_2$ 浓度增加到 2 倍，珊瑚礁的形成将下降 40%，碳酸盐浓度减半；如果 $CO_2$ 浓度再增加 1 倍，则珊瑚礁的形成将下降 75%（Pennisi，1998）。

此外，海平面上升、降水量和海水盐度的变化对珊瑚礁也存在影响。海平面上升是一个连续过程，而珊瑚礁为适应海平面变化也会有一个相应的持续生长过程。海平面上升 1m 不会给珊瑚礁造成很大的负面影响。但是，表层海水盐度高低对珊瑚礁生态的影响就至关重要。从总体上看，气候变化造成的海平面上升所产生的淡化效应，同时伴随着海水温度的升高，两者之间的互补效应比单一条件变化更能发挥影响作用（Reading，1978）。据政府间气候变化专业委员会（IPCC）2001 年专门报告的预测，到 2100 年，全球海平面上升值达到 9～88cm，其上升速率为 0.09～0.88cm/a。气候变化的一个重要后果是导致降水频率和降水强度的变化。它们对珊瑚礁施加影响是通过降水或地表径流入海、冰雪融化、降低海水盐度、增加沉积物，以及极端气候对礁体的侵袭来体现。降水对珊瑚礁的影响或威胁主要发生于大陆或岛屿沿岸地带。由于降水量增加，特别是极端气候事件，如暴风雨侵袭、洪流入海，造成的局部海域表层海水淡化，洪流携带大量沉积物堆积，以及风浪袭击礁体等，可以给珊瑚礁造成毁灭性的打击。

### 6.2.3　近 50 年来南沙群岛永暑礁与全球气候变化的关系

20 世纪全球地表温度增暖是全球气候变化的重要标志。生长在热带的海洋珊瑚包含着很好的气候记录的代用指标，已经被广泛地应用在人类活动对地球气候系统变化影响的研究中。测定滨珊瑚骨骼生长率被证实是能够用来记录环境变化对珊瑚的压力以及分析珊瑚对环境变化响应模式的有效方法（Carilli et al.，2010；Lough，2008）。

连续生长的大型滨珊瑚的骨骼中能够较好地保存并记录下其生长历史中各种环境事件的信息。南沙群岛永暑礁滨珊瑚 $\delta^{18}O$ 是很好的 SST 温度计，SST 温度计公式为：$SST=-4.10\times\delta^{18}O+5.80$。$\delta^{18}O$ 也是很好的气温计，气温计公式为：$T_{air}=-3.24\times\delta^{18}O+10.02$。有专家利用滨珊瑚骨骼 $\delta^{18}O$ 与海温和气温之间的关系式，分析近 50 年来南沙群岛永暑礁的 SST 和气温变化趋势（余克服，2000）（图 6-2），发现 1951～1999 年共 49 年间，南沙群岛永暑礁冬季 SST 约上升 0.40℃，冬季气温约上升 0.36℃。1951～1998 年共 48 年间，南沙群岛永暑礁春季 SST 约上升 0.59℃，春季气温约上升 0.54℃。据 Hurrell 和 Trenberth（1999）分析，全球热带海区（20°S～20°N）SST 从 50 年代初至 1995 年平均增高约 0.6℃。永暑礁滨珊瑚记录的近 50 年的温度变化与全球热带地区以及全球温度变化趋势和幅度基本一致。这表明南沙群岛永暑礁的珊瑚礁能够很好地记录全球环境变化过程，是研究全球变化的极好地点。

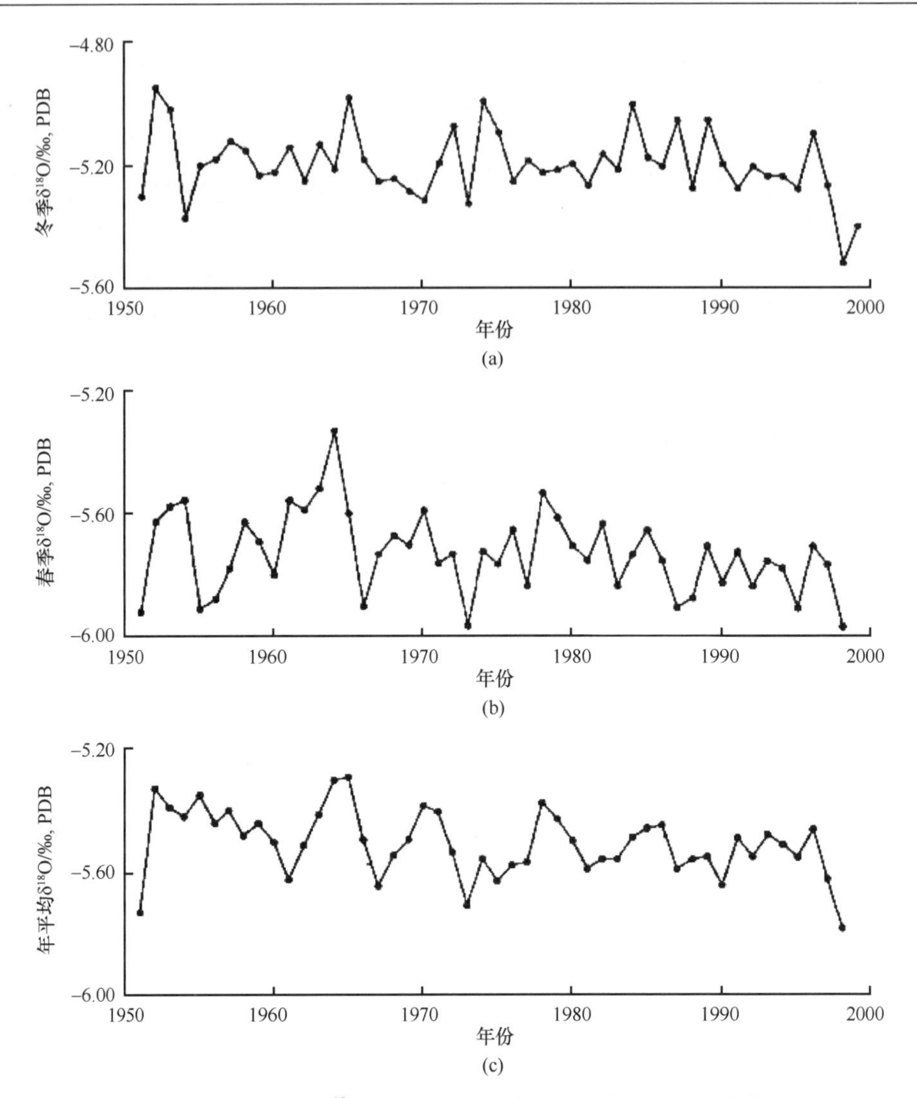


图 6-2　近 50 年来珊瑚骨骼 $\delta^{18}O$ 随时间的变化序列及其变化趋势（余克服，2000）

（a）冬季；（b）春季；（c）年平均

## 6.2.4　我国南海珊瑚礁的变化

### 1. 三亚鹿回头珊瑚礁变化

三亚珊瑚礁国家级自然保护区是我国第一个国家级的珊瑚礁保护区。20 世纪 60 年代以前，三亚湾珊瑚礁造礁石珊瑚基本上处于未受人为干扰的自然群落状态。60～80 年代受到广泛的人为破坏，包括人们大量地滥采乱炸珊瑚及珊瑚礁用作垒墙铺路建材石料和烧制石灰，采挖珊瑚、贝类制作观赏工艺品，在礁区采用炸鱼等破坏性手段捕鱼，礁区经济性动植物海产品过度捕捞造成生态系统失衡，来自陆地和海洋活动的污染物和沉积物的干扰等。例如，三亚鹿回头珊瑚礁的 81 种造礁石珊瑚中，30 种已经区域性灭绝；鹿回头岸礁在 20 世纪 60 年代初期，活珊瑚覆盖率达 70%～80%，但到 90 年代，活珊瑚覆盖率仅约40%，而2002～2004年调查得到的活珊瑚覆盖率只有20%～30%，2005年至2006年，活珊瑚的覆盖率只有12%左右（陈标等，2015）。

#### 2. 广东大亚湾珊瑚礁的变化

近25年来大亚湾（大辣甲和小辣甲）活珊瑚覆盖率呈明显下降趋势，年均降低2.7%，比印度洋-太平洋自1997年以来每年活珊瑚覆盖率降低（1%～2%）的速度还快。20世纪80年代中期，该区造礁石珊瑚群落生长状况良好，有31种造礁石珊瑚，覆盖率高达75.4%；80～90年代，该区造礁石珊瑚群落遭到人为破坏，造礁石珊瑚种类锐减，覆盖率急剧下降至32%，1997年全球珊瑚发生大白化事件，大亚湾造礁石珊瑚群落位于珊瑚礁分布的北缘，并未发生严重的大白化现象（陈天然等，2009）；此后，由于保护宣传管理工作相继开展，至2002年，覆盖率略有上升，为35%。但随着沿海经济发展以及全球变化等影响，当前覆盖率又有下降的趋势。除覆盖率和种类数随着时间发生变化外，优势种也存在变换。1983年和1984年的优势种为霜鹿角珊瑚，1991年的优势种为秘密角蜂巢珊瑚，2002的优势种为精巧扁脑珊瑚，而2005年优势种又回归为霜鹿角珊瑚，这在一定程度上表明，大亚湾造礁石珊瑚群落的生长环境得到了一定改善，从而促使珊瑚群落在恢复（陈天然等，2007）。

## 6.3　未来珊瑚礁受气候变化影响的风险评估

### 6.3.1　世界珊瑚礁的生存风险现状

世界上大多数的珊瑚礁都在受到人类活动的威胁，其中超过60%的珊瑚礁都在直接或者间接受到当地人类活动的威胁。例如，过度养殖捕捞、破坏性捕捞、沿海城市的发展、沿岸流域污染、海岸工程开发、海上污染与损伤等。《珊瑚危机再探》一书显示，东南亚海域的珊瑚礁正承受着最高风险级别的威胁，而澳大利亚风险压力最低（图6-3）。东南亚海域的珊瑚礁有近95%都存在生存威胁，其中大约50%生存风险为高威胁甚至极高威胁级别。在大西洋，超过75%的珊瑚礁都存在生存威胁，其中大约30%生存风险为高威胁或者极高威胁级别。在印度洋，有超过65%的珊瑚礁生存受到威胁，其中接近35%生存风险为高威胁或者极高威胁级别。中东海域，有65%的珊瑚礁生存受到威胁，超过20%生存风险为高威胁或者极高威胁级别。宽泛的太平洋远海海域尽管长期处于低人为影响干扰下，但是也有近50%的珊瑚礁生存受到威胁，且有大约20%生存风险为高威胁或者极高威胁级别。情况最好的澳大利亚海域珊瑚礁目前有14%存在生存威胁，仅有1%生存风险为高威胁或者极高威胁级别（Burke et al.，2011）。

中国南海珊瑚礁现阶段几乎都存在一定程度的生存风险，级别以中等和高威胁级别为主，到2030年，以高威胁和极高威胁级别为主，到2050年，则以极高威胁级别为主，可见，未来南海珊瑚礁的生存风险不容忽视（图6-4）。

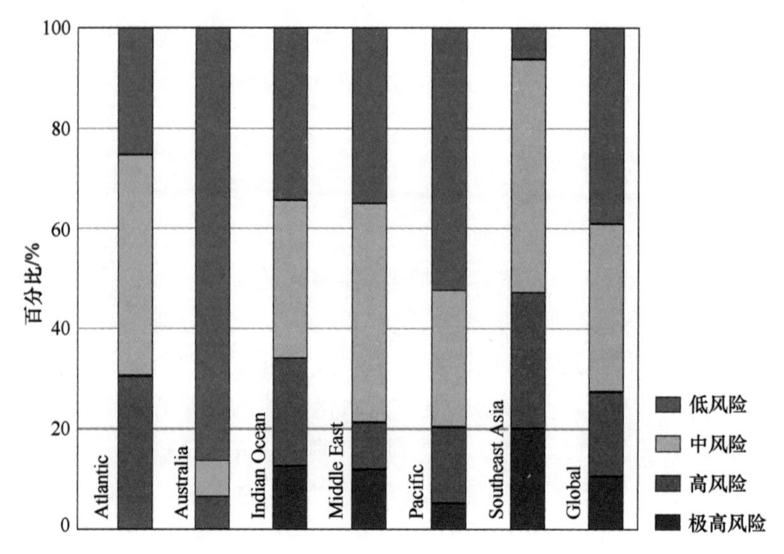


图 6-3　各海域珊瑚礁承受的生存风险区划图（Burke et al.，2011）

有分析数据比较了 1997～2007 年的珊瑚礁生存风险程度，这些数据显示，这 10 年间，所有海区的珊瑚礁承受的生存风险程度都有所提升，珊瑚礁生存风险平均增加了 30%。特别是 1998 年以来，生存风险显著增加，最显著增加的当属太平洋海域和印度洋海域，很多原本低威胁的海域，由于人类活动的加剧，在十年间也被推向了高威胁生存风险级别。当然，澳大利亚周边海域的珊瑚礁仍然受人为活动干扰最少（Burke et al.，2011）。

### 6.3.2　气候变化和海洋环境变化对珊瑚礁生存风险的影响

#### 1. $CO_2$ 的影响

温室气体排放致使大气中 $CO_2$ 浓度上升，气候变暖，从而导致海表面温度上升。20 世纪 90 年代后，在各个海域，伴随着海表面温度上升，大规模的珊瑚白化事件频繁发生。极端珊瑚白化事件会导致珊瑚直接死亡，即使是不致命的白化事件，也会削弱珊瑚的生命力，影响它们的繁殖能力，减缓它们的生长和钙化，使它们更容易受到疾病的侵扰。造成这种局面是 6.3.1 节所讲的各种威胁因素综合作用的结果，控制珊瑚白化的规模的难度非常大，它虽然是人类活动引发的，但却通过全球气候变化这个复杂的过程，最终作用在珊瑚礁上，造成一系列的灾害（Burke et al.，2011）。

#### 2. 热应力的影响

《珊瑚危机再探》一书中的预测数据表明（图 6-5），到 2030 年，由于全球将承受严重的热应力，大概一半的珊瑚礁在大多数年份都会出现白化现象。到 2050 年，珊瑚白化比例将增长到 95%甚至更高。按照这个预测假设，如果温室气体排放量仍然持续当前的规模，且当地人类活动的干扰也没有解决，即使轻度珊瑚礁白化可以恢复，这种高强度的热应力还是会给珊瑚礁的生存带来高风险且不可逆转的损害（Burke et al.，2011）。

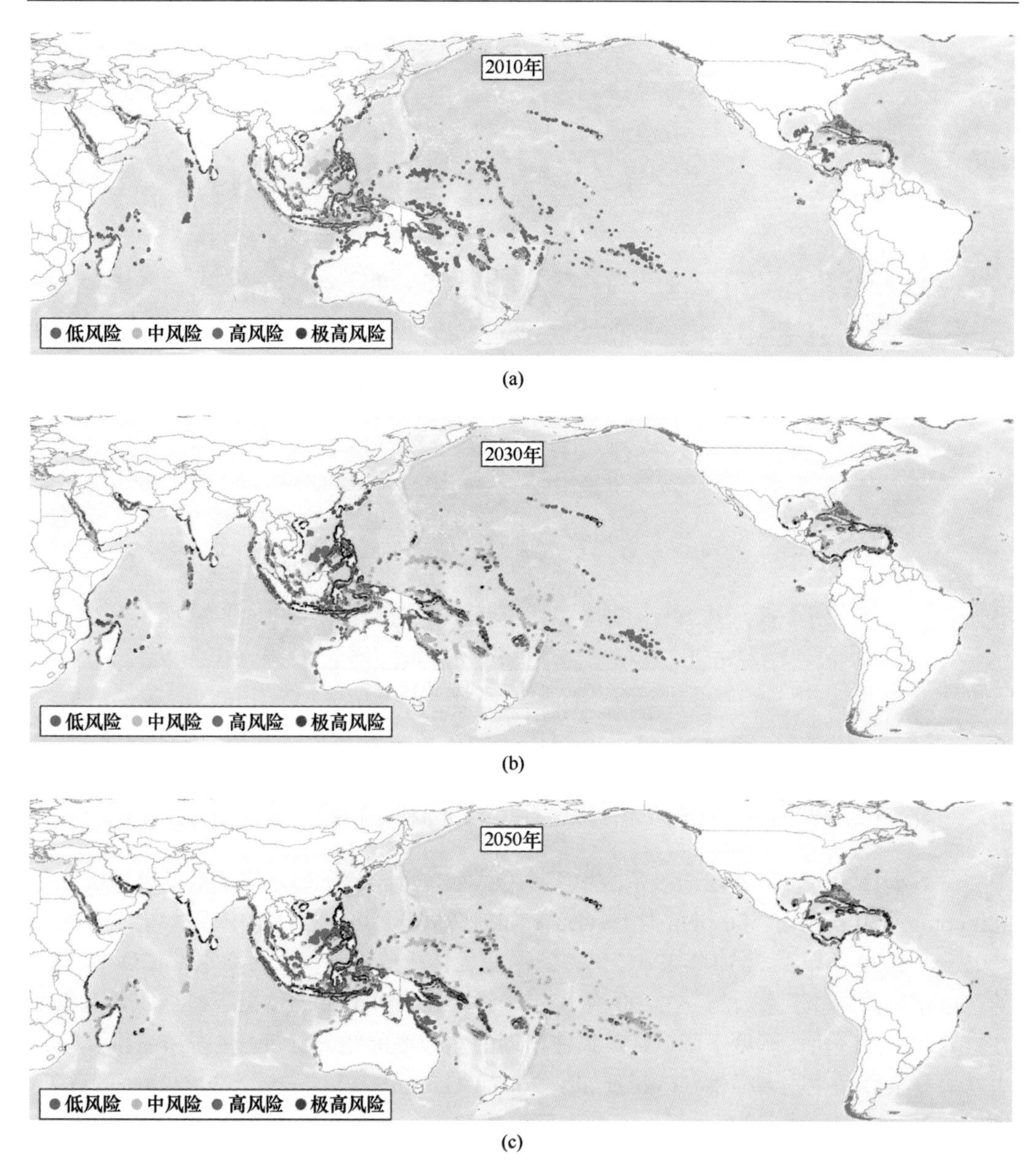


图 6-4　存在风险胁迫的珊瑚礁分布（Burke et al.，2011）

（a）2010 年；（b）2030 年；（c）2050 年

### 3. 海洋酸化的影响

海洋中溶解的 $CO_2$ 浓度水平的上升正在改变海洋化学生源要素的配比并增加海水的酸度，这降低了海水 $CaCO_3$ 溶解的饱和度，尤其是方解石的饱和度（$\Omega_{arragonite}$，它与石珊瑚骨骼的生长密切相关），进而影响造礁珊瑚骨骼的形成。到 2030 年，只有不到 50%的珊瑚能够生长在 $CaCO_3$ 饱和度较为理想的海区里。这表明，造礁珊瑚的生长率届时会大大降低。到 2050 年，仅有约 15%的珊瑚礁将存活在 $CaCO_3$ 饱和度水平足以维持其生长的海区。

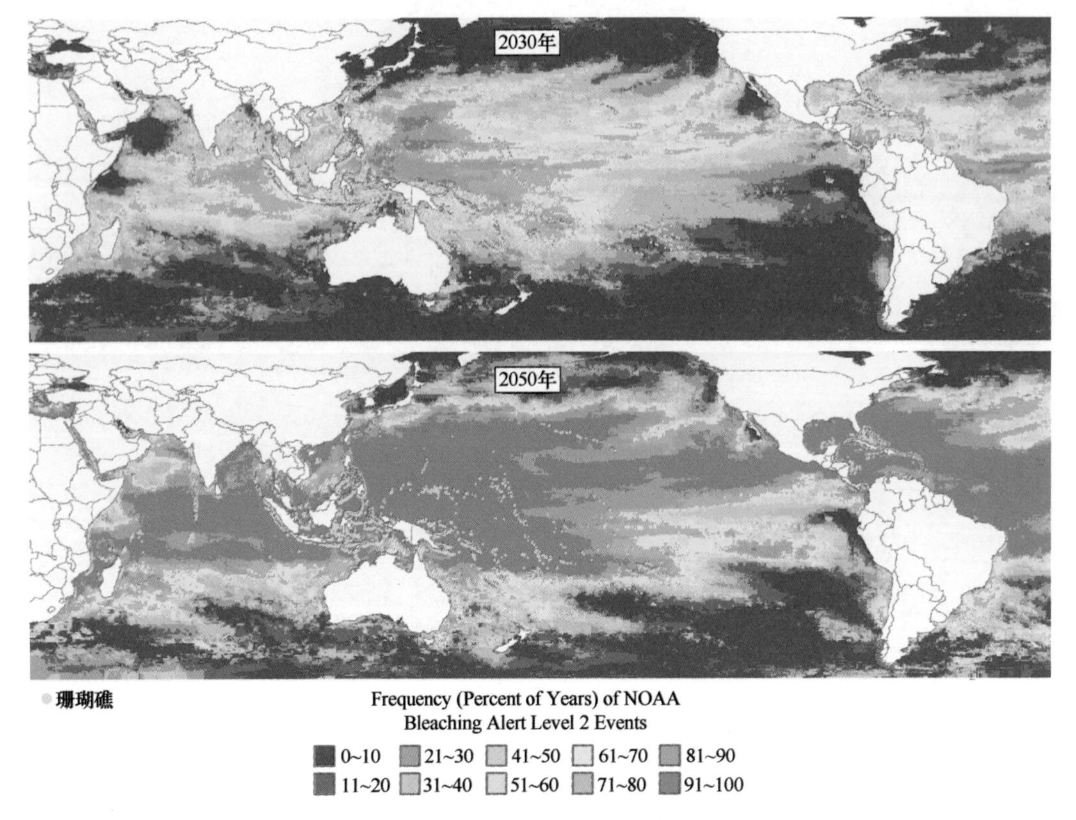


图 6-5 NOAA 给出在 2030 年和 2050 年世界海域珊瑚白化事件发生频率的预测（Burke et al.，2011）

图 6-6 比较了世界各地的热带水域 $CaCO_3$ 饱和状态（当 $CO_2$ 浓度水平分别维持在 380 ppm、450 ppm 和 500 ppm 时）（Cao et al.，2007）。这些 $CO_2$ 的浓度水平，是根据 2005 年、2030 年以及 2050 年 IPCC 允许的温室气体排放量计算而得海水 $CaCO_3$ 饱和度的全球分布图。科学家预测，在 $CO_2$ 浓度水平维持在 450 ppm 的情况下，$CaCO_3$ 饱和度在世界许多海区将大幅度下降，从而致使珊瑚的生长率降低、珊瑚礁生态系统将开始失去结构复杂性和生物多样性（Cao et al.，2007；Guinotte and Fabry，2008）。而当 $CO_2$ 浓度大于 500 ppm 时，世界上只有少数海区将能够支持造礁珊瑚的生长（钙化）（Guinotte and Fabry，2008）。目前，快速增加（地质学的角度来说）的海洋酸化在地球历史上可能是前所未有的。

在气候变暖和海洋酸化的综合影响下（图 6-7），在 2030 年，50%以上的珊瑚礁活在高威胁风险水平，且超过 90%的珊瑚礁将存在生存风险。到 2050 年，几乎所有的珊瑚礁都将受到气候变暖和海洋酸化的影响，如果当地海洋环境压力没有任何改变的话，几乎所有珊瑚礁都将被认为生存受到威胁（Burke et al.，2011）。

## 4. 海平面上升的影响

由于全球气候变暖，冰盖和冰川在融化，海洋体积在持续增加，从而导致全球海平面上升。这些变化已经导致从 1870 年以来海平面上升了 20 cm，目前每年的增长率是

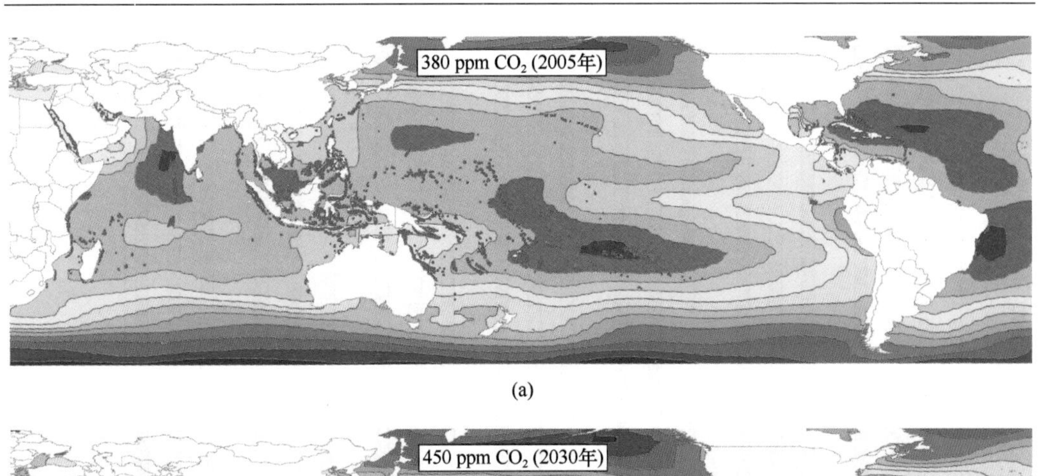


(a)

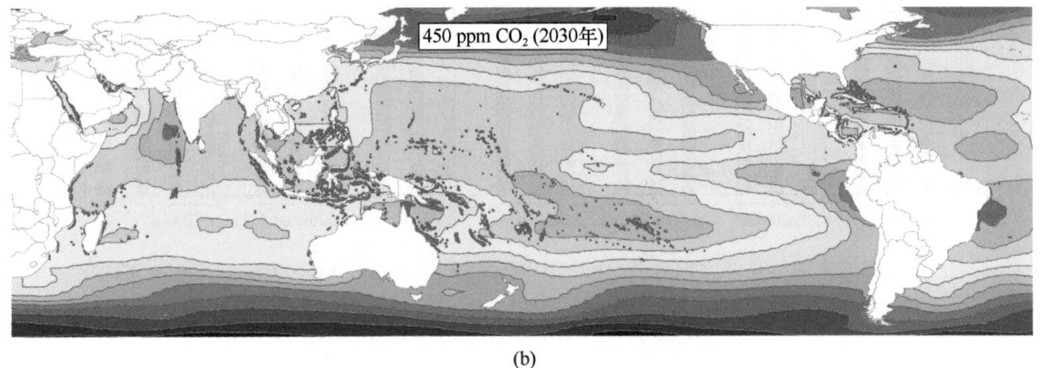


(b)

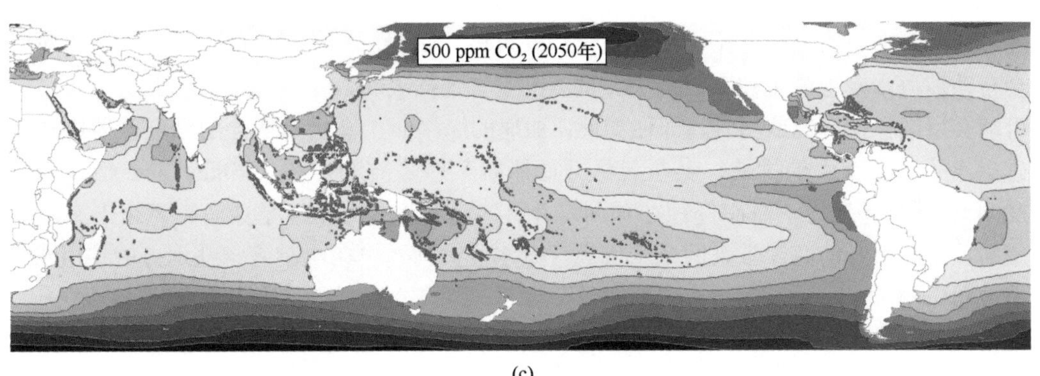


(c)

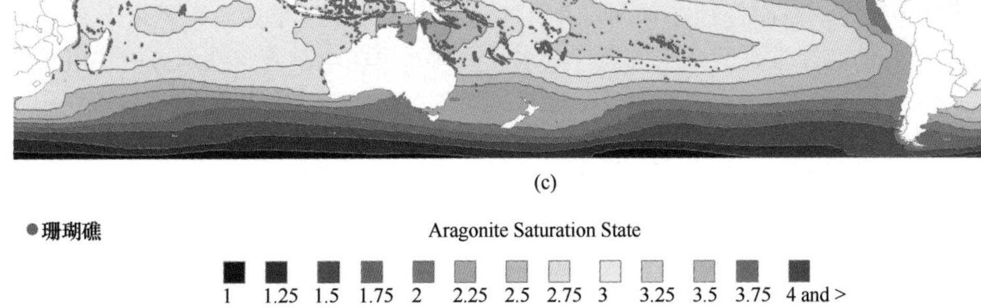


图 6-6　海洋酸化对珊瑚礁生存的威胁（Cao et al.，2007）

（a）2005 年；（b）2030 年；（c）2050 年

3.4 mm，且这个速度还会增加。预测数据显示，到 2100 年，海洋可能会上升 90～200 cm（Grinsted et al，2009）。目前的研究认为，健康，积极生长的珊瑚礁能够“跟上”一直上升的海洋，因为它们一直在向海表面垂直建立自己的石灰岩结构，海平面上升，可能不足以极大地影响在大多数海区生存的珊瑚礁（至 2050 年）。然而，在低洼海区的珊瑚礁地貌，如珊瑚岛屿和环状珊瑚岛礁，特别是在太平洋海域，有些岛屿是由波浪和水流

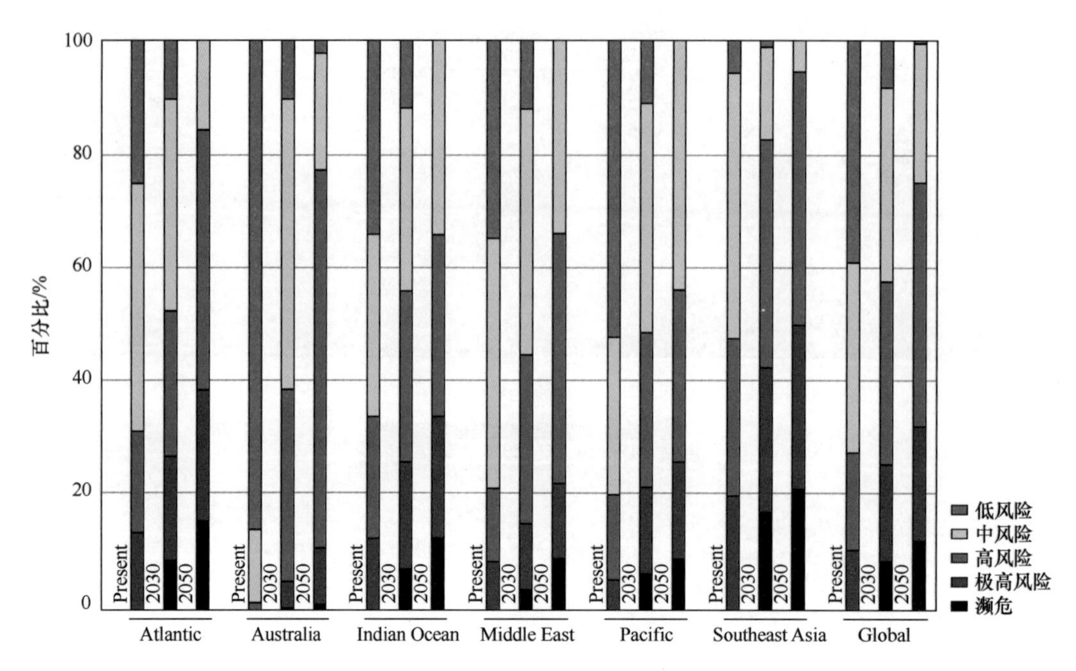


图 6-7　珊瑚礁的生存风险预测情况：2010 年、2030 年和 2050 年（Burke et al.，2011）

冲刷的沙子和珊瑚礁沉积形成的，这些地区的珊瑚礁就未必能够抵御海平面的上升（Webb and Kench，2010）。像基里巴斯、图瓦卢与马尔代夫这样的国家，完全由珊瑚群岛形成，海平面的上升会让这些小岛地貌变得极其脆弱，一旦海平面上升，这样的岛屿会自动被海水侵蚀甚至被淹没消失。虽然确实有证据表明，伴随海平面上升，一些岛屿可能会持续保持升高或增长，即便如此，加速的海平面上升仍给低洼的珊瑚礁岛屿和岛礁提出了一个重大的挑战，甚至已经开始影响某些岛屿的存在（Pilkey and Cooper，2004）。在这些地方，海岸侵蚀在加剧，并且还随时受到海上风暴或者飓风袭击淹没的威胁，不断上升的海洋带来的咸水倒灌、咸水侵蚀问题也在影响着这些地方的饮用水、植被和作物。

## 5. 热带风暴的影响

热带风暴的发生在世界范围有很大不同。在某些地区，有些珊瑚礁可能会在同一年多次受到风暴袭击，而有些珊瑚礁可能会免遭风暴伤害 20 年以上。热带风暴可以成为一些珊瑚礁变化的有力驱动力。通常，它们应是一种纯自然的扰动，但仍然可以很大程度上影响珊瑚礁，如使得珊瑚礁破碎化、降低珊瑚生态系统的丰度和多样性（Ulbrich et al.，2009）。风暴灾害造成的珊瑚礁损伤，恢复起来可能需要数年或数十年。如果在气候变化大背景下，珊瑚礁已经处于其他因素威胁下，那么风暴将会是一个复杂的因素，使已陷入困境的珊瑚生态系统彻底崩垮。最近的研究预测，由于气候变暖，海表面温度的增加，强热带风暴的发生频率会增加（Emanuel et al.，2008）。目前，气候变化和风暴活动之间的联系仍在研究中，其对珊瑚礁的影响也是因地区而异。

6. 疾病的影响

疾病是任何生态系统的自然特征，存在于大多数物种群落中。在近些年，珊瑚的发病率确实有所增加，然而疾病增加的原因仍不详，但科学家推测与海洋污染、气候变暖有关，其可能导致一些病原体的毒力增强，可能会影响珊瑚的免疫系统防御能力（Sutherland et al.，2004）。有力证据表明，珊瑚白化事件发生后，珊瑚的疾病也会随之爆发（Harvell et al.，2007）。目前，关于珊瑚疾病的研究仍处于起步阶段，但由于问题的紧迫性，正在加紧开展研究。当前的研究重点在解决珊瑚受疾病威胁的原因和影响，以及这些疾病如何受气候变化的影响。鉴于疾病往往意味着珊瑚在生理压力下必须面临很多问题，所以一些缓解压力的措施往往可能有助于减少疾病的发生和影响，如保护水质、保护珊瑚礁生态系统功能多样性以及减少其他生存威胁等。

## 6.4　气候变化对滨海湿地的影响现状分析

从湿地的面积及分布变化情况来看，近几十年来，在气候变化和人类活动影响下，我国滨海自然湿地的总体面积呈下降趋势，面积由 1978 年的 13 104 km$^2$减少到 2008 年的 7889 km$^2$（不包括人工湿地），面积减少达 39.8%，年均面积减少 262.97 km$^2$（牛振国等，2012）。分析其原因，自然湿地初期主要转化为农田等非湿地，而近些年来，越来越多的自然湿地被开发为人工湿地。这反映了人类对土地利用方式的极大转变，其原因可能是气候变化和政策等导致滨海农业等生产效益相对大减，从而间接促进了虾蟹鱼蚌池等人工湿地的快速发展。从分布上来说，砂质淤泥质海岸的湿地变化更为明显，因为其广阔的滩涂更具可塑性，容易被开发利用。

气温、降雨格局变化则主要影响湿地生物多样性。近 30 年间，年均温、降雨格局变化均与不同类型自然湿地面积有较高的关联度，气温升高对黄河三角洲野生鸟类种类也产生了较大影响，如白头鹎（*Pycnonotussinensis*）在 20 世纪 80 年代以前多分布于长江以南（郑作新，1987），但现在北方多处地区为普遍留鸟。在新发现的鸟种中，如丝光椋鸟（*Sturnussericeus*）分布在中国华南及东南，近几年由于气候的异常变化在黄河三角洲地区开始不规律出现（单凯和于君宝，2013）。

气温升高同样对红树林湿地北扩产生了推动作用，如浙江 1991 年调查红树林面积仅为 8 km$^2$，2011 年调查报道，红树林面积已达到 147 km$^2$。而异常低温会导致某些红树林植物群落受害严重。2008 年冬春，广西 50 年一遇的特大低温寒流使全部红树林群落受害，其中寒害严重的红树林群落有 2013.6 km$^2$，占 24%。寒害最严重的种群是无瓣海桑、红海榄、水黄皮等。气候变暖最明显和最直接的反应是海平面上升，20 世纪末海平面上升速率为（1.8±0.3）mm/a。广西人工岸线（海堤）长度为 1258.8 km，占海岸线长度的 78.6%，海平面上升后红树林没有了向陆岸扩展的退路。因此，全球变暖引起的海平面上升将是广西红树林生态系统的一场灾难。

近年来人类保护意识加强对红树林湿地的影响也逐渐增加。通过对近 20 年广西红树林湿地面积变化进行研究得出，广西海岸带红树林面积共减少 178.69 hm$^2$，变化率为 2.96%，但港口区和合浦县近 20 年间红树林面积分别增加了 29.2 hm$^2$、22.2 hm$^2$，是红树林保护工作做得最好的两个区县，其他区县均有不同程度的减少，比较严重的是钦南区和东兴市。虽然整体上红树林面积呈减少趋势，但随着政府的重视以及群众保护红树林意识的提高，红树林面积的减少率逐渐减小，一些区县也出现红树林面积大量增加的情况，广西海岸带红树林保护和恢复前景乐观。其中，1990～2000 年，广西全区红树林面积减少 1004.89 hm$^2$，减少变化率为 16.66%，但除铁山港区外的所有区县小斑块个数却又都有所增大，说明红树林斑块的破碎度加大，受人类干扰程度增加。2000～2010 年，广西红树林面积有所增加，增加面积为 826.2 hm$^2$，虽然红树林面积有所增加，但小斑块总个数却有所减少，各个区县小斑块数有增有减，说明 2000～2010 年红树林斑块的破碎度减小，受人类活动干扰程度减少。

以苏北鲁南滨海湿地为例，近 20 年间，苏北鲁南湿地减少较为明显，由于人工湿地面积变化不大。自然湿地损失比较严重，从自然湿地面积的转化来看：浅海吞噬的自然湿地面积为 85.3 km$^2$，占自然湿地面积减少的 74.3%。由此可见，海岸侵蚀、海平面上升等因素在苏北滨海湿地的减少中占有重要地位。此外，相比于黄河三角洲，苏北鲁南湿地分布区只在苏中盐城分布有湿地保护区，缺少保护的湿地将受到更大的人类活动的影响。因此，海岸附近的人类活动也是滨海湿地面积丧失的一个主因。从政策制定上来说，区域应该考虑适当的人为干预（如建设海堤）来抵御海岸侵蚀，从而维护区域的生态环境与发展空间。

以黄河三角洲为例，近 20 年间，黄河三角洲湿地面积只是略有增加，且自然湿地面积还处于减少状态，而人工湿地的面积迅速增长，成为湿地面积增长的主要原因。自然湿地的变化主要分布于海岸附近和内陆，其中在海岸附近，自然湿地转变为浅海面积约为 64.8 km$^2$，占自然湿地总转出面积的 26.4%。考虑到气候因子对自然湿地面积影响最直接的是海岸侵蚀和海平面上升，这些因素加上海岸人工因素的影响，对自然湿地面积减少的最大影响低于 26.4%。黄河水情被认为是影响黄河三角洲滨海湿地最重要的自然风险因子，气候因子如降雨、气温变化等对湿地面积的影响是次要因素。从政策制定上来说，在土地利用方式方面应考虑的是人工湿地的发展速度和土地利用结构是否合理，自然湿地和人工湿地的比例与结构如何达到理想状态，以此来保持区域的可持续发展。

## 6.5 未来气候变化对典型滨海湿地影响的风险评估

### 6.5.1 气候变化背景下典型滨海湿地归一化植被指数（NDVI）的演变趋势预测

滨海湿地演变趋势预测与生态风险评估对对于湿地的可持续发展有着重要的意义。考虑到黄河三角洲滨海湿地处于海陆交接的位置，大部分区域都处于人类活动的较强影响之下，本节以黄河三角洲滨海湿地为例进行相关研究。由于植被对温度、降水等气候因子具有一定时间的延迟响应，国内外类似研究发现延迟一个月的气候序列与植被指标的拟合度普遍高于不延迟，本节在做过试验后验证了该结论，以下结论为考虑一个月延迟后的结果。

### 1. NDVI 与气候序列的趋势性变化

将 2000～2010 年每年 5～10 月生长季的 NDVI 指数作为反映年度植被长势的指示因子，进行一元相关分析（图 6-8），发现归一化植被指数呈显著的上升态势，年倾斜率达到 0.0141，拟合优度 $R^2$ 在样本量 $N$=10 情况下通过了 $p$<0.001 的显著性检验，增长趋势较明显。

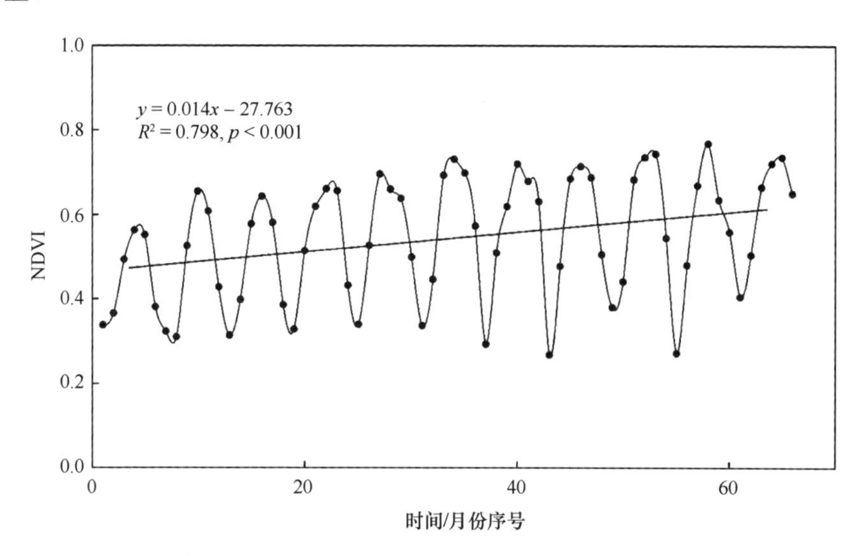


图 6-8　黄河三角洲滨海湿地（2000～2010 年）生长季 NDVI 趋势

以生长季尺度来看，NDVI 数值多在 8 月、9 月达到最大值，与气温、降水的相关性明显。为直观分析气候因子对植被生长所起作用，将 NDVI 与同期温度、降水量等因素进行相关性分析（图 6-9），发现考虑了延迟效应后，NDVI 与气候序列的相关性较高，拟合优度均通过了 $p$<0.001 的显著性检验，说明了气候因子对植被生长状态的显著影响效应。

### 2. NDVI 与气候的灰色关联分析

以 2000～2010 年 NDVI 生长季月均值为参考数列，同期的平均温、最高温、最低温与降水量分别为比较数列，计算两者间的灰色关联度序列，并取算术平均值衡量关联水平（表 6-1），发现平均温与 NDVI 的关联度最高，为 $Z_{平均温}$=0.989，降水量与 NDVI 的关联度最低，为 $Z_{降水量}$=0.725，关联度排序为 $Z_{平均温}>Z_{最高温}>Z_{最低温}>Z_{降水量}$。

### 3. 未来 30～50 年的 NDVI 趋势

以 NDVI 为因变量 $y$，降水量、平均温、最高温、最低温分别为自变量 $X_1$、$X_2$、$X_3$、$X_4$，展开多元回归分析，发现

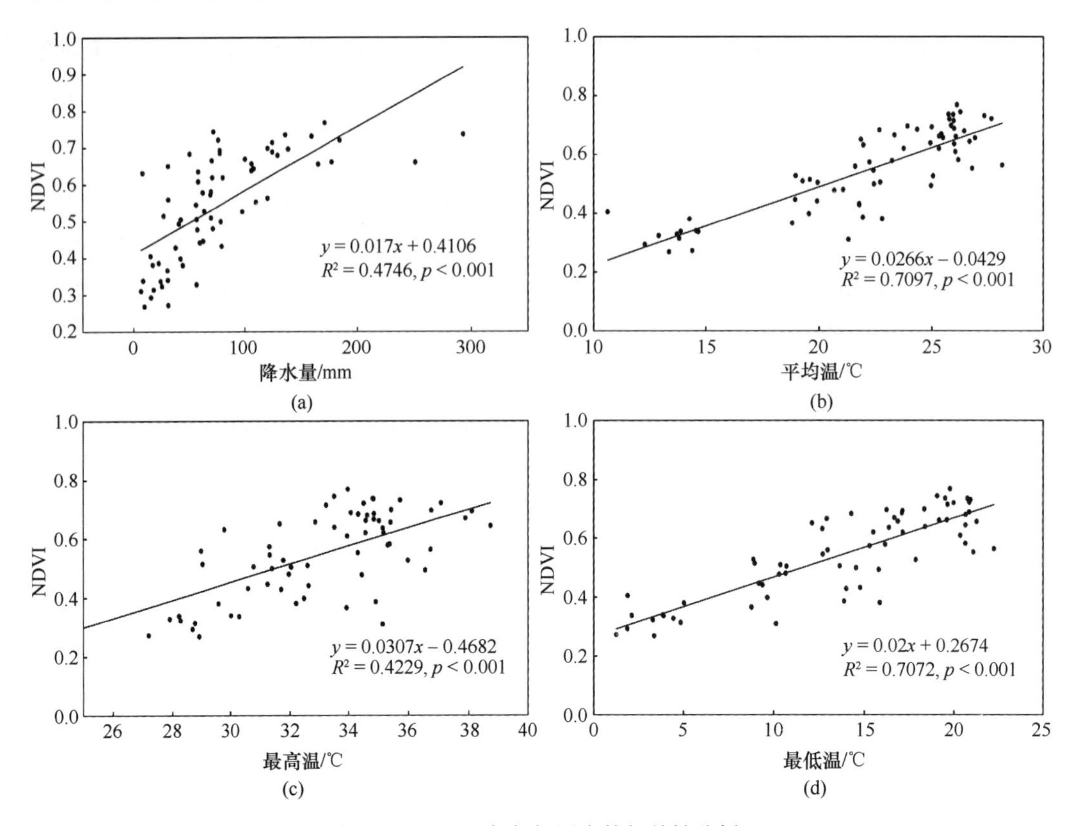


图 6-9　NDVI 与气候因素的相关性分析

（a）降水量；（b）平均温；（c）最高温；（d）最低温

**表 6-1　NDVI-气候序列灰色关联分析主要统计量**

| 时间 | | $Z_{平均温}$ | $Z_{最高温}$ | $Z_{最低温}$ | $Z_{降水量}$ |
|---|---|---|---|---|---|
| 2000 年 | 5 月 | 1.000 | 1.000 | 1.000 | 1.000 |
| | 6 月 | 0.984 | 0.993 | 0.845 | 0.868 |
| | 7 月 | 0.980 | 0.990 | 0.736 | 0.830 |
| ⋮ | ⋮ | ⋮ | ⋮ | ⋮ | ⋮ |
| 2010 年 | 9 月 | 0.981 | 0.946 | 0.704 | 0.333 |
| | 10 月 | 0.979 | 0.954 | 0.815 | 0.903 |
| 平均 | | 0.989 | 0.972 | 0.784 | 0.725 |

注：$Z$ 为灰色关联度，$Z_{降水量}$为 NDVI 生长季月均值与降水量之间的灰色关联度

$$y = 0.001x_1 + 0.028x_2 - 0.009x_3 - 0.002x_4 + 0.175$$

拟合模型的 $R^2$ 达到 0.760，通过了 $p<0.001$ 的显著性检验，即气象因素可以解释因变量 NDVI 指数 76%的变化特征。降水、平均温系数通过了 $p<0.02$ 显著性检验，两者对 NDVI 在总体中存在显著的线性关系，而最高温与最低温显著性较差。模型总体可信度高，可以满足 NDVI 的预测。

在 RCP4.5 与 RCP8.5 气候情景下，分别计算生长季气候数据，代入多元回归模型预测 NDVI 未来趋势，最终结果取两种气候情景下的算术平均值以增加可信度（图 6-10）。

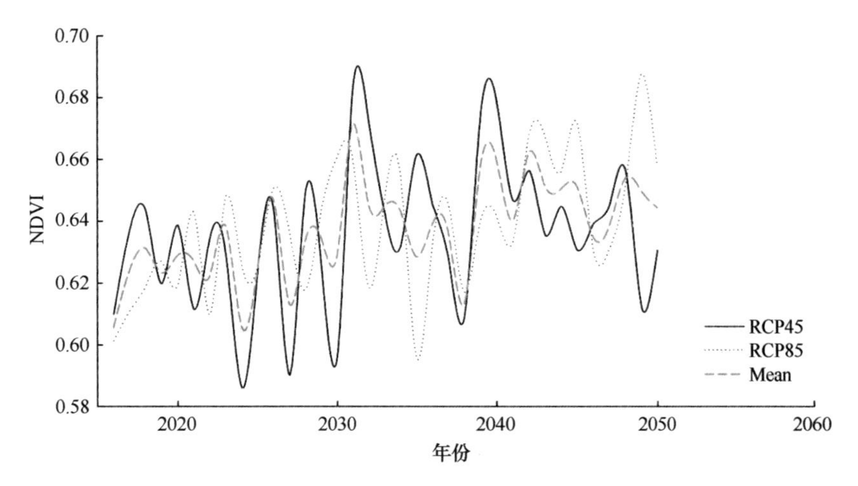


图 6-10　两种气候情景下的 NDVI 演化趋势

RCP4.5 情景假定 2100 年辐射强迫稳定在 4.5 W/m$^2$，由图 6-10 可以看出 NDVI 的发展差异不大，虽略有增长，但增长速率和显著性都较弱。

RCP8.5 情景假定人口最多、技术革新率不高、能源改善缓慢，导致长时间高能源需求及温室气体大量排放，而缺少应对气候变化的政策，2100 年的辐射强迫上升至 8.5 W/m$^2$。在此情景下，NDVI 曲线在 2030 年之前与 RCP4.5 排放情景差异不大，但随着时间推移可直观观察到分异性，呈明显上升趋势。线性回归结果佐证这一结论，其年倾斜率达到 0.0012，显著性通过了 $p$<0.001 检验。

实际排放情况介于两种情景之间，NDVI 算术平均值的预测结果更接近实际，在 20 世纪 30 年代初和 40 年代初出现两次高峰，总体呈增长趋势，线性拟合结果优于 RCP8.5 模式，通过了 $p$<0.001 的显著性检验，年上升幅度 0.0010。

历史数据统计分析显示近 50 年黄河三角洲存在显著升温和夏季降水量减少的暖干化趋势，从气候情景的预测结果来看，未来 35 年研究区生长季降水变化趋势不显著。结合多元回归模型，虽然降水系数低于平均温，但由于降水量存在巨大的差异性与不确定性，成为研究区植被生长的限制性因子，风险高于平均温。

图 6-11 为 RCP4.5 与 RCP8.5 气候情景下，根据多元回归模型得到的研究区 NDVI 空间分布差值预测图，图 6-11 中（a）、（b）、（c）、（d）为 RCP4.5 情景下 2020 年、2030 年、2040 年、2050 年的 NDVI 分布，图 6-11 中（e）、（f）、（g）、（h）为 RCP8.5 情景下同年份的 NDVI 对比图。可以看到两种情景下的 NDVI 均具有显著的空间分布差异，东南向新生湿地的 NDVI 普遍高于西北及内陆方向。

## 6.5.2　气候变化背景下典型滨海湿地的风险评估

生态风险评价是评估由于一种及多种外界因素导致可能发生或正在发生的不利生态影响的过程，其目的是帮助环境管理部门了解和预测外界影响因素和生态后果之间的关系。

20 世纪 90 年代初期经济合作和发展组织为进行环境评估建立了“压力（pressure）-状态（state）-响应力（response）”模型。此后，该模型又经过发展演变出了“驱动力（driving

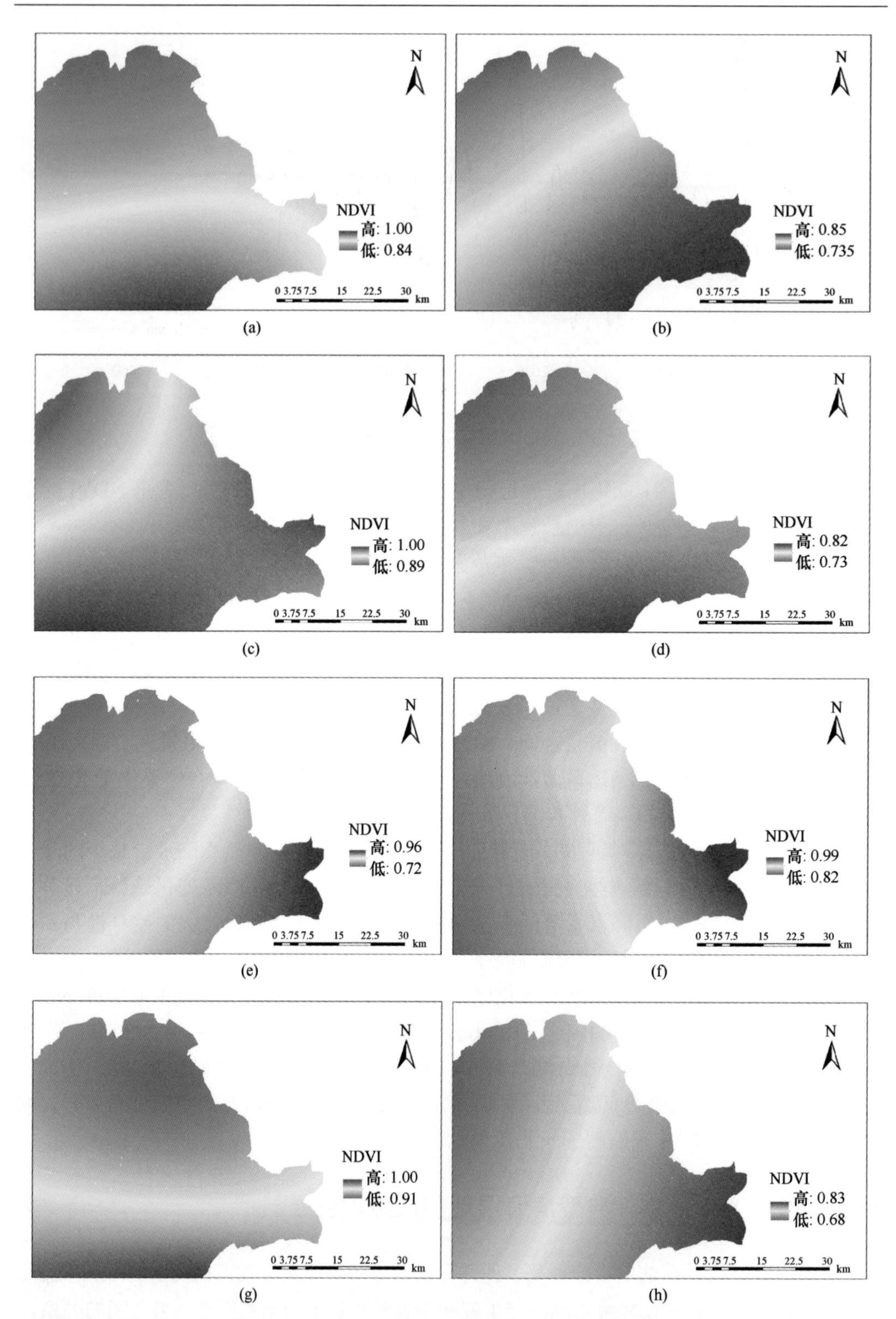


图 6-11　两种气候情景下的 NDVI 分布趋势预测

RCP4.5 情景：(a) 2020 年；(b) 2030 年；(c) 2040 年；(d) 2050 年

RCP8.5 情景：(e) 2020 年；(f) 2030 年；(g) 2040 年；(h) 2050 年

force）-状态（state）-响应力（response）”和“驱动力（driving force）-压力（pressure）-状态（state）-影响（influence）-响应力（response）”两种模型。这些模型在不同的环境评估领域都有运用，都强调了响应力的概念。本节对黄河三角洲滨海湿地的生态评估采用“压力（pressure）-状态（state）-响应力（response）”模型，即“P-S-R”模型。

“P-S-R”模型中，压力（pressure）指标用于表征人类活动及自然本身对环境安全的压力；状态指标（state）用于表征区域环境目前所表现出来的状态；响应力（response）指标用于表征人类对区域目前状态所采取的对策与措施。在构建“P-S-R”模型中选取土地利用类型、河流自净能力、交通干扰、海拔对人类活动影响、居民点对环境影响、气候对植被影响、海岸线的气象灾害等指标来构建“P-S-R”模型中的 pressure 模块。

本章节的土地利用类型指标采用 2013 年 9 月黄河三角洲滨海湿地的土地类型图，不同土地类型对环境的压力的大小采用 Delphi 法来确定。一般认为，裸露的荒地和开发建筑用地对环境的压力最大，自然湿地对环境的压力较小。不同土地类型对环境的压力值见表 6-2，图 6-12 是不同土地类型的环境压力图。

**表 6-2　不同土地类型对环境的压力值**

| 指标 | 自然湿地 | 人工湿地 | 盐田 | 居民区 | 建筑用地 | 旱地 |
|---|---|---|---|---|---|---|
| 环境压力值 | 5 | 15 | 20 | 25 | 30 | 20 |

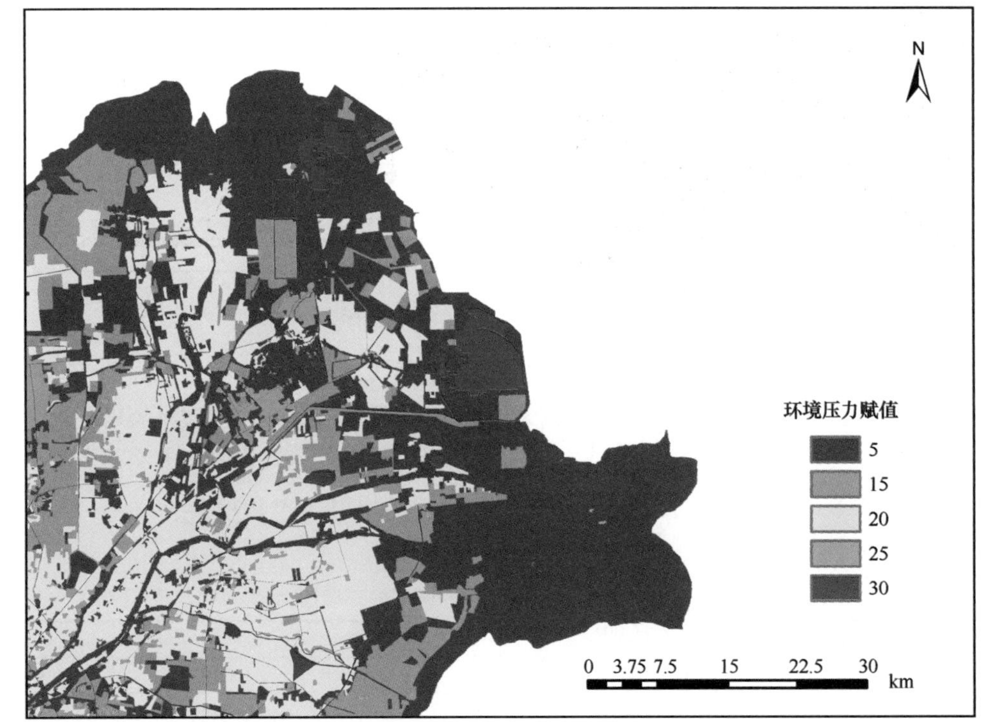


图 6-12　不同土地利用类型的环境压力赋值

河流自净能力主要考虑到河流能够将其两岸的污染物及其他危害物进行适度的净化，从而有利于减小其河道及两岸的生态压力，但由于河流对两岸的影响只是在一定的距离范围内有效，超出一定范围则河流的影响甚微（表 6-3）。本节将河流对两岸的影响距离设定为 500m，将其分为 6 个等级，越靠近河流对环境的压力越小。各个等级对环境的压力值见表 6-3，其效果图见图 6-13。

表 6-3 距河道不同距离的区域的环境压力值

| 指标 | 距离/m | | | | | |
|---|---|---|---|---|---|---|
| | 0～1000 | 1000～2000 | 2000～3000 | 3000～4000 | 4000～5000 | >5000 |
| 环境压力值 | 1 | 3 | 5 | 6 | 8 | 10 |

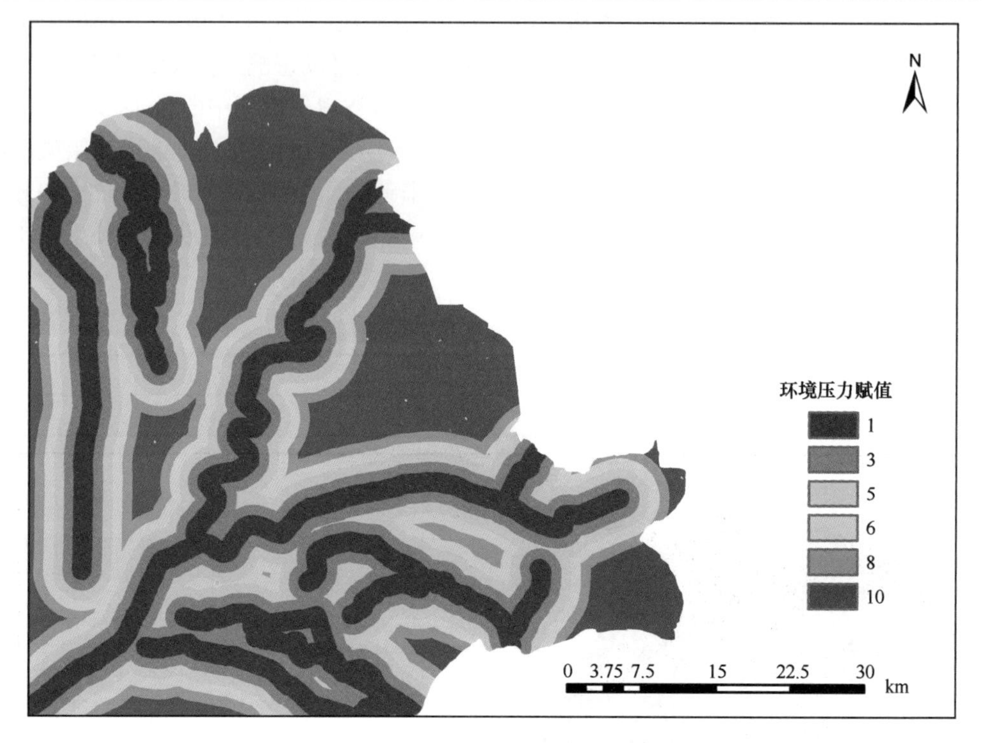


图 6-13 河流缓冲的环境压力赋值

交通路线对其两侧会造成较大的环境污染，包括废弃物、噪声、汽车尾气等。本节只考虑研究区县级公路以上的环境影响，并假设不同类型的交通用地对环境的影响效果一样，与河流一样，并假设交通路线对其两侧 500m 距离内造成影响，并将这种影响的效应大小分为 6 个等级（表 6-4），赋予具体的环境压力值。图 6-14 是距交通线不同距离的区域对环境的压力值图。

表 6-4 距交通路线不同距离的区域的环境压力值

| 指标 | 距离/m | | | | | |
|---|---|---|---|---|---|---|
| | 0～100 | 100～200 | 200～500 | 500～1000 | 1000～2000 | >2000 |
| 环境压力值 | 10 | 8 | 5 | 3 | 2 | 1 |

黄河三角洲滨海湿地位于海—陆作用交汇处，研究区漫长的海岸线暴露在剧烈的海洋灾害作用的影响下，包括风暴潮、盐水入侵导致的盐渍化等，距离海岸线的远近决定了受此影响的大小，对距海岸线不同距离的区域进行环境压力的赋值（表 6-5）。图 6-15 是距海岸线不同距离的缓冲环境压力赋值。

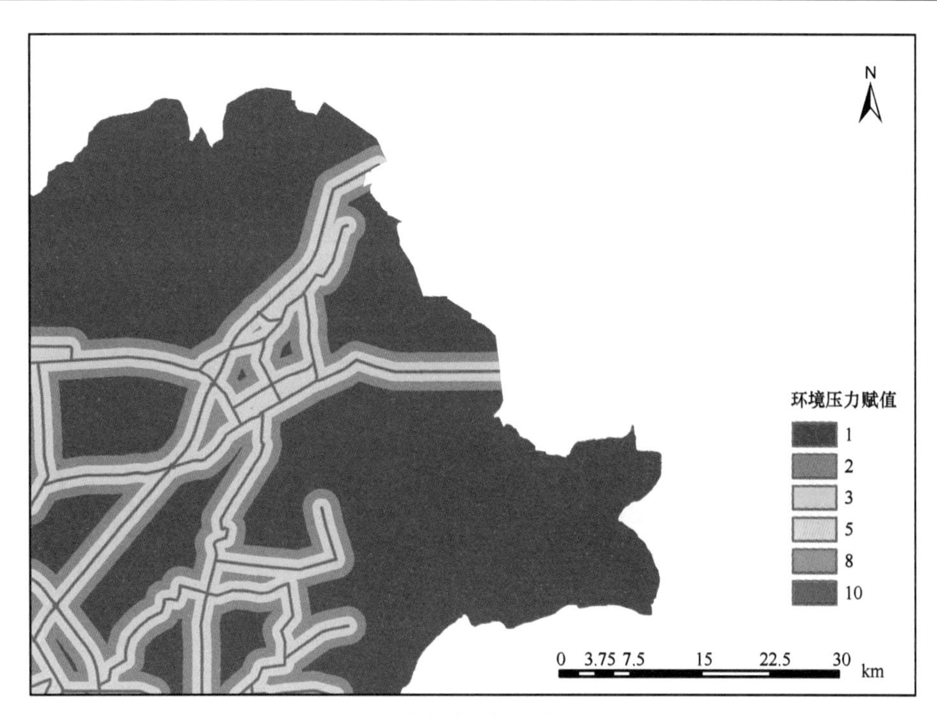


图 6-14　道路缓冲的环境压力赋值

**表 6-5　距海岸线不同距离的区域的环境压力值**

| 指标 | 距离/m | | | | | | |
|---|---|---|---|---|---|---|---|
| | 0～500 | 500～1000 | 1000～2000 | 2000～3000 | 3000～4000 | 4000～5000 | >5000 |
| 环境压力值 | 10 | 9 | 8 | 6 | 5 | 3 | 1 |

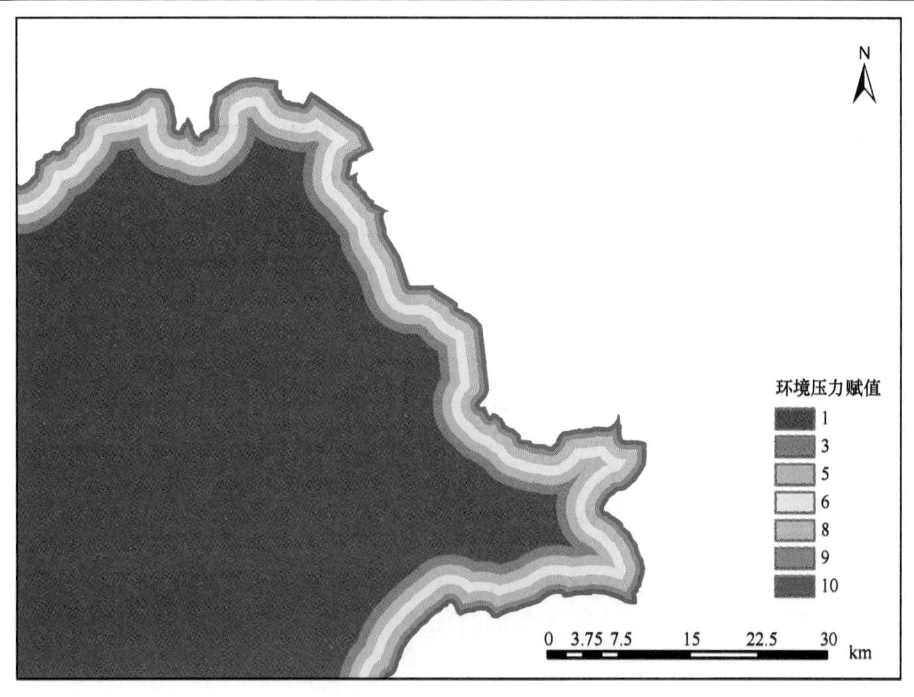


图 6-15　海岸线缓冲环境压力赋值

海拔高度明显地影响着人类的活动强度，而人类活动的强度正是造成环境的压力的主要原因。一般而言，海拔越高，人类的活动强度越低。研究区大部分区域海拔较低，是环境压力较小的区域。采用区域的数字高程模型提取等高线，然后给不同海拔高度的区域的环境压力评分（表 6-6）。图 6-16 是不同海拔区域的环境压力值。

表 6-6 不同海拔的环境压力值

| 指标 | 海拔/m | | | | |
|---|---|---|---|---|---|
| | <0 | 0～3 | 3～6 | 6～9 | 9～12 |
| 环境压力值 | 10 | 8 | 6 | 3 | 1 |

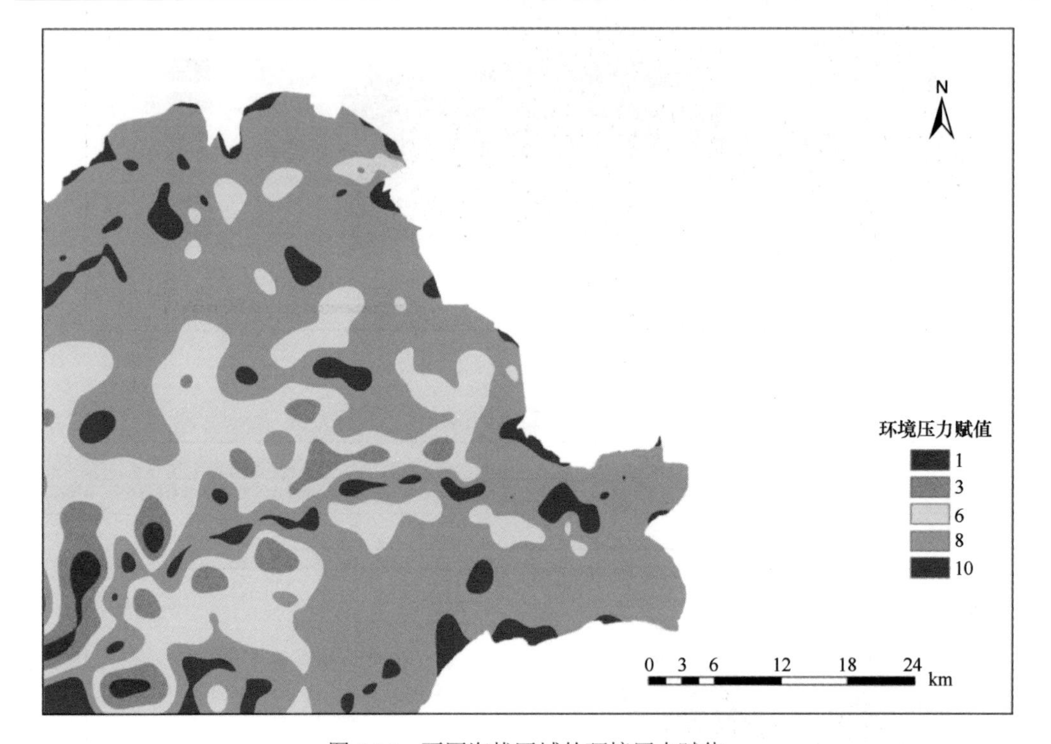


图 6-16 不同海拔区域的环境压力赋值

居民点对环境也会造成较强的压力作用，是人类活动的集中区域。本节提取区域镇级居民点，采用缓冲区处理的方法，对其影响区域进行分级，然后赋予不同的环境压力值（Delphi 法）（表 6-7）。图 6-17 是不同居民点缓冲区的环境压力值。

表 6-7 居民点缓冲区的环境压力值

| 指标 | 距离/km | | |
|---|---|---|---|
| | <2.5 | 2.5～5 | >5 |
| 环境压力值 | 10 | 5 | 2 |

研究区的湿地植被覆盖显著受到温度、降水的影响，因此，将 2013 年气象数据进行插值并重分类，采用 Delphi 法赋予不同的环境风险值，用以衡量气候因子对研究区生态造成的风险效应（表 6-8 和表 6-9）。图 6-18 和图 6-19 为风险图，用以衡量气候因子对研究区生态造成的风险效应。

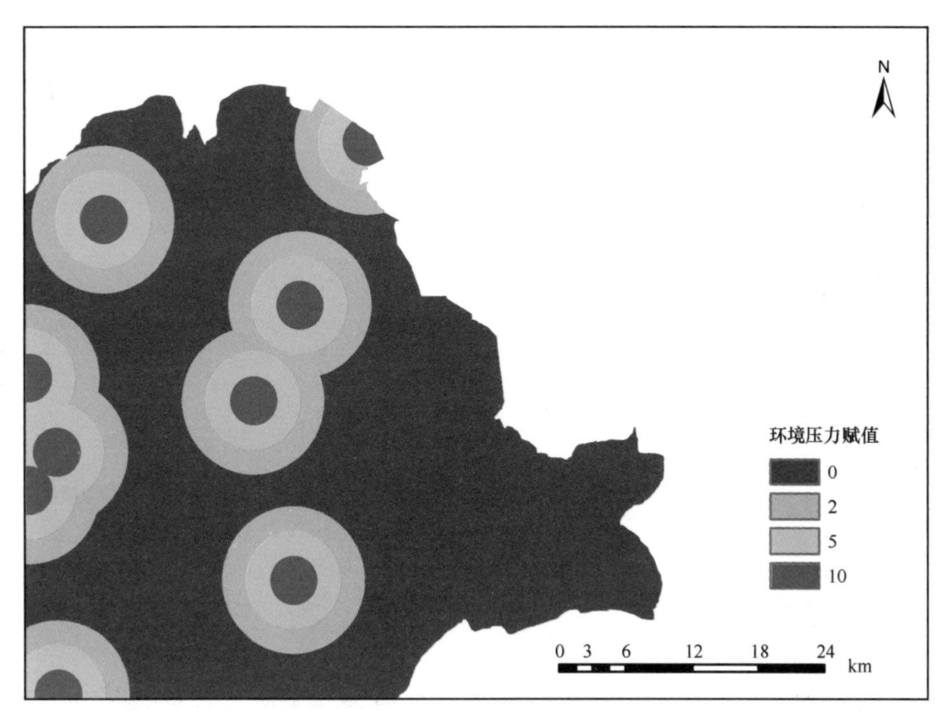


图 6-17　居民点缓冲区的环境压力赋值

**表 6-8　温度的环境压力值**

| 指标 | 温度/℃ | | |
|---|---|---|---|
| | <14.2 | 14.2～14.4 | >14.4 |
| 环境压力值 | 8 | 5 | 3 |

**表 6-9　降水量的环境压力值**

| 指标 | 降水量/mm | | | | |
|---|---|---|---|---|---|
| | <550 | 550～600 | 600～650 | 650～700 | >700 |
| 环境压力值 | 10 | 8 | 6 | 4 | 2 |

在确定了上述环境因子的环境压力值后，对于不同环境因子赋予不同的权重值（表 6-10），各因子的指标值由 Delphi 法进行评估。区域的环境压力由下式得到：

$$P = \sum_{i=1}^{8} A_i \times W_i$$

**表 6-10　不同环境因子的权重值**

| 指标 | 环境因子 | | | | | | | |
|---|---|---|---|---|---|---|---|---|
| | 土地类型 | 海拔 | 道路 | 河流 | 海岸线 | 居民点 | 温度 | 降水 |
| 权重值 | 30 | 10 | 10 | 10 | 10 | 10 | 8 | 12 |

根据计算公式，得到了黄河三角洲滨海湿地的生态风险评估图（图 6-20）。评估的结果被分为优秀、良好、一般、较差、极差共五级，并对各级别的面积进行了统计计算。可以看出，黄河三角洲研究区大部分区域的生态安全处于一般的程度，面积占比 33.8%，良好、较差、优秀面积分别占 22.9%、21.7%和 21.5%，此三者的区域面积大致相当。总

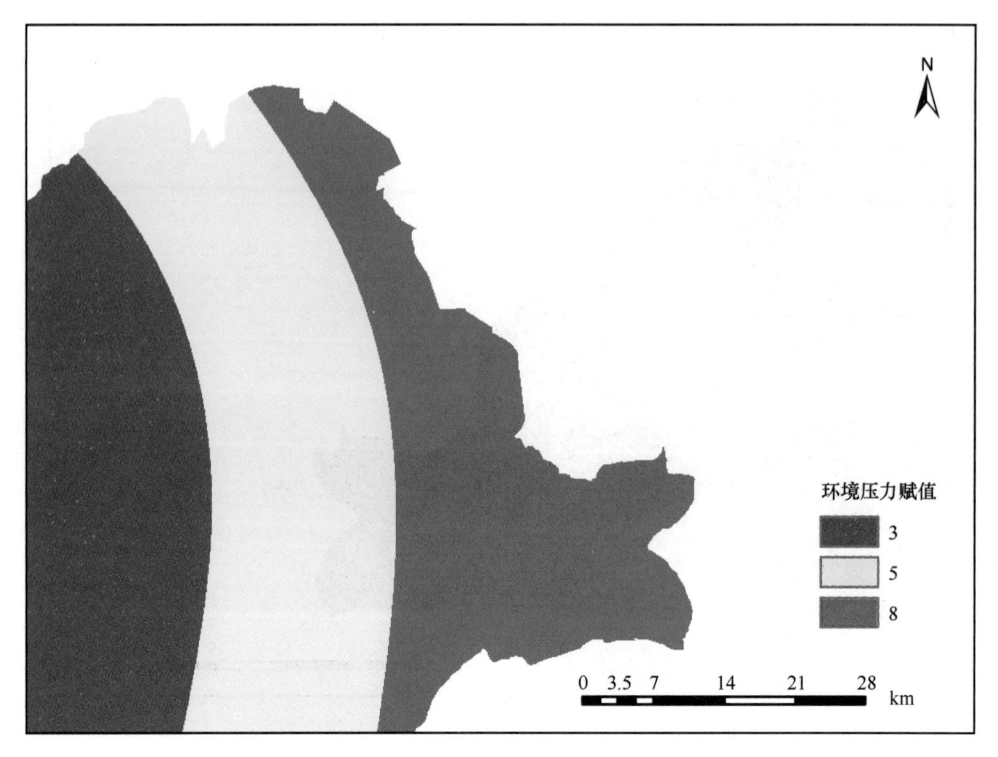


图 6-18　不同温度下的环境压力赋值

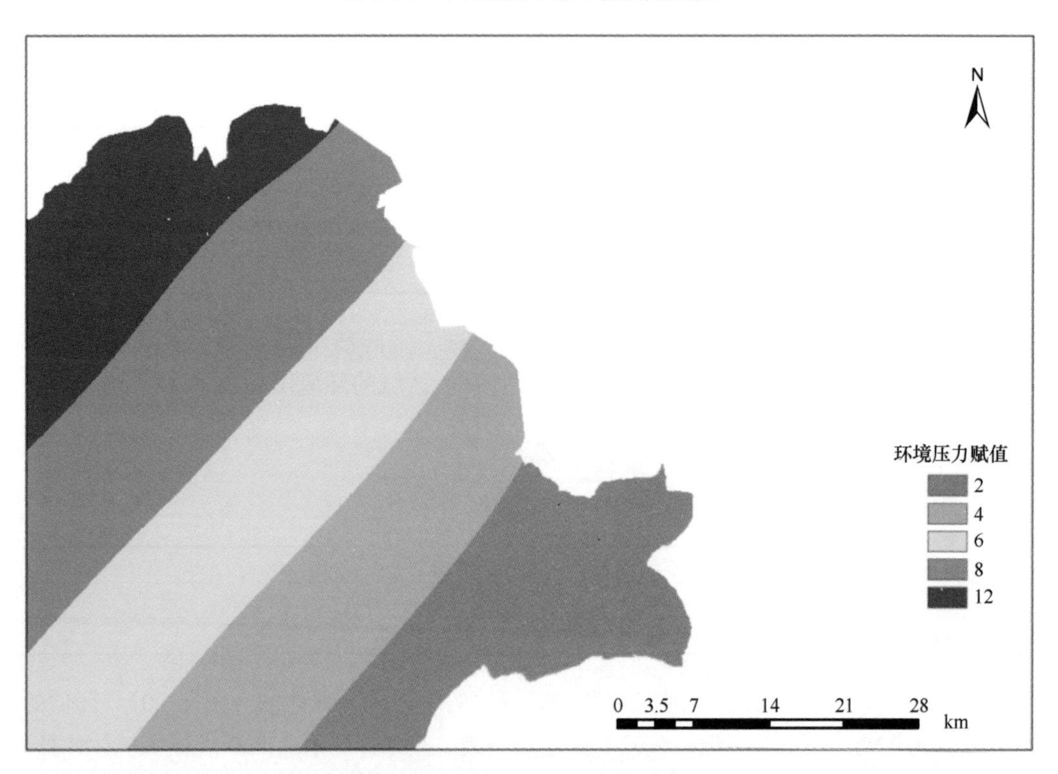


图 6-19　不同降水量下的环境压力赋值

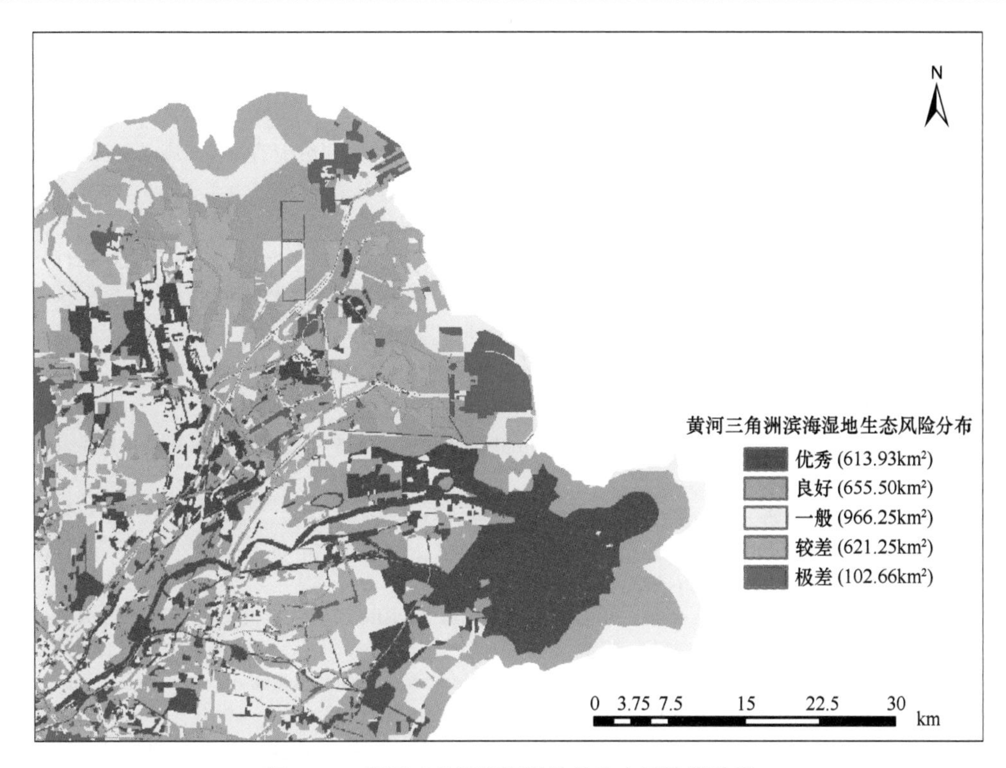


图 6-20　黄河三角洲滨海湿地的生态风险评估图

体来看，研究区生态风险处于较低水平，尤其黄河沿岸及新生湿地区域的生态风险程度低，受自然及人为因素的干扰较少，生态风险高的区域主要集中在内陆荒地、工矿区及交通路线，孤东油田工业区生态安全形势尤为严峻。

纵观整个中国海岸带区域，承载了全国 70%以上的大中城市和 55%的国民生产总值。近年来，随着气候变化和人类活动的加剧，海岸带环境遭到严重破坏，导致滨海湿地面积急剧下降，生物栖息地退化，野生动植物资源衰退。总的来说，气候变化直接或者通过影响人类生产生活方式等间接影响滨海湿地。从小区域和小时间尺度上来说，人为因素对湿地的影响要强于气候因素，但气候变化对中国各区域滨海湿地的影响强度和程度并不一致。总体上，其影响效果在淤泥质海岸要强于基岩质海岸。

通过模拟未来气候变化场景下滨海湿地演变趋势，对已经或预期要发生的环境变化事件及其可能影响进行准确评估，可以从生态脆弱性、生态风险角度采取相应的生态恢复和防护措施，有利于改善海岸带人居生存环境，并提高生活质量，实现海岸带自然资源与环境经济协调发展。

## 参 考 文 献

陈标, 陈永强, 黄晖, 等. 2015. 南海三亚湾鹿回头海域风信子鹿角珊瑚反射率分析. 热带海洋学报, 34(1): 71-76.

陈天然, 余克服, 施祺, 等. 2007. 广东大亚湾石珊瑚群落的分布及动态变化. 热带地理, 27(6): 493-

498.
陈天然, 余克服, 施祺, 等. 2009. 大亚湾石珊瑚群落近 25 年的变化及其对 2008 年极端低温事件的响应. 科学通报, 54(6): 812-820.
傅秀梅, 王长云, 邵长伦, 等. 2009. 中国珊瑚礁资源状况及其药用研究调查 I . 珊瑚礁资源与生态功能. 中国海洋大学学报, 39(4): 676-684.
吕宪国. 2004. 湿地生态系统保护与管理. 北京: 化学工业出版社.
牛振国, 张海英, 王显威, 等. 2012. 1978-2008 年中国湿地类型变化. 科学通报, 57(16): 1400-1411.
单凯, 于君宝. 2013. 黄河三角洲发现的山东省鸟类新纪录. 四川动物, 32(4): 609-612.
王国忠. 2004. 全球气候变化与珊瑚礁问题. 海洋地质动态, 20(1): 8-13.
余克服. 2000. 珊瑚记录之近 50 年南沙群岛高分辨率气候变化. 广州: 中国科学院广州地球化学研究所博士学位论文.
张乔民, 余克服, 施祺, 等. 2005. 中国珊瑚礁分布和资源特点. 2005 年全国海洋高新技术产业化论坛, 中国海口.
郑作新. 1987. 中国鹤类研究的主要成就. 野生动物学报, (2): 3-4, 14.
Achituv Y, Dubinsky Z. 1990. Evolution and zoogeography of coral reefs. In: Dubinsky Z. Ecosystems of the World, Vol 25: Coral Reefs. Amsterdam: Elsevier.
Burke L, Reytar K, Spalding M, et al. 2011. Reefs at risk revisited. Washington DC: World Resources Institute.
Cao L, Caldeira K, Jain A K. 2007. Effects of carbon dioxide and climate change on ocean acidification and carbonate mineral saturation. Geophysical Research Letters, 34: 5607.
Carilli J E, Norris R D, Black B, et al. 2010. Century-scale records of coral growth rates indicate that local stressors reduce coral thermal tolerance threshold. Global Change Biol, 16: 1247-1257.
Clair T A, Sayer B G. 1997. Environmental variability in the reactivity of freshwater dissolved organic carbon to UV-B. Biogeochemistry, 36(1): 89-97.
Emanuel K, Sundararajan R, Williams J. 2008. Hurricanes and global warming: results from downscaling IPCC Ar4 simulations. American Meteorological Society, 89(3): 347-367.
Emson R H, Dubinsky Z. 1990. Ecosystems of the World: Coral Reefs. London: Elsevier Science Publishers: 1-8.
Grinsted A, Moore J, Jevrejeva S. 2009. Reconstructing sea level from paleo and projected temperatures 200 to 2100 AD. Climate Dynamics, 34(4): 461-472.
Guinotte J M, Fabry V J. 2008. Ocean acidification and its potential effects on marine ecosystems. Annals of the New York Academy of Sciences, 1134(1): 320-342.
Harvell C D, Jordan-Dahlgren E, Coral Disease. 2007. Environmental drivers, and the balance between coral and microbial associates. Oceanography and Marine Biology: an Annual Review, 20(1): 58-81.
Hurrell J W, Trenberth K E. 1999. Global sea surface temperature analyses: multiple problems and their implications for climate analysis, modeling and reanalysis. Bull Amer Meteor Soc, 80(12): 2661-2678.
IPCC. 2001, Climate Change 2001: Impacts, Adaptation and Vulnerability. Cambridge: Cambridge University Press.
Lough J M. 2008. Coral calcification from skeletal records revisited. Mar EcolProgSer, 373(1): 257-264.
Pennisi E. 1998. New threat seen from carbon dioxide. Science, 279(5253): 989.
Pilkey O H, Cooper J A G. 2004. Society and sea level rise. Science, 303(5665): 1781-1782.
Reading H G. 1978.Sedimentary Environments and Facies. Oxford: Blackwells: 557.
Sutherland K P, Porter J W, Torres C. 2004. Disease and immunity in caribbean and indo-pacific zooxanthellate corals. Marine Ecology Progress Series, 266(1): 273-302.
Talling J, Lamoalle J. 1998. Ecological dynamics of tropical inland waters. Cambridge: Cambridge University Press: 441.
Ulbrich U, Leckebusch G, Pinto J. 2009. Extra-Tropical cyclones in the present and future climate: a review.

Theoretical and Applied Climatology, 96(1-2): 117-131.
Webb A, Kench P. 2010. The dynamic response of reef islands to sea-level rise: evidence from multi-decadal analysis of island change in the central pacific. Global and Planetary Change, 72(3): 234-246.
Wilkinson C. 1998. Status of Coral Reefs of the World: 1998. Townsville, Australia: Australin Institute of MarineScience: 184.
Woodroffe C D. 2008. Reef-Island topography and the vulnerability of atolls to sea-level rise. Global and Planetary Change, 62(1-2): 77-96.